Mein persönliches Gratisbuch
vom Verlag Das Beste

Intelligenz im Tierreich

ABENTEUER ERDE

Intelligenz im Tierreich

Verlag Das Beste
Stuttgart · Zürich · Wien

Intelligenz im Tierreich

Gestaltung und Realisation: Toucan Books Limited, Bradbury & Williams
Autor der englischen Originalausgabe: Michael Bright

Redaktion: Dr. Angela Meder
Senior Editor: Dr. Renate Mangold
Grafik: Frohmut Jammers
Bildresearch: Helen Wiggett
Produktion: Sanja Ancic, Walter Bahlinger

Freie Mitarbeit
Einbandgestaltung: Ulrich Kolb
Übersetzung: Christoph Arndt
Gutachten: Dr. Lorenzo von Fersen, Prof. emer. Dr. Günter Tembrock

Entwicklung Sachbuchprogramme
Redaktionsdirektor: Ludwig R. Harms
Leitung Bildredaktion: Werner Kustermann

Materialwirtschaft
Direktor Materialwirtschaft: Joachim Forster
Leitung Produktion Buch: Joachim Spillner

Printed in Spain

ISBN 3 87070 566 3

INHALT

SCHLAUE TIERE UND STAUNENDE FORSCHER

Geschichten über Tiere, die erstaunliche Fähigkeiten besitzen, sind schon seit vielen Jahrtausenden bekannt. Erst im 19. Jahrhundert begannen jedoch Naturwissenschaftler, die „Intelligenz" dieser Lebewesen zu erforschen. Dabei kamen sie zu ganz unterschiedlichen Ergebnissen.

Welche Eigenschaften unterscheiden den Menschen von den Tieren, und welche geistigen Fähigkeiten teilt er mit ihnen? Schon viele Wissenschaftler haben versucht, eine Antwort auf diese Frage zu finden, und sind zu ganz verschiedenen Ergebnissen gekommen. Manche vertreten die Auffassung, ein Pferd sei intelligent, da es auf einfache Kommandos seines Reiters reagiert, andere dagegen meinen, daß sich ein intelligentes Pferd erst gar nicht reiten lassen würde. Ist ein Hund klug, weil er den Menschen dient, die ihm Futter und ein bequemes Heim bieten?

Als 1871 der englische Naturforscher Charles Darwin (1809–1882) sein Buch *Die Abstammung des Menschen* veröffentlichte, herrschte in der Wissenschaft die Ansicht vor, daß Tiere in ihrem Verhalten nur vom Instinkt geleitet würden. Die Gelehrten sprachen ihnen ab, Verstand zu besitzen, der ihrer Überzeugung nach ausschließlich dem Menschen vorbehalten war.

Darwin meldete Zweifel an diesem Standpunkt an. Er schrieb, daß „in den geistigen Fähigkeiten kein fundamentaler Unterschied zwischen den Menschen und den höheren Säugetieren besteht". Außerdem stellte er fest, daß viele menschliche Handlungen nicht durch vernünftige Überlegungen, sondern – ebenso wie bei den Verwandten aus der Tierwelt – durch Instinkte gesteuert werden. Der Forscher, der das Verhalten und die Lebensweise verschiedenster Tierarten auf der ganzen Welt beobachtet hatte, sprach aus Erfahrung.

Bei einem Besuch in Südamerika beispielsweise testete Darwin die Lernfähigkeit von Affen. Er gab den Tieren weichgekochte Eier und verfolgte, wie sie damit umgingen. Anfangs zerschlugen sie die Eier und verspritzten dabei einen Großteil des Inhalts. Allmählich lernten sie aber, die Schale vorsichtig an etwas Hartem aufzuschlagen und die Splitter mit den Fingern zu entfernen. Bei einem anderen Experiment erhielten die Affen Zuckerstücke, die Darwin in Papier eingewickelt hatte. Einige der Päckchen enthielten jedoch nicht nur Zucker, sondern als Beigabe eine lebende Wespe. Als die Tiere hastig das Papier von den Leckerbissen rissen, stachen die Wespen zu. Daraufhin lernten die Affen rasch, vorsichtiger zu sein; sie hielten die Päckchen nun zunächst an ihr Ohr, um zu lauschen, ob sich darin etwas bewegte.

Charles Darwin gewann durch die Beobachtung von Tieren Erkenntnisse, die die Biologie revolutionierten.

Verschiedenste Beobachtungen stützten die Theorien Charles Darwins, darunter eine Anekdote von der Jagdhündin eines Engländers namens Hutchinson. Als Retriever hatte dieses Tier die Aufgabe, die Beute nach dem Schuß zu apportieren. Eines Tages erlegte der Jäger unmittelbar hintereinander zwei Rebhühner, von denen eines getötet, das andere nur verwundet wurde. Die Hündin fand zunächst den verletzten Vogel, und auf dem Rückweg zu ihrem Herrn kam sie an dem toten Vogel vorbei. „Sie blieb stehen", erinnerte sich Hutchinson, „sichtlich sehr verwirrt, und nach einem oder zwei Versuchen merkte sie, daß sie ihn nicht aufheben konnte, ohne den lebenden Vogel entkommen zu lassen. Sie überlegte einen Moment, dann tötete sie diesen gezielt mit einem kräftigen Biß und apportierte anschließend beide zusammen. Dies war das einzige Mal, von dem ich weiß, daß sie irgendein Wild absichtlich verletzte."

Da Retriever speziell gezüchtet und darauf dressiert sind, keine Tiere zu jagen und zu töten, ist das Verhalten der Hündin sehr ungewöhnlich. Darwin schloß daraus, daß sie ihr Handeln vorausschauend analysiert und sich der aktuellen Situation gemäß entschieden hatte. Er wertete dies als weiteren Beleg dafür, daß es höhere geistige Fähigkeiten nicht nur beim Menschen gibt. Eine solche Behauptung galt im 19. Jahrhundert als Ketzerei.

So ablehnend konservative Gelehrte auf diese neue Sichtweise der Natur reagierten, so begeistert wurde sie von einigen anderen Zeitgenossen aufgenommen. Diese vermenschlichten die Tiere und sagten ihnen verschiedenste Gefühle nach – eine Sichtweise, die sich bis zum Beginn des 20. Jahrhunderts hielt.

Treue über den Tod hinaus

Ein Jahr nach der Veröffentlichung von Darwins epochalem Werk wurde in Greyfriars, einem Stadtteil von Edinburgh, ein Hund mit beachtlichem Pomp und Zeremoniell beerdigt. Bobby, so der Name des Hundes, war ein Skyeterrier, der dem verarmten Schäfer John Gray, genannt Auld Jock, gehört hatte. Jock war 1858 gestorben und auf einem Edinburgher Friedhof bestattet worden. Seiner Beisetzung hatte auch Bobby beigewohnt, obwohl Hunde das Gelände eigentlich nicht betreten durften. Jeden Tag kam er daraufhin zum Grab seines Herrchens, obwohl ihn die Totengräber immer wieder vertrieben. Ein umgestürzter Grabstein diente ihm als Unterschlupf, und sein Futter erhielt er vom Greyfriars Dining Room, einem Gasthof, in dem Auld Jock verkehrt hatte. Zwischen diesen beiden Orten – Friedhof und Gaststätte – lief er mehrmals täglich hin und her.

Einige Jahre nach dem Tod seines Besitzers wurde der streunende Bobby auf seinem Weg ohne Hundemarke von der Polizei aufgegriffen. Er sollte eingeschläfert werden, doch im letzten Moment entrichtete der Oberbürgermeister die Hundesteuer für das Tier, das inzwischen eine Berühmtheit geworden war. Bobby starb mehrere Jahre später eines natürlichen Todes und wurde neben Auld Jock begraben.

Was hatte den Hund jeden Tag zum Friedhof getrieben? War ihm bewußt gewesen, daß sein Herr dort begraben lag, oder besuchte er nur regelmäßig einen vertrauten Platz? Wir werden es nie erfahren.

Unzählige weitere Geschichten berichten von besonders intelligenten Tieren. Zu den berühmtesten gehört Rolf, der Terrier einer Mannheimer Familie. Im Jahr 1913 wurde zufällig bekannt, daß der Hund mathematische Aufgaben, ja selbst so komplizierte Berechnungen wie Kubikwurzeln, lösen konnte. Rolfs Talent wurde entdeckt, als sich die kleine Tochter Paula mit ihren Hausaufgaben abmühte. Ihre Mutter fragte den Hund spaßeshalber, ob er ihr sagen könne, wieviel zwei und zwei sei. Sie war mehr als verblüfft, als er mit seiner Pfote viermal auf ihren Arm schlug. Rasch fand die Familie heraus, daß Rolf einfache Additionen, Subtraktionen und Multiplikationen beherrschte. Doch nicht nur das.

Ein Sturm der Entrüstung erhob sich, als Darwin in seinen Schriften behauptete, der Mensch sei mit den Affen verwandt. Die Presse versuchte vielfach, den Forscher lächerlich zu machen.

Der Friedhof, auf dem sein Herrchen begraben lag, wurde die neue Heimat des treuen Skyeterriers Bobby.

Rolf entwarf sein eigenes Alphabet, indem er jedem Buchstaben eine Zahl zuordnete. Zahlen bedeuteten auch Schlüsselbegriffe wie „ja", „nein", „ich habe Hunger", „Gassi gehen" und „Schlafenszeit". Scharenweise fielen skeptische Mathematiker und Psychologen ein, um den Hund zu testen, und ließen sich von seinen Fähigkeiten überzeugen. Rolf starb 1919, doch eine seiner Töchter, Lola, verfügte über die gleichen Fähigkeiten und wurde sogar noch berühmter als ihr Vater. Die Wissenschaftler standen damals vor einem Rätsel.

Aufstieg und Fall des Klugen Hans

Etwa zur selben Zeit wurde in Berlin die Geschichte vom Klugen Hans bekannt. Hans war ein Araberhengst, den der pensionierte

Der Araberhengst „Kluger Hans" verblüffte die Akademiker der Welt: Scheinbar konnte er zählen, Rechenaufgaben lösen und sogar Wörter buchstabieren.

Lehrer Wilhelm von Osten im Jahr 1900 kaufte. Von Osten war überzeugt, daß Pferde beachtliche geistige Fähigkeiten entwikkeln können, sofern sie entsprechend trainiert werden. Nach einigen Fehlschlägen mit unbegabten Kandidaten begann von Osten, Hans intensiv zu unterrichten, der sich bald als wahres „Genie" entpuppte.

Der Lehrer brachte dem Pferd die Zahlen von eins bis neun bei, indem er ihm eine gewisse Anzahl von Kegeln zeigte, dann seinen Huf ergriff und damit eine entsprechende Zahl von Schlägen auf den Boden ausführte. Später ersetzte von Osten die Kegel durch Zahlen auf einer Tafel und schließlich durch ganze Rechenaufgaben. Hans antwortete immer mit Hufschlägen.

Schon nach kurzer Zeit konnte das Pferd, das inzwischen „Kluger Hans" genannt wurde, recht komplizierte Aufgaben lösen, Farben unterscheiden und lesen, indem es die Buchstaben mit einer bestimmten Zahl von Hufschlägen wiedergab. Wissenschaftliche Beobachter waren sehr erstaunt darüber und konnten trotz genauer Prüfung keinerlei Anzeichen für einen Betrug entdecken.

Hans und sein Besitzer genossen weltweiten Ruhm, doch die Fachleute blieben skeptisch. Schließlich hatte der Berliner Psychologe Oskar Pfungst eine Idee: Er prüfte, ob Hans auch imstande war, die richtige Zahl von Hufschlägen auszuführen, wenn keiner der menschlichen Zuschauer wußte, wie oft er aufstampfen sollte. Einer der Forscher schrieb die Aufgaben an die Tafel und verließ anschließend den Raum, während die übrigen Beobachter, auch von Osten, hinter der Tafel standen. Bei diesen Versuchen scheiterte der Kluge Hans regelmäßig.

Aufgrund der enttäuschenden Resultate nahm Pfungst an, daß das Pferd bei den früheren Tests unabsichtlich Hinweise von seinem Trainer oder von anderen Personen erhalten hatte. Offensichtlich konnte es die fast unmerklichen Kopfbewegungen wahrnehmen, mit denen sich die Spannung der Menschen löste, wenn es bei der richtigen Antwort angelangt war. Von Osten hatte nicht betrügen wollen, aber dennoch das Experiment beeinflußt. Ohne daß der Forscher es ahnte, war Hans in seinem langen Training darauf dressiert worden, auf subtile Emotionen der Menschen zu reagieren.

Die Wissenschaftler betrachteten damit das Kapitel als abgeschlossen, doch Wilhelm von Osten, der nach dieser Entdeckung völlig am Boden zerstört gewesen war, verlor das Vertrauen in die Klugheit seines Pferdes nicht. Auch wenn Hans keine Rechenaufgaben lösen konnte, muß man ihm Intelligenz zusprechen – eine völlig andere Art von Intelligenz allerdings. Die erstaunliche Sensibilität, die das Pferd bewies, und die Fähigkeit, sich der jeweiligen Situation gemäß zu verhalten, zeigen ein hohes geistiges Entwicklungsniveau. Jede Tierart besitzt, ebenso wie der Mensch, die Eigenschaften, die

Der amerikanische Psychologe Edward Lee Thorndike gehörte zu den Wissenschaftlern, die Tieren jede Fähigkeit zu einsichtigem Handeln absprachen.

sie zum Überleben in ihrer Umwelt benötigt. Mathematisches Können gehört bei Tieren nicht dazu, weshalb es heute als Maß für ihre Intelligenz kaum noch herangezogen wird.

Bereits Charles Darwin unterschied instinktive Aktivitäten, die vererbt werden und immer in der gleichen Form ablaufen, und durch Erfahrung erworbene Verhaltensmuster. Als „intelligent" gelten in erster Linie die letzteren, da sie ein hochentwickeltes Gehirn erfordern. Wie Tiere Erfahrungen sammeln und diese zur Lösung unbekannter Aufgaben einsetzen, haben seit Darwin zahlreiche Zoologen und Psychologen zu ergründen versucht.

Knifflige Aufgaben für kluge Tiere

Um sich in ihrer Umgebung zurechtfinden zu können, müssen Tiere die Welt, in der sie leben, kennen. So ist etwa die Fähigkeit, Hasen aufzuspüren und zu schlagen, für einen Adler unabdingbar – aber auch das Wissen, daß ein Hase überhaupt eine gute Mahlzeit darstellt. Von Artgenossen oder durch eigene Erfahrung zu lernen, stellt eine Möglichkeit dar, wie er sich dieses Wissen aneignen kann.

Im Jahr 1911 entwickelte der amerikanische Psychologe Edward Lee Thorndike (1847–1949) einige Tests, mit denen er untersuchen wollte, auf welche Weise Tiere neue Fähigkeiten erwerben. Dabei ging er von der Grundregel aus, daß solche Verhaltensweisen keinerlei Verstand voraussetzen, sondern – ähnlich wie Instinkte – völlig automatisch ablaufen.

Um dies zu beweisen, setzte Thorndike beispielsweise eine Katze in einen Lattenkäfig, den sie nur verlassen konnte, wenn sie einen Hebel drückte oder an einer Schnur zog. Nach längerem unruhigem Umherlaufen und zahlreichen erfolglosen Aktivitäten entdeckte die Katze zufällig den Weg in die Freiheit. Beim nächsten Versuch gelangte das Tier bereits wesentlich rascher ans Ziel. Thorndike folgerte daraus, daß die Katze ebenso wie andere Tierarten nur durch Versuch und Irrtum gelernt hatte, ohne das Problem zu durchschauen.

Diese Sichtweise trifft bei einfachen Tieren, etwa bei Fröschen, Kraken oder Insekten, sicherlich zu. Daß sich jedoch auch die Leistungen der hoch entwickelten Vögel und Säugetiere allein mit diesen primitiven Mechanismen erklären lassen, wie es Thorndike mit seinen Experimenten zu belegen versuchte, bezweifelten zahlreiche seiner Fachkollegen. Einer davon war Wolfgang Köhler (1887–1967).

Dieser Wissenschaftler, wie Thorndike ein Psychologe, interessierte sich vor allem für die Tiere, die dem Menschen am nächsten stehen: Schimpansen. Zwischen 1913 und 1920 führte er in seiner Station auf den Kanarischen Inseln zahlreiche aufwendige Experimente durch, die er 1921 in seinem Werk *Intelligenzprüfungen an Menschenaffen* genau beschrieb. In der Einleitung heißt es: „Sie zeigen eine solche Fülle menschlicher Züge im sozusagen alltäglichen Verhalten, daß sich die Frage von selbst ergibt, ob diese Tiere auch in irgendeinem Grade verständig und einsichtig zu handeln vermögen, wenn die Umstände intelligentes Verhalten erfordern."

Wenn der Forscher beispielsweise Futter außer Reichweite vor die Käfige legte und den Tieren gleichzeitig Stöcke gab, gelang es ihnen nach einiger Zeit, die begehrte Nahrung mit Hilfe der Werkzeuge heranzuholen. Bei einem anderen Versuch wurden Bananen so aufgehängt, daß die Schimpansen die Früchte zwar sehen, aber mit den Händen nicht erreichen konnten. Köhler gab ihnen einige leere Kisten und beobachtete ihre Reaktion. Eine Zeitlang versuchten die Tiere „ratlos" auf verschiedene Weise, an die Bananen zu gelangen, doch ohne Erfolg. Plötzlich ergriffen sie zielsicher die Kisten, stellten sie unter die Nahrung und türmten sie aufeinander, bis sie die Früchte ergreifen konnten. Köhler schloß daraus, daß sie das Problem erfaßt hatten und durch Nachdenken zu einer Lösung gelangt waren. Er schrieb: „Die Schimpansen zeigen einsichtiges Verhalten von der Art des beim Menschen bekannten."

Später wiesen Beobachter darauf hin, daß Schimpansen in Zoos häufig im Spiel Kisten aufeinandertürmten, und schlossen daraus, daß Köhlers Schimpansen auch zufällig an ihr Futter gelangt sein konnten. Die Tiere waren in den Versuchen außerdem nur erfolgreich, wenn sich Kisten und Bananen in ihrem Blickfeld befanden; waren diese Objekte weit voneinander entfernt, verloren

In einer Station der Preußischen Akademie der Wissenschaften auf Teneriffa untersuchte der Psychologe Wolfgang Köhler, wie Schimpansen von Menschen gestellte Aufgaben lösen.

die Menschenaffen offenbar ihre Kombinationsgabe und gingen zur ungezielten Versuch-und-Irrtum-Methode über, um an das Futter zu gelangen.

Ungewöhnliche „Intelligenztests"

Seit dem Ende des 19. Jahrhunderts entwickelten zahlreiche weitere Wissenschaftler – Psychologen ebenso wie Biologen – verschiedene Methoden, mit denen sie die geistigen Fähigkeiten von Tieren untersuchen wollten. Die einfachsten waren die sogenannten Konditionierungen, für die der russische Physiologe Iwan Petrowitsch Pawlow (1849–1936) berühmt wurde. Mit seinen Experimenten zeigte der Forscher, daß ein Tier zwei voneinander unabhängige Ereignisse im Gehirn verknüpfen konnte. Wenn ein Hund beispielsweise daran gewöhnt worden war, daß bei jeder Fütterung eine Glocke ertönte, sonderte er schon nach kurzer Zeit in Erwartung der Nahrung Speichel ab, sobald er nur den Glockenton vernahm. Einige Jahrzehnte später entwickelte der amerikanische Verhaltensforscher Burrhus Frederic Skinner diesen Versuchsansatz weiter (siehe Seite 141).

Die Konditionierungstests ergaben, daß alle Wirbeltiere imstande sind, Verbindungen zwischen verschiedenen Signalen oder Gegenständen herzustellen. Diese sehr ursprüngliche Fähigkeit läßt allerdings keine Schlüsse auf den „Intelligenzgrad" der Versuchstiere zu; Goldfische und Haie schnitten etwa ebenso erfolgreich ab wie Ratten, Hunde oder Schimpansen.

Bessere Hinweise auf die geistige Flexibilität lieferten sogenannte Diskriminationstests. Meist sollten die Tiere dabei mehrere Objekte zu unterscheiden lernen; trafen sie die richtige Wahl, erhielten sie eine Belohnung. Das funktionierte nach einem einfachen Prinzip: unter einem der Gegenstände lag ein Leckerbissen, beispielsweise stets unter dem linken. Die Tiere mußten erkennen, daß sie immer auf der linken Seite nachsehen mußten, wollten sie an die Nahrung gelangen. Als Maß für die Lernfähigkeit diente die Zeit, die sie benötigten, bis sie sich immer richtig entschieden.

Beim Vergleich der Testergebnisse mußten die Forscher allerdings vorsichtig sein. So fällt es Affen wesentlich leichter, mit Gegenständen zu hantieren, als etwa Ratten, und auch ihr Sehvermögen ist besser. Bei Aufgaben, die diese Fähigkeiten erfordern, sind sie dadurch im Vorteil. Dafür schneiden Ratten dank ihrer feineren Nase bei Geruchstests besser ab.

Mit diesen Experimenten bewiesen die Wissenschaftler, daß jede Tierart spezielle Eigenschaften aufweist, so daß man unmöglich eine allgemeingültige Aussage über ihre Intelligenz treffen konnte. Wenn die Forscher ein Versuchstier durch ein Hindernis von der Futterquelle trennten, reagierten die einzelnen Arten ganz unterschiedlich: Ein Huhn versuchte ständig, sich durch den trennenden Zaun hindurchzuzwängen, und fand den Weg zur Nahrung nur durch Zufall, während ein Hund recht schnell entdeckte, daß er um das Hindernis herumlaufen mußte.

Beim Anpirschen an seine Beute beweist das träge Chamäleon ein ausgezeichnetes räumliches Vorstellungsvermögen. Auch wenn das Opfer zeitweise hinter Blättern verborgen ist, schlägt das Reptil immer den richtigen Weg ein.

Als große Überraschung bei diesen Versuchen stellte sich jedoch das Chamäleon heraus, ein Tier, das nicht gerade als besonders intelligent gilt. Es erwies sich als ausgesprochen geschickt im Lösen räumlicher Probleme.

Ein Chamäleon vermag in zwei Richtungen zugleich zu schauen, da es in der Lage ist, seine Augen unabhängig voneinander zu bewegen. So kann das Reptil, reglos an einen Ast geklammert, ein Insekt beobachten, das von oben und hinten heranfliegt, und gleichzeitig ein Beutetier beäugen, das sich vor ihm niedergelassen hat. Wenn der bedächtige Jäger ein lohnendes Mahl erspäht, richtet er beide Augen auf das Ziel, um dessen Entfernung genau festzustellen. Kann das Chamäleon das Insekt mit seiner langen Zunge nicht erreichen, muß es sich erst anschleichen. Dabei verirrt es sich im Astgewirr nie, auch wenn es die Beute zeitweise aus den Augen verliert. Mit erstaunlicher Sicherheit nähert es sich dem Opfer. Aufgrund seines hervorragenden räumlichen Vorstellungsvermögens schneidet das Chamäleon in Tests, die diese Fähigkeit prüfen, sehr gut ab. Doch das bedeutet nicht, daß es auch in anderer Hinsicht intelligent ist.

Solche ungewöhnlichen Leistungen wie die des Chamäleons gehen mit einer starken Entwicklung bestimmter Gehirnteile einher. Denkprozesse laufen in einem Bereich der Großhirnrinde ab, der beim Menschen besonders ausgeprägt ist. Aus dem Bau des Gehirnes können Wissenschaftler deshalb Schlüsse auf die geistigen Fähigkeiten einer Art oder Verwandtschaftsgruppe ziehen.

Stammbaum der Intelligenz

Im Lauf der Stammesgeschichte entwickelte sich das Gehirn bei einigen Tierordnungen außerordentlich stark. Manche Biolo-

Nur mit angeborenen Verhaltensweisen könnten sich Schimpansen keineswegs in ihrem Lebensraum zurechtfinden. Die Tiere lernen in den ersten Jahren alles Wissenswerte von ihren Artgenossen. Gefangene Menschenaffen, die an das Leben in Freiheit gewöhnt werden sollen, erhalten ihren Unterricht von Pflegern.

gen ziehen die Größe dieses Organs bzw. sein Gewicht im Verhältnis zu dem des ganzen Körpers als Maß für die Intelligenz von Vertretern bestimmter Tiergruppen heran. Unbestritten an der Spitze stehen in der Gehirnentwicklung die Säugetiere und die Vögel, die in der Zeit vor 150–200 Mio. Jahren aus verschiedenen Reptilienvorfahren entstanden sind. Parallel entstanden in diesen beiden Klassen Gruppen mit außerordentlichen geistigen Fähigkeiten. Nicht zuletzt deshalb konnten sich die Säuger und Vögel so überaus erfolgreich auf der ganzen Erde verbreiten.

Ein hochentwickeltes Gehirn ermöglicht beispielsweise die Bildung sozialer Gemeinschaften, in denen jedes Tier individuell bekannt ist und seine feste Position hat. Dabei entstehen, etwa bei Wölfen, Delphinen oder Schimpansen, auch Jagdgemeinschaften, in denen die einzelnen Teilnehmer koordiniert zusammenarbeiten. Zwischen den einzelnen Gruppenmitgliedern bilden sich darüber hinaus mehr oder weniger enge Beziehungen, die zu gegenseitiger Unterstützung führen. Solche Gruppen bieten nicht nur Schutz vor Feinden, sondern ermöglichen auch den Jungtieren vielfältige Erfahrungen. Diese „soziale Intelligenz", die lange vernachlässigt wurde, da sie sich in einfachen Labortests nicht messen läßt, stellte auch eine Voraussetzung für die Entstehung der menschlichen Kultur dar.

Als Höhepunkt der stammesgeschichtlichen Entwicklung gilt das Ich-Bewußtsein, das früher ausschließlich dem Menschen zugesprochen wurde. Mit verschiedenen Tests konnten Wissenschaftler dies jedoch auch bei Menschenaffen nachweisen. Dazu tupften sie einem schlafenden Schimpansen helle Farbe auf die Stirn und hielten ihm nach dem Aufwachen einen Spiegel vor. Das Tier blickte sein Spiegelbild erstaunt an, griff sich nach einiger Zeit an den Kopf und begann, an dem Farbfleck zu kratzen. Es hatte also begriffen, daß es sich selbst sah.

Ein solches Bewußtsein zeigen nur Menschenaffen; Rhesusaffen scheitern bei diesem Test. Sie bedrohen den „Fremden", der sie ansieht, und schauen sogar hinter den Spiegel, um ihn dort zu suchen. Andere Tiere beachten das Bild überhaupt nicht, wenn ihnen ein Spiegel präsentiert wird,

Aus der Komposition von Bildern, die Menschenaffen malen, können Psychologen Schlüsse auf deren Persönlichkeit ziehen.

Ein Orang-Utan schaut vorsichtig hinter dem Spiegel nach, ob sich dort ein Artgenosse verbirgt.

etwa Elefanten. Das muß allerdings nicht bedeuten, daß sie kein Ich-Bewußtsein haben; möglicherweise sehen sie nur anders als Menschen und müßten auf eine völlig andere Weise getestet werden.

Obwohl bereits Wolfgang Köhler die Psychologie des Schimpansen in einer Abhandlung zu ergründen versuchte, gibt es auf diesem Gebiet noch heute mehr Fragen als Antworten. Wir wissen nicht, was ein Menschenaffe über sich selbst denkt und ob er in der Lage ist, sich abstrakte Dinge vorzustellen – noch viel weniger ist uns dies von anderen Tieren bekannt, die uns nicht so ähnlich sind. Wesentlich leichter verstehen wir die „technische Intelligenz“ anderer Lebewesen, da wir sie leicht in Experimenten prüfen können. Allerdings drängt sich dabei die Frage auf, wozu ein Schimpanse die Fähigkeit besitzt, aus Kisten Treppen zu bauen oder sich im Spiegel zu erkennen, wo er dies doch in seiner natürlichen Umwelt nie einsetzen kann.

Sinn und Zweck der Intelligenz

Entscheidend für das Leben der Tiere im Freiland sind nicht die Handlungen, die sie im Labor ausführen können, sondern die Flexibilität, mit der sie in Problemsituationen eine richtige Lösung finden. Je weniger fixiert eine Art in ihrem Verhalten ist, desto leichter kann sie mit Ungewohntem umgehen. Mit dieser Anpassungsfähigkeit geht auch Neugier einher. Je flexibler ein Tier ist, desto größeren Drang zeigt es in der Regel, neue Erfahrungen zu machen und alles auszuprobieren.

Besonders ausgeprägt sind diese Eigenschaften bei den nächsten Verwandten des Menschen: den Schimpansen. Dies bewiesen nicht nur Versuche in Gefangenschaft, wie sie etwa Wolfgang Köhler bereits vor vielen Jahrzehnten durchführte, sondern auch jüngere Beobachtungen im Freiland. Forscher wie die Engländerin Jane Goodall, die im tansanischen Gombe-Nationalpark arbeitete, haben das komplizierte Verhalten dieser Menschenaffen zu enthüllen begonnen. Dabei stellten sie fest, daß die meisten Verhaltensweisen der Tiere nicht angeboren sind, sondern gelernt werden müssen. Wie beim Menschen geschieht dies vorwiegend in der Kindheit, meist durch Nachahmung älterer Artgenossen. Doch diese „erziehen“ den Nachwuchs häufig auch aktiv, etwa indem sie den Kleinen gefährliche Dinge aus der Hand nehmen oder ihnen schwierige Techniken der Nahrungsaufbereitung mit viel Geduld beibringen.

Das leistungsfähige Gehirn mit seiner großen Flexibilität hat sich bei den Primaten, zu denen die Halbaffen, Affen, Menschenaffen und Menschen gehören, in mehreren Stufen entwickelt. Gesteuert wurde dieser Prozeß durch die Lebensbedingungen der Tiere; wenn intelligentere Individuen besser in ihrer Umwelt zurechtkamen und sich häufiger fortpflanzten als ihre „dümmeren“ Artgenossen, setzten sich ihre Eigenschaften durch.

Die große Anpassungsfähigkeit, die zum Erfolg der Primaten beitrug, zeichnet jedoch auch andere Tiere aus. Einige von ihnen sind untrennbar mit der menschlichen Kultur verbunden. Seit vielen Jahrtausenden begleiten sie den Menschen als Schädlinge, und trotz aufwendiger Bemühungen ist es noch nicht gelungen, sie zu besiegen. Zu den bekanntesten Kulturfolgern gehören die Wanderratten. Daß diese Tiere ihren Bekämpfern immer wieder Schnippchen schlagen, zeugt von einer außerordentlichen Intelligenz.

Ratten lassen sich äußerst schwer fangen oder töten. Sie hegen großes Mißtrauen gegenüber allem Unbekannten und vermeiden dadurch Gefahren. So nähern sie sich einem vergifteten Köder vorsichtig und schnuppern zunächst an ihm, bevor sie einen winzigen Bissen fressen. Wenn sie sich anschließend nicht wohl fühlen, meiden sie künftig solche Nahrung und kennzeichnen sie, um Artgenossen davor zu warnen. Wie der Mensch sind Wanderratten Überlebenskünstler. In den Abwasserkanälen der Groß-

Kaum ein anderes Tier paßte sich so erfolgreich an die verschiedensten Lebensbedingungen an wie die Ratte. Darin übertrifft sie häufig sogar den Menschen.

städte und auf Schiffen, ja sogar in radioaktiv verseuchten Gebieten kommen sie ebenso mühelos zurecht wie auf fruchtbaren Feldern. Ein wichtiger Grund für ihren großen Erfolg ist ihre Geselligkeit. Wanderratten leben in Rudeln, die häufig mehr als 100 Mitglieder umfassen. Diese unterstützen sich in kritischen Situationen und tauschen Informationen aus; dabei können sich ganz besondere Verhaltenstraditionen entwickeln.

Erfolgreiche Spezialisten

Die Natur hat nicht nur anpassungsfähige Tiere hervorgebracht, sondern auch solche, die sich dank ganz spezieller Fähigkeiten durchsetzen konnten. In der Natur konkurrieren gewöhnlich jede Art und jedes Einzeltier mit zahlreichen Mitbewerbern, die sich um die gleichen Nahrungsquellen und andere lebenswichtige Ressourcen bemühen. Diesen Konkurrenten in einer besonderen Fähigkeit überlegen zu sein, die von Generation zu Generation vervollkommnet wird, erhöht die Chancen im „Kampf ums Dasein" erheblich. Das Tier kann dadurch auch eine besondere „Nische" finden und sich so dem Wettbewerb entziehen.

Solche Spezialisten vollbringen häufig erstaunliche Leistungen, in denen ihnen keine andere Tierart gleichkommt. Auch dies kann man als „Intelligenz" bezeichnen, die sich allerdings von der des Menschen deutlich unterscheidet. Die Perfektion, mit der Termiten ihre Baue klimatisieren, die Sicherheit, mit der Schmetterlingsmännchen über viele Kilometer ihre Weibchen finden, und die Schönheit, die die Konstruktionen der Laubenvögel auszeichnet, sind ebenso faszinierend wie ein Schimpanse, der sich in Taubstummensprache verständlich macht.

Häufig sind sich Fachleute nicht einig, über welche Art von Intelligenz bestimmte Tiere verfügen. So rätseln manche Wissenschaftler noch heute darüber, ob das hochentwickelte Gehirn der Delphine auf höhere geistige Fähigkeiten hinweist, die denen des Menschen vergleichbar sind, oder ob seine komplizierte Struktur vielmehr für die Verarbeitung von Sinneseindrücken erforderlich ist. Ob die Geheimnisse der Intelligenz im Tierreich jemals völlig ergründet werden, kann niemand sagen; faszinierend wird dieses Thema sicher immer bleiben.

Das Erlernen von Kunststücken, die Delphine in Shows häufig vorführen, erfordert keine außergewöhnliche Intelligenz. Viel interessanter sind die Fähigkeiten, die diese Tiere im Sozialverband und bei der Jagd beweisen.

1 Lernen fürs Leben

Die ersten Lektionen werden einem Löwenbaby von seiner Mutter beigebracht.

Viele höhere Tiere können ihr Leben nur meistern, wenn sie die dafür notwendigen Verhaltensweisen erlernt haben; die Fähigkeit, ein Beutetier zu jagen oder versteckte Nahrung zu finden, ist ihnen nicht angeboren. Sie erwerben diese Fertigkeiten in ihrer Jugend, indem sie dem Beispiel der Eltern oder anderer Artgenossen folgen oder ihre eigenen, oft zunächst leidvollen Erfahrungen machen. Auch mit den komplizierten Regeln des Gruppenlebens müssen sie sich auseinandersetzen; die Gemeinschaft ist für viele Arten ein lebensnotwendiger Schutz vor Feinden. Sogar einfachste Tiere, deren Aktivitäten fast ausschließlich von ererbten Verhaltensmustern bestimmt werden, können Erfahrungen sammeln und dadurch auf Veränderungen in ihrer Umwelt reagieren.

Zebras lernen in der Jugend, ranghöhere Tiere zu achten.

DURCH ERFAHRUNG KLUG

Die Vorbereitung auf den Ernst des Lebens beginnt schon bald nach der Geburt – teilweise sogar bereits im Mutterleib bzw. im Ei. Frühe Lernvorgänge laufen häufig nach einem festen Muster ab, doch später müssen erfahrene Lehrer dem Jungtier beibringen, was es im Leben braucht.

Beherrscht eine Amsel die Melodie, mit der sie den Frühlingsmorgen begrüßt, von Anfang an oder muß sie ihr Lied erst lernen? Weiß ein Löwe in der Savanne Afrikas, welche Beute er jagen soll, oder lehrt ihn die Erfahrung, sein Opfer auszuwählen? Wird das Verhalten der Tiere vorwiegend von Instinkten bestimmt, die in den Erbanlagen verankert sind, oder lernen sie alles, was sie zum Überleben brauchen, durch Training und von Artgenossen?

Natürlich gibt es keine einfache Antwort auf diese Frage, die die Wissenschaft seit langem beschäftigt. Jedes Tier zeigt angeborene und erlernte Verhaltensweisen, die in einer ständigen, oft sehr komplizierten Wechselwirkung stehen. Was ein Lebewesen lernt, hängt davon ab, was sein Gehirn aufnehmen kann. Dies wiederum wird von den Erbanlagen bestimmt. Die Struktur der einzelnen Gehirnteile sowie die Verbindungen zwischen ihnen beeinflussen die Lerngeschwindigkeit. Reflexe und angeborene Verhaltensmuster, mit denen die Tiere am Beginn ihres Lebens auf ihre Umgebung reagieren, werden im Lauf der Zeit weitgehend durch komplexeres Verhalten ersetzt. Selbst eine Tätigkeit, die instinktiv, fast automatisch erscheint, beispielsweise die Orientierung im Raum, kann durch eine entscheidende Veränderung in den Umweltbedingungen abgewandelt werden.

Das Leben jedes Tieres, von der primitiven einzelligen Amöbe bis zum Primaten, ist von den Erbanlagen, die sich im Lauf der Stammesgeschichte entwickelt haben, und

von für jedes Individuum einzigartigen Erfahrungen geprägt.

Um einfache Erfahrungen zu sammeln, benötigen Tiere nicht einmal ein Nervensystem. Sogar Einzeller verfügen über die Fähigkeit zu lernen, wie in Versuchen mit Wimpertierchen festgestellt wurde. Mit der Entwicklung des Nervensystems erweiterte sich diese Fähigkeit ganz beträchtlich. So besitzen die Süßwasserpolypen der Gattung *Hydra*, die zu den einfachsten vielzelligen Tieren gehören, bereits ein Nervensystem, dessen Zellen unterschiedliche Aufgaben übernehmen. Durch das Speichern von Erfahrungen entsteht dort ein Gedächtnis.

Höher entwickelte Tiere, insbesondere Säugetiere, verfügen über ein breites Spektrum komplizierter Verhaltensweisen. Diese müssen sie zum Teil erst erlernen. Häufig ist eine lange Lehrzeit erforderlich, bis sie sich selbständig ernähren, Schutz und Partner finden und sich in ihrem Lebensraum sicher orientieren können.

Stockentenküken lernen schon im Ei die Stimme ihrer Mutter kennen.

Die Entwicklung des Verhaltens beginnt mit der Geburt und zieht sich häufig bis zum Lebensende hin. Jungtiere profitieren von den Lektionen der Eltern, der anderen Verwandten und der Nachbarn sowie von ihren eigenen täglichen Erfahrungen. Durch Spiele vervollkommnen sie Bewegungsabläufe und Verhaltensweisen, die später lebenswichtig sein werden. In der Wachstumsphase beobachten sie ihre Artgenossen besonders genau und versuchen alles nachzuahmen. Manche Lernprozesse finden sogar schon statt, bevor das Junge das Licht der Welt erblickt.

In seinem einfachen Nervensystem kann der Süßwasserpolyp Hydra *Erfahrungen speichern.*

Die Stimme der Mutter fest eingeprägt

Während eine Stockentenmutter ihr Gelege bebrütet, nimmt sie immer wieder Stimmkontakt mit ihren Nachkommen im Ei auf – sie ruft, und die Küken antworten, sobald sie dazu in der Lage sind. Diese Unterhaltung beginnt etwa 10 Tage vor dem Schlüpfen, wenn der Kopf des Entenfötus in die Luftkammer am stumpfen Pol des Eies eindringt. In dieser Phase lernen die Kleinen die artspezifischen Rufe und, was besonders wichtig ist, die Stimme ihrer Mutter kennen. So können sie diese schon unmittelbar nach dem Verlassen des Eies von anderen Stockenten unterscheiden und ihr sofort nachlaufen.

Diese Lektion ist lebenswichtig, da Enten Nestflüchter sind: Statt am Nistplatz zu bleiben, folgen sie der Mutter von Anfang an instinktiv überallhin. Damit sie nicht verlorengehen oder Raubfeinden zum Opfer fallen, müssen sie ihre Mutter immer schnell finden. Deren lautes Quaken zeigt dem Nachwuchs ständig, wohin sie sich bewegt, und es warnt vor Gefahren. Die Küken orientieren sich dabei in erster Linie an der Stimme des rufenden Tieres; sein Aussehen spielt keine große Rolle, wie Verhaltensforscher festgestellt haben.

Bei einem dieser Experimente präsentierten die Wissenschaftler den frisch geschlüpften Jungen statt einer echten Entenmutter eine leblose Attrappe mit eingebautem Lautsprecher. Die Küken folgten dem „rufenden" Objekt, wenn sich dieses bewegte, und solange sie gefüttert wurden, waren sie zufrieden. Statt der Attrappe, die äußerlich einer Stockente ähnelte, verwendeten die Forscher daraufhin einen rot-weiß gestreiften Pappkarton. Sobald daraus der Versammlungsruf einer Ente ertönte, liefen die Küken zu ihrer seltsamen „Mutter" und scharten sich um sie, auch wenn sie gleichzeitig die Möglichkeit hatten, sich einem lebenden, aber stummen Entenweibchen anzuschließen.

Keine Chance für maulfaule Küken

Um zu überleben, müssen junge Truthähne nicht nur dem Ruf der Mutter folgen, sondern ihr auch antworten. Hört das Weibchen seine Kleinen nicht, tötet es sie. Dies stellten Verhaltensforscher fest, als sie eine taube Truthenne beobachteten. Das Tier hatte Eier gelegt, die es ganz normal bebrütete; als aber die Küken schlüpften und herumzulaufen begannen, erkannte die Mutter den eigenen Nachwuchs nicht, obwohl sie ihn sehen konnte. Statt die Kleinen zu betreuen, griff sie sie an. Dadurch wurde deutlich, daß nur Jungvögel, deren Stimmfühlungslaut deutlich zu hören ist, akzeptiert werden.

Der Vorgang, der Entenküken veranlaßt, ihrer Mutter nachzulaufen, wird als „Prägung" bezeichnet. Es ist eine Form des Lernens, bei der Jungtiere in einer ganz bestimmten Lebensphase eine feste Bindung entwickeln. Entenküken werden bis zur 16. Stunde nach dem Schlüpfen auf ihre

Eine junge Möwe, die nicht zu ihren Eltern zurückfindet, kann von anderen Koloniemitgliedern totgehackt werden. Das Erkennen der mütterlichen Stimme ist für sie deshalb lebensnotwendig.

Mutter bzw. im Experiment auf eine Ersatzmutter geprägt.

Dieser Vorgang beginnt bei vielen Vögeln bereits vor dem Schlüpfen. Zwiegespräche durch die Eischale sind deshalb überaus wichtig. Wie wichtig, das testeten Verhaltensforscher in einer Möwenkolonie an der Pazifikküste des US-Bundesstaates Washington. Dabei spielten sie den Föten eines Geleges mütterliche Fütterungsrufe vor, andere Eier schirmten sie dagegen akustisch ab. Nach dem Schlüpfen pickten die Küken, die den Ruf ihrer Mutter gehört hatten, zur Fütterung ganz normal gegen deren Schnabel, woraufhin das Weibchen einen vorverdauten Fischbrei auswürgte. Die zweite Gruppe bettelte nicht bei ihrer Mutter und wäre, wenn sich die Wissenschaftler ihrer nicht angenommen hätten, verhungert.

Daß ein Jungvogel seine Eltern schon sehr früh erkennen kann, ist vor allem bei Arten, die in Kolonien brüten, lebenswichtig. Die hungrigen Küken irren häufig zwischen den anderen Tieren umher; dabei werden sie immer wieder attackiert. Wenn die Eltern mit Nahrung zurückkommen, rufen sie ihre Jungen herbei. Würden diese dann die Stimme der Mutter nicht erkennen, wären sie hoffnungslos verloren.

Was kann ich fressen?

Viele Tiere wissen am Beginn ihres Lebens nicht, wovon sie sich ernähren und wie sie ihr Futter gewinnen sollen. Zunächst werden sie von der Mutter bzw. den Eltern mit der entsprechenden Nahrung versorgt. Irgendwann müssen die Jungen allerdings beginnen, sich ihre Mahlzeiten selbst zu suchen. Zu diesem Zeitpunkt haben sie bereits von ihren Eltern gelernt, was für sie gut ist und was schlecht.

Die Berggorillas, die in den Wäldern der Virungavulkane von Ruanda, Uganda und Zaire leben, widmen der Nahrungsaufnahme etwa 6 Stunden täglich. Von den Pflanzen, die in ihrem Lebensraum wachsen, fressen die Tiere 38 Arten, vor allem Bambus, Labkraut, Nesseln, Disteln und Sellerie; bei manchen Pflanzen beschränken sie sich jedoch auf ganz bestimmte Teile wie Wurzeln, Blüten oder Rinde. Was davon zum Speisezettel der Gorillas gehört, müssen die Jungtiere erst allmählich in Erfahrung bringen.

In ihren ersten Lebensmonaten sind die kleinen Gorillas ständig bei ihrer Mutter. Schon bald interessieren sie sich für alles, was diese tut, und versuchen, ihre Nahrung genauer zu untersuchen. Zuweilen stibitzen sie einen Bissen aus ihrer Hand oder sogar aus ihrem Mund, schauen ihn genau an, riechen daran und stecken ihn in den eigenen Mund. Im Alter von 4–6 Monaten beginnen sie auch, darauf herumzukauen. Dabei erkennen die Kleinen, wie genießbare Nahrung aussieht, riecht und schmeckt.

GEPRÄGT FÜR DEN REST DES LEBENS

Vogelküken akzeptieren das als Bezugsperson, was sie zuerst sehen. In der Regel ist das ihre Mutter, doch in Experimenten stellten Wissenschaftler fest, daß sich die Jungvögel auch an Gegenstände gewöhnen, die keinerlei Ähnlichkeit mit ihren Eltern haben. Dieser als „Prägung“ bezeichnete Vorgang ist auf einen Zeitraum von wenigen Stunden nach dem Schlüpfen begrenzt.

Durch Prägung lernen Tiere auch die wesentlichen Eigenschaften ihrer Artgenossen für den Rest ihres Lebens kennen. So eignen sich viele Vögel den Gesang der Tiere an, von denen sie aufgezogen wurden, selbst wenn diese zu einer völlig anderen Art gehören. Bei der Suche nach einem Geschlechtspartner orientieren sie sich an den Merkmalen der Altvögel, die sie während ihrer Prägungsphase gesehen haben. Häufig kommen daher Tiere, die von Menschen gepflegt wurden, mit ihren Artgenossen nicht zurecht, da sie diese als Fremde betrachten.

Wanderfalken, die von Menschen aufgezogen werden, sehen diese als ihre Eltern an.

Die Mutter protestiert dabei selten; wenn ihr Sprößling jedoch umherstreift und alles probiert, was er unterwegs findet, nimmt sie ihm gelegentlich eine schädliche Pflanze weg. Auf diese Weise begreift das Jungtier, was es nicht fressen darf. In den ersten 2–3 Lebensjahren, in denen das Gorillakind Muttermilch trinkt, erfährt es nicht nur, welche Nahrung eßbar ist, sondern auch, wie es diese aufbereiten muß. Häufig sind dazu viele komplizierte Handgriffe nötig, die das Kind bei den erfahrenen Tieren lernt. Unter der fürsorglichen Obhut seiner Mutter unternimmt es eine kulinarische Entdeckungsreise.

Für Raubtiere ist der Nahrungserwerb besonders schwierig. Die Jungen müssen ihre Beute ausfindig machen, überwältigen und töten, bevor sie sie verspeisen können. In der Regel sind diese Verhaltensweisen nicht angeboren, und die Kleinen müssen bei ihrer Mutter in die „Jagdschule“ gehen. Bei Iltissen beginnt der Unterricht bereits, bevor sie im Alter von ca. 5 Wochen ihre Augen öffnen. Schon sehr früh bringt die Mutter Beutetiere, vor allem Mäuse, in den Bau. Mit 28 Tagen können sich die Jungen der Nahrung selbständig nähern und Stücke davon abbeißen. Bis zum Alter von etwa 6 Wochen, wenn sie entwöhnt werden, müssen sie in der Lage sein, auf die Jagd zu gehen.

Zu diesem Zeitpunkt sind die kleinen Iltisse noch keineswegs perfekte Jäger. Sie üben ihre Fähigkeiten zunächst in heftigen Spielen mit den Geschwistern und versuchen diesen die Beute abzunehmen. Die Mutter trainiert ihre Jungen, indem sie Mäuse vor ihnen ablegt; sobald die Kleinen die Mahlzeit ergreifen wollen, zieht sie sie jedoch weg. Dieses Spiel wiederholt sie mehrfach, bevor die Kleinen das Beutetier zerreißen dürfen. Auf diese Art üben die jungen Iltisse alle Verhaltensweisen, die sie bei der Jagd beherrschen müssen, verbessern ihre Reaktionsfähigkeit und lernen, welche Tierarten auf ihrem Speisezettel stehen.

Wenn sie ein Alter von etwa 8 Wochen erreicht haben, sind ihre Bewegungen so weit trainiert, daß sie mit der nächsten Schwierigkeitsstufe beginnen können: dem Reißen lebender Beute. Auch diese Lernphase findet zunächst im schützenden Bau statt, in den die Mutter passende Opfer bringt. Diese werden von den kleinen Schülern genau beschnuppert und untersucht. Sobald sich die Beute bewegt, verfolgen sie sie und versuchen instinktiv, sie zu fangen und totzubeißen.

Zwar ist die Reaktion der Jäger auf die Bewegungen der Mäuse angeboren, doch sie müssen durch Übung lernen, diese Verhaltensweisen richtig auszuführen. Die Bisse, mit denen die Iltiswelpen ihre Opfer zu töten versuchen, wirken anfangs sehr unbeholfen, und es dauert einige Zeit, bis ihre Bemühungen zum Erfolg führen. Zunächst schlagen sie ihre Zähne in den Rücken der Beutetiere; erst allmählich merken sie, daß sie mit einem gezielten Nackenbiß viel schneller zum Ziel kommen. Im Alter von

Für Iltisse beginnt der Jagdunterricht, schon bevor sie die Augen öffnen.

Berggorillas fressen nur ganz bestimmte Pflanzenteile. Welche, erfahren die Jungen, indem sie die erwachsenen Tiere genau beobachten.

INTENSIVKURS FÜR JUNGFÜCHSE

Auch Fuchswelpen müssen erst lernen, wie sie an ihre Nahrung gelangen. So beobachtete der englische Forscher David MacDonald eines Tages eine „Unterrichtsstunde“ bei einer Fuchsfamilie.

Die Jungen hatten gerade den „Mäuselsprung“ – einen hohen Sprung, mit dem sie vor allem Mäuse erbeuten – gelernt. Nun setzten sie diese Jagdtechnik bei jeder Gelegenheit ein, beispielsweise auch, um Regenwürmer zu fangen. Natürlich gelang ihnen dies nicht, da sich die Würmer in die Erde zurückzogen. Schließlich demonstrierte die Mutter ihrem hungrigen Nachwuchs, wie die glitschigen Tiere mit den Zähnen erfaßt und vorsichtig aus den Röhren gezogen werden müssen. Sofort begannen die Welpen zu üben, und schon bald beherrschten sie auch diese Jagdmethode perfekt.

Rotfuchswelpen lernen von dem erfahrenen Weibchen, jede Beutetierart mit der richtigen Methode zu fangen.

etwa 3 Monaten haben die Jungen ihre Jagdtechnik so perfektioniert, daß sie sogar Kaninchen erbeuten können. Danach löst sich der Familienverband auf.

Gut beschützt von Mutter und Tanten

Viele Säugetiere, die im Wasser zu Hause sind, müssen in ihren ersten Lebenstagen zahlreiche Verhaltensweisen erwerben, ohne die sie nicht existieren können. Besonders früh beginnt das Training bei den Walen und Delphinen, die als einzige Säuger im Wasser geboren werden.

Bei diesen sozialen Tieren ist die Bindung zwischen Mutter und Kalb sehr eng und hält über einen langen Zeitraum an. Doch nicht nur die Mutter, sondern auch andere erwachsene Weibchen der Gruppe, sogenannte Tanten, kümmern sich um die Jungtiere. Neugeborene Delphine sind äußerst hilflos und auf die Unterstützung erfahrener Artgenossen angewiesen, vor allem in den ersten 6 Wochen. In dieser Zeit lernen sie, Barrieren zu meiden und Gefahren auszuweichen. Mütter und Kälber schwimmen dann Seite an Seite, atmen zusammen und trennen sich selten. Wenn sich die Kleinen selbständig zu machen versuchen, halten die Mütter sie häufig mit ihren Flossen fest. Erst nach 2 Monaten beginnen die Jungen, ihre Umgebung ohne Begleitung zu erforschen. Fremde Objekte inspizieren sie zunächst aus sicherer Entfernung, bevor sie sie berühren und damit spielen. Aber auch dabei bleiben sie nicht unbeobachtet.

Widerwillige Schwimmer

Fischotterkinder kommen an Land zur Welt und begeben sich erst im Alter von rund 3 Monaten ins Wasser, wenn ihr Fell wasserdicht ist. Allerdings sind sie ausgesprochen wasserscheu, so daß die Mutter sie „überreden“ muß. Während sich die meisten Jungen ohne großen Widerstand ins Wasser führen lassen, wehren sich einige mit allen Kräften, so daß sie ins nasse Element getragen oder sogar gezerrt und gestoßen werden müssen. Manchmal nimmt die Mutter ein Kleines auf den Rücken und schwimmt hinaus, um es dort abzuschütteln.

Im Wasser rudern die jungen Fischotter verzweifelt mit den Pfoten. Bei der erstbesten Gelegenheit strampeln sie ans Ufer, wo sie je-

Schon am 1. Lebenstag begleiten Kegelrobbenbabys ihre Mutter bei der Nahrungssuche.

doch gleich wieder zurückbefördert werden. Mit der Zeit wird ihnen klar, daß im Wasser nicht Gefahr, sondern schmackhafte Nahrung auf sie wartet. Schließlich lockt sie die Aussicht auf fette Krebse in noch tiefere Gewässer zum Fangunterricht. Das Tauchen fällt ihnen zwar anfangs schwer, da ihr Jugendfell viel Luft festhält, doch nach einigen Wochen wird das Haarkleid glatter. Im Alter von 4 Monaten können die Jungtiere ihre eigene Nahrung fangen, doch die feineren Kniffe der Jagd müssen sie noch lernen. Jede Nacht folgen sie der Mutter auf deren Streifzügen, bis sie schließlich im 9. Lebensmonat von ihr vertrieben werden.

Andere Jungtiere sind abenteuerlustiger als die Fischotter, beispielsweise die nordeuropäischen Kegelrobben. Sie können bereits am 1. Lebenstag schwimmen. Im Norden ihres Verbreitungsgebietes wagen sie sich zwar meist in den ersten Lebenswochen nicht ins Wasser, da ihr Babyfell sie nicht vor Auskühlung schützt, doch im wärmeren Süden, etwa in Wales, paddeln sie schon wenige Stunden nach der Geburt munter im Meer. Zuerst rudern sie wie Hunde recht unbeholfen mit den Vorderflossen, aber bald lernen sie, sich nach Art der Erwachsenen mit den Hinterflossen voranzutreiben.

Meeresriesen an Land

Während Landsäuger die Fortbewegung im Wasser üben, müssen Orkas oder Schwertwale trainieren, an Land und wieder zurück ins Meer zu gelangen. Diese gefährlichen Manöver lernen die Jungtiere an den Crozetinseln im Indischen Ozean und an der Küste Patagoniens. Dort machen die riesigen Meeressäuger Jagd auf Robben.

Im Unterschied zu den meisten ihrer Artgenossen, die die Robben nur im offenen Meer fangen, wuchten sich die Orkas der Crozetinseln und Patagoniens auch manchmal an den Strand, um die Beutetiere dort zu jagen. Da solche Aktionen für die Jäger sehr gefährlich werden können – wenn es

In den ersten Lebenswochen weicht das Tümmlerbaby seiner Mutter nicht von der Seite. Von ihr lernt es, sich im weiten Meer zurechtzufinden.

ihnen nicht gelingt, ins Meer zurückzugelangen, sterben sie qualvoll –, müssen diese die Landjagd lange üben, bis sie sie perfekt beherrschen.

An ganz bestimmten einsamen Stränden geben Orkamütter ihren Jungen Trainingsstunden. Die Lehrerinnen bringen 4 t auf die Waage und sind 7 m lang, die Schüler etwa halb so groß. Mutter und Kind liegen zunächst etwa 7 m vom Strand entfernt im Wasser, den Blick zum Ufer gerichtet, bis eine günstige Welle kommt. Mit ihr schwingen sie sich dann an Land und gleiten auf dem Kies voran, die Mutter meist ein Stückchen weiter. Indem sie 1 m Vorsprung hält, kann sie sicher sein, daß sie ihr unerfahrenes Kalb wieder wohlbehalten ins Meer bringen kann. Den Nachwuchs vor sich herschiebend, rutscht die Mutter dann unter heftigen Schwanz- und Körperbewegungen ins Wasser zurück. Schnell lernt der kleine Orka, diese Bewegungen selbst auszuführen, so daß er schon bald nicht mehr auf die Hilfe der Trainerin angewiesen ist.

Den schwierigsten Teil der Lektion hat das Junge nun hinter sich. Jetzt muß es noch das Ergreifen der Beutetiere üben. Auf den Crozetinseln sind dies junge See-Elefanten, in Patagonien Mähnenrobben. Vor dem Angriff sammeln sich die Orkas meist lautlos vor der Küste, nur gelegentlich stoßen sie hohe Klicktöne zur Echoortung oder quäkende Kontaktrufe aus. Plötzlich reitet eines der Tiere auf einer großen Welle an den Strand, direkt auf die völlig ahnungslosen Robben zu. Diese geraten in Panik, vor allem die unerfahrenen Jungen, und flüchten instinktiv dorthin, wo sie bei Bedrohung durch Landraubtiere Sicherheit finden würden: zum Meer. Nun kann der Schwertwal seine Beute problemlos an den Hinterflossen packen, sich umdrehen und in die Brandung zurückrutschen. Mit dem nächsten Brecher schwimmt er hinaus in tieferes Gewässer.

Jede Orkapopulation hat ihre eigenen Jagdtechniken. An den Rändern des antarktischen Packeises lernen die Jungtiere, wie sie eine Robbe von einer Eisscholle herunterwerfen können. Dazu müssen sie aus dem Wasser springen und mit voller Wucht auf einer Seite des Eisblockes landen, der daraufhin kentert und die Beute ins Wasser rutschen läßt. Manchmal hebt ein zweiter Wal die Scholle auf der anderen Seite zusätzlich an.

Wie andere hochentwickelte Säugetiere haben Schwertwale eine lange Jugend, in der sie sich sehr viele Fähigkeiten aneignen müssen. Die Jungen werden dabei nicht nur von ihrer Mutter unterrichtet. Wenn diese in der jeweiligen Jagdtechnik nicht besonders geschickt ist, übt der Nachwuchs mit einem anderen Familienmitglied. Die gesamte Gruppe, die von einem erfahrenen Weibchen geführt wird und meist aus Verwandten besteht, beteiligt sich an der Aufzucht der Jungtiere und schützt sie bei Gefahr.

Mütterberatung bei Elefanten

Viele Tiere lernen allerdings nicht nur in ihrer Jugend, sondern auch noch als Erwachsene, beispielsweise Afrikanische Elefanten. Sie leben wie die Orkas in Gruppen, die von

Ein Elefantenkind ist in den ersten Lebensstunden völlig hilflos. Unter den wachsamen Augen der Mutter kümmern sich alle jungen Kühe der Herde um das neue Gruppenmitglied und verfolgen fasziniert jeden seiner tapsigen Schritte.

Statt ihre Eltern zu verlassen, wenn sie flügge sind, helfen Buschhäher häufig noch bei der Aufzucht der nachfolgenden Geschwister.

einem erfahrenen Weibchen geleitet werden. Die Mitglieder dieser Herden kennen sich sehr gut und kümmern sich intensiv umeinander.

Junge Elefanten kommen nach einer Tragzeit von 22 Monaten zur Welt. Wenn die Wehen begonnen haben, zeigen alle Tiere reges Interesse an der Mutter, allen voran die jungen Weibchen. Die Gebärende versucht häufig, sich abzusondern, doch sobald das Kleine zur Welt gekommen ist, scharen sich die übrigen Kühe um sie. Alle wollen das neue Gruppenmitglied mustern. Sie helfen ihm, wenn es sich hochzurappeln versucht, und streicheln und beschnuppern es mit ihren Rüsseln. Junge Weibchen, insbesondere unerfahrene Schwestern und Töchter der Mutter, sind dabei ganz besonders ausdauernd.

Bei den meisten Tieren läßt das Interesse an dem neugeborenen Kalb bald nach, doch die jungen Kühe besuchen die Mutter und ihren Nachwuchs immer wieder. Ihnen bietet sich hier eine sehr gute Gelegenheit, in Kontakt mit Jungtieren zu kommen, denn sie müssen den Umgang mit Neugeborenen erst lernen. Wie wichtig dies ist, stellte die Elefantenforscherin Cynthia Moss fest, als sie das Verhalten erfahrener und unerfahrener Mütter verglich; der Start von Elefantenkälbern ins Leben kann sehr unterschiedlich sein.

Eine Kuh, die schon mehrere Junge erfolgreich aufgezogen hat, ist sehr ruhig und selbstsicher. Ihr gelingt es problemlos, dem Kleinen den Weg zur Zitze zu zeigen. Dabei können sie junge Kühe genau beobachten. Dagegen scheinen erstgebärende Weibchen oft nicht zu wissen, wie sie sich verhalten sollen.

Wenn eine Kuh ihr erstes Kalb zur Welt bringt, ist sie sehr unsicher und macht häufig vieles falsch. Glücklicherweise stehen ihr in der Regel mehrere andere Tiere bei, die sich um das Junge kümmern. Ohne ihre Hilfe würde es vielleicht nicht überleben. So müssen die Eihäute möglichst schnell vom Kopf des Neugeborenen entfernt werden; versäumt die Mutter dies in ihrer Ratlosigkeit, kann das Kleine ersticken.

Einen besonders kritischen Fall konnte Cynthia Moss beobachten. Die Kuh hatte noch keine Jungen zur Welt gebracht, genau wie die Helferin, die bei ihr war. In der ganzen Herde waren einige Jahre lang keine Kälber geboren worden, an denen die jungen Weibchen hätten Erfahrungen sammeln können. Weder die Mutter noch die Helferin wußten deshalb, was mit dem Neugeborenen zu tun war. Ungeschickt versuchten sie, es zum Trinken zu bewegen, konnten es aber nicht zu den Zitzen lenken; schließlich starb es.

Nicht nur bei Elefanten, sondern auch bei vielen anderen Säugetieren, die in Gruppen leben, kümmern sich junge Weibchen besonders intensiv um die Kleinen, sofern die Mütter sie ihnen überlassen. Die Babysitter müssen sich bemühen, möglichst sorgsam mit ihren Schützlingen umzugehen, da diese sonst ängstlich zu ihrer Mutter flüchten. Auf diese Weise lernen sie die richtige Behandlung von Säuglingen.

Männchen zeigen dagegen viel weniger Interesse an Jungtieren. Sie müssen nicht mit ihnen umzugehen lernen, weil sie als Erwachsene viel weniger an der Kindererziehung beteiligt sind als ihre Artgenossinnen.

Pflegemütter für kleine Dickhäuter

Elefantenbabys sind äußerst unternehmungslustig und neugierig. Damit sie sich nicht selbst in Gefahr bringen, müssen sie ständig unter Aufsicht bleiben. Während die Mütter fressen, übernehmen junge Weibchen im Alter von 2–11 Jahren diese Aufgabe. Geduldig holen sie ihre Schützlinge zurück, wenn diese weglaufen, passen auf, daß sie sich nicht verletzen, und stellen sich schützend über sie, wenn sie schlafen. Von dieser Betreuung profitieren nicht nur die Kälber, sondern auch die „Tanten“: Sie gewinnen Routine im Umgang mit Jungen, was ihnen später beim eigenen Nachwuchs zugute kommt.

Fürsorgliche Geschwister

Bei verschiedenen Vogelarten kommt es vor, daß herangewachsene Tiere ihre Eltern bei der Aufzucht der jüngeren Geschwister unterstützen. Ein Beispiel dafür sind die nordamerikanischen Buschhäher. Diese Vögel besetzen große Reviere, die sie gegen Artgenossen verteidigen. Das nimmt sehr viel Zeit in Anspruch, die den Eltern bei der Jungenaufzucht fehlt. Bei ihnen hat sich deshalb eine besondere Form der Betreuung entwickelt: nach dem Flüggewerden machen sich die Jungvögel nicht sofort selbständig, sondern helfen bei der Versorgung der Jungen des nächsten Geleges mit. Dadurch können sich die Eltern intensiver der Revierverteidigung widmen, und die Küken werden besser ernährt. Dank der Helfer haben diese Jungvögel weit bessere Überlebensaussichten.

Welche Vorteile haben jedoch die älteren Geschwister, die sich im ersten Jahr ihrer Geschlechtsreife nicht selbst fortpflanzen können? Für sie scheint die Unterstützung der Eltern ein Nachteil zu sein, doch tatsächlich profitieren auch sie davon. Jungen, unerfahrenen Vögeln gelingt es in der Regel nicht, ein gutes Territorium zu verteidigen, in dem sie genügend Nahrung für ihren Nachwuchs finden. Da sie sich in diesem Alter ohnehin kaum erfolgreich fortpflanzen, ist es für sie sinnvoller, im Territorium der Eltern noch Erfahrungen zu sammeln. In ihrer relativ sicheren Position bemerken sie manchmal sogar, wo ein Revier frei wird, und können es besetzen, ohne darum kämpfen zu müssen.

Ein ähnliches Verhalten wie die Buschhäher zeigen beispielsweise auch die Teichhühner und die Bienenfresser. Bei den letzteren verdoppelt sich der Bruterfolg, wenn ein Helfer sich zu den Eltern gesellt, und bei zwei Helfern verdreifacht sich die Zahl der überlebenden Jungen sogar.

VOM SPIEL ZUM ERNST

Spielend lernen viele Jungtiere, wie sie Beute fangen, ihre Rivalen im Kampf besiegen oder ihre Nachkommen versorgen. Unermüdlich und mit offensichtlichem Spaß erproben sie Zähne und Krallen an allem, was ihnen in die Quere kommt – nicht immer zur Freude ihrer Artgenossen.

Spiel gehört ebenso zur Entwicklung eines jungen Säugetieres wie die Muttermilch. Auch manche Vögel spielen, doch in den übrigen Tiergruppen ist dieses Verhalten kaum zu beobachten. Reptilien, Amphibien und Fische scheinen keinen Sinn für Spielereien zu haben, geschweige denn Insekten und andere wirbellose Tiere. Nur hochentwickelte Arten, die ihre Umwelt mit unersättlicher Neugier erforschen und an allem ihre Fähigkeiten zu erproben versuchen, widmen sich dem Spiel.

Die Kleinen laufen, als wäre ihnen ein Feind auf den Fersen oder als müßten sie ein schnelles Beutetier fangen; sie kämpfen miteinander, als ob es um Leben und Tod ginge, und unternehmen sexuelle Annäherungsversuche. Doch nichts ist ernst gemeint; die Feinde und die Opfer gibt es nicht, bei den Kämpfen fließt kein Blut, und die Paarungsversuche bleiben ohne Folgen, da die Jungen noch nicht geschlechtsreif sind. Dennoch bedeuten Spiele im Leben dieser Tiere sehr viel: Durch die ständige Wiederholung üben sie komplizierte Folgen von Verhaltensweisen und sammeln Erfahrungen, die sie als Erwachsene benötigen.

Um mehr über Spiele zu erfahren, beobachteten Verhaltensforscher Tiere dabei sehr genau. Sie zeichneten die Abläufe detailliert auf und versuchten, die unendliche Vielfalt der Spiele in eine Ordnung zu bringen. Sie teilten sie schließlich in drei Gruppen ein: Objektspiel, Bewegungsspiel und Sozialspiel. Bei der ersten Form beschäftigt sich das Tier mit Gegenständen, die es in seiner Umgebung findet, meist mit Steinen oder Ästen, aber gelegentlich auch mit solch ungewöhnlichen Objekten wie Federn, Schnee oder Wasser. Es zieht an diesen Gegenständen, drückt und stößt sie, springt darauf, wirft sie hoch, ordnet sie, nimmt sie ins Maul oder trägt sie herum.

Das Bewegungsspiel umfaßt Aktivitäten wie Laufen, Springen, Klettern oder Anschleichen, aber auch Turnübungen wie

Für einen kleinen Tiger gibt es kaum ein interessanteres „Opfer“ als die Mutter, die geduldig seine „Angriffe“ erträgt.

Purzelbäume, Handstand und Schaukeln, ja sogar Grimassenschneiden. Das Sozialspiel, also die spielerische Beschäftigung mit einem Partner, hat für gesellige Tiere eine besonders große Bedeutung. Es schließt vor allem aggressive Verhaltensweisen ein wie Angreifen, Beißen, Schlagen, Stoßen und Verfolgen. Damit der Kamerad die Aufforderung nicht irrtümlich als Angriff versteht, zeigt ein Tier, das ein Spiel beginnen will, seine Absicht mit eindeutigen Gesichtsausdrücken, Lauten und Bewegungen. Manche davon kommen ausschließlich in diesem Zusammenhang vor. So lachen Menschenaffen leise, wenn sie sich mit einem Partner ausgelassen balgen.

Obwohl sich Verhaltensforscher schon seit mehreren Jahrzehnten mit dem Spiel befassen, können sie viele Fragen bis heute nicht beantworten. Was veranlaßt beispielsweise ein Löwen- oder Wolfsjunges dazu, ein Tier zu hetzen, zu fassen und zu beißen, wenn es überhaupt keinen Hunger hat? Warum springt ein Zebrafohlen oder ein Zicklein plötzlich in die Luft und hüpft wie toll umher, wo es doch gar kein Hindernis überwinden und vor keinem Feind fliehen muß? Weshalb sind die Bewegungen im Spiel so übertrieben und werden so oft wiederholt? Was empfinden die Tiere beim Spielen? Bereitet es ihnen Freude?

Wie überall in der Biologie wirft jede Antwort wieder neue Fragen auf, und unter den Wissenschaftlern herrscht selten Einigkeit über die Interpretation der Versuchsergebnisse. Die meisten Fachleute neigen jedoch zu der Ansicht, daß der Hauptzweck des Spielens darin liegt, das Jungtier auf sein Leben als Erwachsener vorzubereiten. Allerdings kann das nicht die einzige Funktion sein – bei manchen Tierarten spielen auch die Erwachsenen mit großer Begeisterung und ohne erkennbaren Sinn.

Scharfe Krallen im Einsatz

Jeder, der einmal eine Hauskatze gehalten hat, kennt die Verspieltheit dieser Tiere. Vor allem Katzenkinder können von den Balgereien und Verfolgungsjagden nicht genug bekommen und werden von ihrer Mutter sogar noch dazu ermuntert. In den Spielen wird eine enge Verbindung zur Jagd deutlich. Dicht am Boden kauernd, beobachten die Kätzchen ihre Geschwister, gleiten lautlos über den Boden und setzen schließlich zum Sprung an, wie sie es auch bei einer Maus tun würden. Das Opfer ist in diesem Fall jedoch kein Beutetier, sondern der Bruder oder die Schwester. Anfangs wirken die Bewegungen der kleinen Räuber ausgesprochen tapsig, aber mit der Zeit werden sie geschmeidig und sicher. Nun bringt die Mutter eine verletzte Maus herbei, an der ihre Jungen das Jagen und Töten noch besser proben können.

Nicht nur Hauskatzen üben den Beutefang im Spiel, sondern auch freilebende Katzen wie die Geparden. Unter den wachsamen Augen ihrer Mutter tollen sie ausgelassen und unbekümmert umher, ohne auf Feinde achten zu müssen. Mit ihren Wurfgeschwistern balgen sie und jagen diese um den Familienbau herum. Sie belauern und verfolgen sich gegenseitig, pirschen sich auf dem Bauch kriechend an und überwältigen ihre Kameraden mit einem plötzlichen Sprung, um sich danach zusammen eng umklammert am Boden zu wälzen. Ihr Interesse gilt jedoch auch leblosen Dingen; so schleudern sie Blätter und Äste in die Luft und laufen ihnen hinterher.

Selbst wenn die „Kämpfe“ mitunter recht rauh aussehen, kommt es selten zu Verletzungen, da die Krallen und Zähne der Jungen noch sehr schwach sind. Mit zunehmendem Alter werden die Gepardenkinder nicht nur kräftiger, sondern auch geschickter, und sie können ihre Bewegungen besser koordinieren. Schließlich lernen sie, zusammen zu jagen.

Ebenso wie bei den Hauskatzen leitet bei diesen großen Räubern die Mutter die nächste Phase der Übungen ein, indem sie lebende Beutetiere zu ihren Jungen bringt. Wenn die Kleinen 3–4 Monate alt sind, beginnt sie, gelegentlich Gazellenkitze herbeizuschaffen, die sie noch nicht getötet hat. Solche kleinen Beutetiere bedeuten keine Gefahr für die Gepardenkinder, stellen ihre Fähigkeiten jedoch auf eine harte Probe.

Die Mutter läßt das Opfer vor ihrem Nachwuchs los, worauf sich die Jagdschüler und die verängstigte Beute zunächst unentschlossen anstarren. Nach dieser Schrecksekunde versucht die Gazelle zu entkommen, doch die Raubtiere hindern sie daran. Statt die Beute zu töten, beginnen die jungen Geparden nun, mit dem Opfer zu spielen, ähnlich wie mit den Geschwistern. Erst nach einiger Zeit erkennen sie, daß das Huftier

Wie es seine Krallen richtig einsetzt, lernt das Leopardenjunge beim Spielen. Um bei der Jagd Erfolg zu haben, muß es alle Verhaltensweisen des Beutefanges perfekt beherrschen.

Im Spiel mit lebenden Gazellenkitzen lernen die jungen Geparden, Beutetiere zu überwältigen und zu töten.

Nahrung bedeutet, und versuchen es zu töten. Hierzu laufen und springen die Jungen zunächst recht erfolglos umher, und die aufmerksame Mutter muß dafür sorgen, daß die Beute nicht entkommt.

Im Alter von 6 Monaten haben die Geparden ihre Fähigkeiten so weit trainiert, daß sie bei einer richtigen Jagd mitmachen können. Zunächst beobachten sie nur von einem Versteck aus, wie die Mutter Beute schlägt, doch schon bald beteiligen sie sich selbst daran. Im Verlauf der nächsten Monate werden sie ausgezeichnete Jäger, so daß sie sich spätestens am Ende des 2. Lebensjahres allein versorgen können.

Je schneller, desto besser

Auch die von Geparden gejagten Gazellenkitze spielen – nicht zum Erlernen der Nahrungsbeschaffung, sondern zur Verbesserung der Fähigkeit, ihren Feinden zu entkommen. Am liebsten jagen sich junge Thomsongazellen in rasantem Tempo über die Savanne. Nur wenn sie sehr schnell laufen können, sind sie in der Lage, vor Geparden zu flüchten. Mit Sprinteinlagen verbessern sie ihre Wendigkeit und steigern ihr Lungenvolumen.

Für jeden das richtige Spiel

Nicht alle Jungen einer Tierart bevorzugen die gleichen Spiele. Wissenschaftler stellten bei verschiedenen Affen fest, daß männliche und weibliche Kinder sich nicht gleich häufig an allen Spielformen beteiligen. Während Männchen meist Rauf- und Bewegungsspiele veranstalten, beschäftigen sich die Weibchen häufiger mit Gegenständen als ihre männlichen Artgenossen. Männchen wählen lieber ältere Partner, mit denen sie ihre Kräfte messen können (was sie auch als Erwachsene tun müssen), weibliche Kinder suchen sich dagegen häufig jüngere Spielkameraden, die sie betreuen können.

Gute Kondition ist für eine Thomsongazelle lebensnotwendig. Wenn sie etwa von einem Gepard überrascht wird, der plötzlich in ihrer Nähe aus einem Versteck hervorstürzt, muß sie versuchen, ihn abzuhängen. Die Katze kann zwar über kurze Strecken schneller laufen, gibt die Verfolgung aber nach etwa 200 m auf. Dann sollte die Gazelle noch genügend Kraft haben, um sich vor dem erschöpften Raubtier in Sicherheit zu bringen.

Die Verfolgungsspiele des Gazellenkitzes helfen ihm nicht nur, seine Ausdauer, Schnelligkeit und Kraft zu steigern – es lernt dabei auch die anderen Gruppenmitglieder kennen. Im Spiel mit ihnen erfährt es die Regeln des sozialen Zusammenlebens, die es als Erwachsener beachten muß. Noch wichtiger als für Gazellen, in deren Sozialverbänden nur wenige enge Bindungen existieren, ist das Sozialspiel für Tiere, die in stabilen Gruppen leben, beispielsweise für Steppenzebras.

Ein solcher Verband besteht aus einem leitenden Hengst, mehreren Stuten und deren Fohlen. Jedes Weibchen nimmt einen festen Platz in der Gruppenhierarchie ein, und auch unter den Fohlen bildet sich eine Rangordnung, die durch das Alter bestimmt wird. Junge Stuten bleiben in ihrem Familienverband, wogegen Junghengste meist mit etwa 3 Jahren abwandern, um einer Junggesellengruppe beizutreten. Dort bleiben sie einige Jahre lang, bevor sie versuchen, einen eigenen Harem zu erobern. Während der Junggesellenzeit bereiten sie sich auf die harten Auseinandersetzungen vor, die auf sie zukommen; da nicht alle Männchen einen Harem führen können, müssen sie darum kämpfen, und nur die ausdauerndsten können sich durchsetzen.

Um ihre Kraft zu testen und zu trainieren, messen sich die jungen Hengste mit den anderen Junggesellen in Spielen, die den Kämpfen auffallend ähneln, welche sie als Erwachsene austragen werden. Die Regeln sind genau festgelegt. Zunächst umkreisen sich die Kontrahenten mißtrauisch und versuchen, den Gegner in die Beine zu beißen. Das Spiel wird ernster, wenn sie sich auf die Hinterbeine aufrichten und nach dem Hals des Partners schnappen. Huftritte sind ebenfalls erlaubt. Die Kämpfer vergleichen dabei ihre Fähigkeiten und lernen, Angriffe abzuwehren. Bei diesen Übungsgefechten wird auch die Rangordnung in der Junggesellengruppe bestimmt.

Wenn zwei Zebrahengste zum Wettstreit antreten, sind ihre Chancen jedoch keineswegs gleich; je höher die Mutter des Männchens in der Hierarchie der Gruppe steht, desto größer ist die Wahrscheinlichkeit, daß es selbst einmal den obersten Platz einnehmen wird. Schon bei den frühesten Spielen bestimmen die Fohlen ranghoher Stuten das Geschehen. Auch wenn sie nicht stärker sind als ihre Kameraden, besitzen sie ein so hohes Selbstvertrauen, daß allein ihr Auftreten die Gegner ungemein beeindruckt und verunsichert.

Leben unter Wölfen

Den höchsten Stellenwert nimmt das Spiel bei Tierarten ein, denen nicht alle wichtigen Verhaltensweisen angeboren sind. Diejenigen Tiere, die soziale Beziehungen zu den einzelnen Mitgliedern ihrer Gruppe aufbauen müssen, lernen dabei ihre Artgenossen kennen. In einem so komplexen Sozialverband wie dem Wolfsrudel kommt dem Lernen durch Spiel eine grundlegende Bedeutung zu; das Rudel kann nur überleben, wenn alle Mitglieder eine strenge Disziplin einhalten, die sie sich im Lauf ihrer Entwicklung angeeignet haben. Jeder Jungwolf festigt beim Herumtollen seinen Platz in der Rangordnung und erfährt, welche Rolle er im Rudel übernehmen muß.

Bei ihrer Geburt im Spätwinter sind die Tiere blind und hilflos, doch schon nach 1 Monat kommen sie aus dem Bau, um neugierig ihre Umgebung zu erforschen und sich in spielerischen Balgereien mit ihren Artgenossen zu üben. Im Alter von 2–3 Monaten sind sie in der Lage, mit ihren scharfen Zähnen kräftig zuzubeißen, so daß sie ihre Kameraden im Übermut verletzen können. Nun müssen sie lernen, im Spiel gewisse Regeln einzuhalten und richtig auf die Signale zu reagieren, die ihnen die anderen Wölfe geben. Diese Signale – Gesichtsausdrücke, Körperhaltungen und Laute – halten das Rudel zusammen und sorgen dafür, daß die Gemeinschaftsjagd funktioniert.

Um an einer solchen Jagd teilnehmen zu können, müssen die Welpen viel trainieren. Sie stürzen sich blitzschnell auf ihre Spielgefährten oder schleichen sich geduckt an, den Blick auf ihr zukünftiges Opfer geheftet; dann machen sie einen übertriebenen Hechtsprung und landen auf allen vieren neben dem verdutzten Kameraden. Häufig beendet ein Jungwolf seinen Angriff mit einem Kopfschütteln, einer Einladung an seinen Freund, sich am spielerischen Kampf zu beteiligen. Bei einer Aufforderung zur Verfolgungsjagd liegt er mit ausgestreckten Vorderbeinen und weit geöffneten Augen flach auf dem Boden und bewegt nur Schwanz und Hinterteil. Sobald sein Partner sich nähert, stürzt er davon.

Bei diesen Spielen übernimmt immer ein Tier die Rolle des Jägers und eines die des Gejagten. Wer den Jäger spielt, gebärdet sich angriffslustig, während der andere den Schwanz einzieht und die Ohren anlegt. Im nächsten Moment wendet sich jedoch das

Spielerisch messen junge Steppenzebrahengste ihre Kräfte. Später werden sie versuchen, in ernsten Kämpfen gegen Konkurrenten einen Harem zu erobern.

Während Wolfswelpen beim Balgen lernen, gemeinsam zu jagen und sich in die strenge Ordnung des Rudels einzufügen, scheinen Delphine häufig einfach zu spielen, weil es ihnen Spaß macht.

Blatt, und der Verfolger wird zum Verfolgten. Das geöffnete Maul ohne Zähnefletschen und die aufgestellten Ohren zeigen, daß alles nicht ernst gemeint ist.

Nicht alle Verhaltensweisen, die Wölfe bei der Jagd benötigen, können allerdings im Spiel geübt werden. Deshalb übernehmen die Erwachsenen Lehrerpflichten. Sie bringen Beute zum Bau und zeigen den Jungen, welche Tiere sie jagen sollen. Auf diese Weise lernen die Kleinen, ihre Opfer zu fangen, zu töten und zu fressen, ohne sich zu verletzen.

Bei ihren ersten eigenen Jagdzügen erbeuten die Welpen meist kleine Säuger, etwa Ratten. Wenn sie diese geschnappt haben, stoßen sie sie mit der Schnauze an, beschnuppern sie und beißen sie schließlich ungeschickt in den Bauch. Dann packen sie ihr Opfer am Genick und schütteln es kräftig, bevor sie den Kadaver in eine stille Ecke schleppen, wo sie ihn in die Luft schleudern, mit der Nase herumstoßen, treten, zerteilen und schließlich auffressen. Wenige Tage später werden sie eine solche Beute routiniert innerhalb von 20 Sekunden töten und fressen.

Spiele ohne Altersgrenze

Mit dem Erwachsenwerden enden für manche Tiere die Spiele nicht zwangsläufig. Einige davon haben ein eindeutiges Ziel. Wenn etwa die behäbigen Gorillas andere erwachsene Gruppenmitglieder zu Balgereien auffordern, versuchen sie damit, die Beziehung zu diesen Tieren zu vertiefen oder eine gespannte Situation zu lösen. Häufig scheint das Spiel allerdings überhaupt keinen Zweck zu haben. So bohren beispielsweise erwachsene Schimpansen gelegentlich Löcher in Blätter und schauen durch; Hauskatzen jagen bis ins hohe Alter einem Wollknäuel nach oder spielen mit einer gefangenen Maus, wenn sie nach einer Mahlzeit satt sind, und Rhesusaffen machen einen Kopfstand, um die Artgenossen durch ihre Beine zu beobachten.

Als sehr verspielt sind Meeressäuger bekannt, insbesondere Delphine. Sowohl Jungtiere als auch Erwachsene „surfen“ in der Brandung oder erfreuen sich bei jeder Gelegenheit an Ritten auf der Bugwelle von Schiffen oder Motorbooten. Vielleicht hat sich dieses Verhalten dadurch ergeben, daß

SPIEL FÖRDERT DIE GEMEINSCHAFT

Je mehr Affen als Jungtiere miteinander spielen, desto intensiver sind später ihre sozialen Beziehungen in der Gruppe. Dies stellten die Verhaltensforscher John und Janice Baldwin bei den südamerikanischen Totenkopfaffen fest, die unterschiedliche Lebensräume besiedeln.

Eine der Gruppen, die die Baldwins beobachteten, lebte in einem trockenen Wald, in dem die Nahrung zeitweise recht knapp war. Da diese Totenkopfaffen bereits als Kinder sehr viel Zeit mit der Futtersuche verbringen mußten, fanden sie kaum Zeit, miteinander zu spielen. In dieser Gruppe beschränkten sich die Kontakte zwischen den einzelnen Mitgliedern auf das Notwendigste, und die sozialen Beziehungen waren in der Regel sehr oberflächlich.

Ganz anders lebten die Totenkopfaffen in Feuchtwäldern, die ihren Bewohnern das ganze Jahr über Nahrung im Überfluß bieten. Dort spielten die Jungtiere viel häufiger, und die Erwachsenen pflegten einen intensiven Austausch freundlicher Kontakte mit den übrigen Gruppenmitgliedern.

Aus diesen Ergebnissen schlossen die beiden Wissenschaftler, daß Spielen für junge Affen zwar nicht unbedingt notwendig ist, aber die soziale Entwicklung fördert. Nur wenn sie als Kinder im Spiel gelernt haben, mit den Artgenossen richtig umzugehen, können sie später enge Bindungen knüpfen.

Zum Spielen ist „freie“ Zeit vonnöten. Das gilt nicht nur für Totenkopfaffen.

die Tiere gern auf der Druckwelle, die große Wale vor sich herschieben, mitschwimmen.

Gern beziehen die munteren Springer auch Menschen in ihre Kapriolen ein. Bereits mehrfach wurden Zuschauer, die Delphine beim Ritt auf der Bugwelle ihres Bootes beobachteten, von den „Schwarzfahrern“ naßgespritzt – ganz offensichtlich mit voller Absicht. Mit Gegenständen, die auf dem Wasser schwimmen, wie Federn, Seetang und Treibholz, spielen Delphine ebenfalls gern. Sie wirbeln die Objekte in die Luft oder schieben sie mit dem Schnabel vor sich her. Ein Beobachter sah sogar, wie sie hochsprangen, um über ihren Köpfen fliegenden Schmetterlingen nachzujagen. Keine dieser Tätigkeiten dient irgendeinem ersichtlichen Zweck; sie machen den Tieren offenbar einfach Spaß.

Nicht nur die kleinen Delphinarten, sondern auch ihre großen Vettern, die Orkas, spielen leidenschaftlich gern. Schon häufig wurde beobachtet, wie sie hin- und herflitzten, mit Seegrasbüscheln im Maul auf dem Rücken trieben oder an den Brust- und Schwanzflossen lange Tangbänder hinter sich herzogen. Junge Orkas an der nordamerikanischen Pazifikküste versuchen offenbar manchmal, Schweinswale und Dalls Tümmler zum Spiel aufzufordern; dabei sind sie allerdings in der Regel wenig erfolgreich, weil die kleinen Delphine sie als Feinde fürchten.

In den Buchten der Valdés-Halbinsel in Argentinien treffen sich verschiedene Meeressäugerarten zur Paarung, darunter die riesigen Südkaper. Sie lieben es, in diesen

In akrobatischen Sprüngen heben sich Buckelwale aus dem Wasser. Bei jungen Tieren ist es Spiel, bei erwachsenen Männchen ein Teil des Werbeverhaltens.

GEFIEDERTE SPIELER IN IHREM ELEMENT

Nicht nur Säugetiere spielen, sondern auch viele Vögel. Wie den Säugern hilft es ihnen bei der Entwicklung komplizierter Verhaltensweisen. Akrobatische Flugmanöver, Scheingefechte, Sturzangriffe auf einen Artgenossen sowie Saltos im Wasser und in der Luft gehören zu den häufigsten Übungen, wobei intelligentere Vögel in der Regel mehr spielen.

Junge Fregattvögel picken Blätter und anderes Treibgut nach einem Sturzflug von der Wasseroberfläche auf – wahrscheinlich um das Abfischen von Nahrung zu üben. Lärmende Gruppen von Adeliepinguinen treiben beim „Rafting" auf Eisschollen die Priele hinab. Wenn ihr Floß auf Grund läuft, hüpfen sie alle herunter, schwimmen zum Ausgangspunkt und suchen sich dort eine neue Scholle. Besonders erfinderisch sind die Keas, Papageien in den Gebirgen Neuseelands.

In einem ausgelassenen Flugspiel gleiten Alpendohlen durch die Luft.

geschützten Gewässern mit dem Wind zu spielen. Wenn eine Brise aufkommt und sich große Wellen bilden, werden die Wale munter. Sie machen Kopfstände im Flachwasser, recken ihre Schwanzflosse in die Luft und segeln buchstäblich mit dem Wind. Dann schwimmen sie zurück und beginnen mit dem Spielchen von vorn. Dazwischen springen die Kolosse, die bis zu 100 t wiegen können, aus dem Wasser und krachen donnernd unter gewaltigen Fontänen ins Meer zurück. Dieses Verhalten stellt allerdings kein Spiel dar, sondern soll andere Wale über die Position und die Stimmung der Springer informieren.

Junge Wale vergnügen sich mit zahlreichen Spielen, von denen immer wieder neue entdeckt werden. Einige haben sicher eine große Bedeutung für das spätere Leben der Meeressäuger. Wissenschaftler beobachteten etwa, daß Glattwalbabys ihre Mutter umkreisen und sich an ihrer Seite vor- und zurückbewegen. Die beiden schlagen außerdem häufig zugleich mit den Brust- und Schwanzflossen. Die Forscher gehen davon aus, daß diese Übungen dem Jungen helfen, sich später besser gegen Schwertwale zu verteidigen.

Vor allem wegen ihrer Freude an akrobatischen Spielen wurden früher viele Delphine eingefangen und für Shows abgerichtet, wo sie die Besucher mit Kunststückchen erfreuen. Im Vergleich zu den Spielen, die sie in ihrem natürlichen Lebensraum erfinden, sind diese Übungen jedoch eintönig. In Freiheit beschäftigen sich Delphine neugierig mit unbekannten Gegenständen und häufig auch mit lebenden Tieren. Zwei zu Schabernack aufgelegte Tümmler etwa wurden beobachtet, wie sie eine Muräne foppten und jagten. Der Fisch schlüpfte schließlich in eine Felsspalte, doch die Delphine holten einen giftigen Rotfeuerfisch und schoben ihn in die Spalte. Nun mußte die arme Muräne ihren Schlupfwinkel verlassen, und die Delphine konnten sie weiter necken.

Mit einem anderen seltsamen Spiel beschäftigte sich einmal ein junger Delphin in Gefangenschaft: Während er am Grund seines Bassins ruhte, ließ er blubbernd Luftblasen aufsteigen. Die Forscher, die ihn betreuten, bemerkten, daß er probierte, welche Geräusche er so erzeugen konnte.

ÜBUNG MACHT DEN MEISTER

Wenn sich ein junges Tier selbständig macht, begibt es sich auf eine Entdeckungsreise, auf der es immer wieder neue Abenteuer erlebt. Durch seine Neugier erweitert es angeborene Fähigkeiten und das Wissen, das es bei der Mutter erworben hat, um eigene Lebenserfahrungen.

Um sich in ihrer Umgebung gut zurechtzufinden, benötigen Tiere zahlreiche Informationen. Diese können sie auf vielfältige Weise sammeln; einige Möglichkeiten haben wir bereits auf den vorhergehenden Seiten vorgestellt. Ein weiterer Weg, sich Wissen anzueignen, ist das Lernen durch eigene Erfahrungen. Auch dies erfolgt in erster Linie in der Jugend. Dabei entdecken die Heranwachsenden, welche Gefahren im Leben auf sie lauern. Sie prägen sich die Fehler ein, die sie bei ihren Handlungen machen, um beim nächsten Mal die schwierigen Verhaltensweisen besser zu beherrschen.

So ahnt z. B. ein junger Puma, der zum ersten Mal einem Stinktier begegnet, nichts Böses. Vielleicht versucht er, das auffallend schwarzweiß gefärbte Wesen zu fangen oder wenigstens neugierig zu beschnuppern. Doch bald findet sein Interesse ein jähes Ende; das Stinktier fühlt sich belästigt und spritzt der Katze eine Ladung übelriechenden Sekretes seiner Stinkdrüsen ins Gesicht. Danach meidet der Puma solche Kontakte für alle Zeit.

Erfahrungen machen Tiere jedoch nicht erst, wenn sie ihre Welt auf eigene Faust erobern, sondern bereits vor der Geburt. Wie ein Küken, das während seiner Entwicklung im Ei die Stimme seiner Mutter kennenlernt, erfährt ein Säugetier schon im Mutterleib sehr viel über die Welt, in die es später hineingeboren wird. Was die Tiere dabei wahrnehmen, untersuchten Wissenschaftler in einer Studie mit zwei Gruppen trächtiger Meerschweinchen. Eine dieser Gruppen war in einem Raum untergebracht, in dem über einen Lautsprecher die Rufe einer Henne zu hören waren, während im Zimmer mit der anderen Weibchengruppe Stille herrschte. Zu Beginn des Experimentes erschraken die Tiere im beschallten Raum, sobald der Lautsprecher ertönte; ihr Körper reagierte, als ob sie von einem unbekannten Feind bedroht würden. Immer wieder hörten die Meerschweinchen diese Rufe, und von Mal zu Mal reagierten sie weniger ängstlich, bis sie das Geräusch schließlich völlig ignorierten.

Bald danach brachten alle Weibchen ihre Jungen zur Welt. Diesen spielten die Forscher nun die Rufe der Henne vor, um ihre

Hätten die beiden Waschbären bereits die Erfahrung gemacht, daß ein verärgertes Stinktier sehr unangenehm werden kann, würden sie mehr Abstand halten!

Reaktion zu testen. Während die Nachkommen der Mütter, die in der Tragzeit keine Rufe gehört hatten, deutliche Furcht zeigten, blieben die Jungen, die das Geräusch bereits im Mutterleib gehört hatten, recht ruhig. Sie kannten die Laute schon und hatten wie ihre Mütter gelernt, sie zu ignorieren.

Das Gehör von Meerschweinchen – und das anderer Säugetiere – ist gegen Ende der Tragzeit also bereits so weit entwickelt, daß die Ungeborenen diesen Sinn einsetzen können. Gleichzeitig nehmen sie die Herzschlagfrequenz der Mutter wahr und erhalten von ihr Hormone, an denen sie erkennen, wie sie auf bestimmte Laute reagiert. Bei der Geburt verfügen die Jungen somit schon über eine beträchtliche Erfahrung.

ÜBERLEBEN MIT TÖDLICHEM GIFT

Viele Pflanzen schützen sich vor hungrigen Tieren, indem sie Gifte produzieren. In den Wäldern Madagaskars etwa wächst eine hochgiftige Bambusart: Die Spitzen ihrer Triebe enthalten in großen Mengen gefährliche Zyanide – ca. 15 mg in 100 g –, so daß selbst der robusteste Pflanzenfresser davon abgeschreckt werden müßte.

Doch einem Tier mundet das tödliche Gewächs: dem 12 kg schweren Goldenen Bambuslemuren, einer von drei Lemurenarten, die sich von Bambus ernähren. Die beiden anderen, der Graue Halbmaki und der Große Bambuslemur, laben sich allerdings nur an den Blättern und dicken Stengeln; die giftigen Triebe überlassen sie dem Goldenen Bambuslemur.

Täglich frißt der Halbaffe rund ein Pfund der giftigen Triebe – das entspricht dem Zwölffachen der für Menschen tödlichen Dosis! Dennoch schaden die Zyanide dem Tier offensichtlich nicht. Warum dies so ist, konnten die Wissenschaftler noch nicht endgültig klären. Möglicherweise lernt der Lemur, stark eisenhaltigen Boden aufzunehmen; die Eisenionen verbinden sich mit dem Gift und neutralisieren es. Auch der Ton in dieser Erde trägt wahrscheinlich dazu bei, das Gift unschädlich zu machen, indem er dieses im Darm bindet.

Der Goldene Bambuslemur, der in den Wäldern Madagaskars lebt, frißt zyanidhaltigen Bambus, ohne Schaden zu leiden.

An lästige Störungen gewöhnt

Gewöhnung ist wohl die einfachste Form des Lernens. Eine Hauskatze schaut beispielsweise auf, sobald Sie Ihren Stuhl verrücken, doch wenn Sie das häufig tun, wird sie sich schließlich an das Knarren gewöhnen und ihren Schlummer vor dem Kaminfeuer nicht mehr unterbrechen. Ebenso zieht sich eine Schnecke, die auf einem Tisch entlangkriecht, zunächst in ihr Haus zurück, wenn Sie gegen die Unterlage klopfen; passiert jedoch danach nie etwas Gefährliches, wird sie sich letztlich nicht mehr daran stören und kaum noch zusammenzucken.

Anders als bei den übrigen Formen des Lernens, bei denen neue Verhaltensmuster erworben werden, gehen bei der Gewöhnung in der Regel vorhandene verloren. So lernen Tiere beispielsweise, daß Dinge, die sie zunächst als Bedrohung gesehen haben, keine Gefahr bringen und ignoriert werden können. Wenn Lebewesen auf alles und jeden wie auf einen Feind reagieren würden, kämen sie vor Nervosität überhaupt nicht mehr zum Fressen, Trinken, Schlafen, Reviersuchen und Fortpflanzen. Deshalb gewöhnen sie sich an alle ungefährlichen Gestalten, Geräusche, Berührungen, Erschütterungen und Gerüche, damit sie sich auf die tatsächlichen Bedrohungen konzentrieren können.

Hühner, Truthähne, Fasane und andere Hühnervögel ducken sich instinktiv beim Anblick eines Objekts, das sich über ihnen bewegt, und verharren regungslos, bis es verschwunden ist. Dieses Verhalten schützt sie, wenn sich ein Greifvogel nähert. Jung-

Bewegt sich etwas in der Luft, ducken sich junge Fasane instinktiv ins Gras; durch Gewöhnung lernen sie bald, nur noch auf Greifvögel so zu reagieren.

vögel reagieren zunächst bei jedem Gegenstand oder Lebewesen auf diese Weise, z. B. auch bei einem vorbeifliegenden Sperlingsschwarm oder einem herabfallenden Blatt.

Lernfähige Würmer

In Küstennähe lebende Meereswürmer reagieren sehr empfindlich auf Helligkeitsänderungen, wie sie beispielsweise der Schatten eines vorüberhuschenden Feindes verursacht. Sind sie aber wiederholten Lichtwechseln ausgesetzt, gewöhnen sie sich daran – allerdings in unterschiedlichem Maß. Eine plötzliche Helligkeitsabnahme lernen sie rasch als ungefährlich kennen, nicht jedoch bewegte Schatten, obwohl sich in beiden Fällen die Helligkeit gleich stark verändert. Der Grund hierfür ist, daß es sich bei bewegten Schatten häufig um Feinde handelt und eine Gewöhnung schlimme Folgen hätte.

Würden sie in jedem Fall ängstlich reagieren, hätten sie nicht genügend Zeit für die Nahrungssuche. Deshalb lernen sie, gefährliche und harmlose Flieger zu unterscheiden, und gewöhnen sich an letztere.

Wie erfahren die Jungvögel jedoch, daß ein Greifvogel, der am Himmel seine Kreise zieht, gefährlich ist, wenn sie nie von einem angegriffen wurden? Wissenschaftler stellten fest, daß die Küken sich einfach an die Formen gewöhnen, die sie besonders häufig sehen; da Habichte, Falken und Adler recht selten auftauchen, nehmen die Hühnervögel sie jedesmal als ungewohnte Silhouette wahr und reagieren automatisch mit Erstarren und Ducken.

Auch bei der Nahrungssuche können sich Tiere an bestimmte Orte oder Abläufe gewöhnen. Die Erdkröte beispielsweise reagiert auf alles, das nach Futter aussieht, indem sie dem Objekt ihren Kopf zuwendet und es mit ihrer klebrigen Zunge zu fangen versucht. In einem Experiment boten Forscher einem solchen Tier stets an derselben Stelle ungenießbare Beute an. Irgendwann lernte die Kröte schließlich, diese unergiebige Futterquelle nicht mehr zu beachten. Unter natürlichen Bedingungen ist die

Eine Erdkröte, die an einer Stelle immer nur ungenießbare Nahrung findet, meidet diesen Ort schließlich.

Fähigkeit, uninteressante Reize zu übergehen, sehr wichtig. Würde die Kröte alles zu fressen versuchen, was auch nur entfernt nach Nahrung aussieht, wäre dies häufig Zeitverschwendung.

Gewöhnung ist ein wichtiger Lernprozeß bei der Anpassung des Verhaltens von Tieren an ihre Lebensräume. Alle, von den einfachsten Einzellern bis zu den höchstentwickelten Säugern, können auf diese Weise Erfahrungen sammeln, ja sogar einzelne Zellen eines Wirbeltierorganismus.

Neben der negativen Gewöhnung gibt es auch positives Lernen, bei dem sich Tiere Wissen über Dinge und Ereignisse aneignen, das für sie nützlich ist. Die Wissenschaftler sprechen hier von „instrumenteller Konditionierung“ (Lernen mit einer Belohnung als Anreiz), die auf Versuch und Irrtum gründet. Ein Vogel etwa, der sein erstes Nest baut, verwendet allerlei seltsame Dinge – Drahtstücke, Glasscherben, Papierschnipsel, leere Dosen –, bevor er lernt, daß Gras, Zweige, Flechten und Moos für Stabilität und Wärmedämmung am besten sind. Durch Erfahrung hat er entdeckt, welche Vorzüge der Einsatz der richtigen Materialien bietet. Er hat sein Verhalten geändert und wurde belohnt, in diesem Fall durch ein funktionstüchtiges Nest, in dem er die nächste Generation sicher aufziehen kann.

Versuch, Irrtum und Erfolg

Tiere, die sich in Bäumen aufhalten, leben gefährlich. Als Junge müssen sie lernen, sich sicher und gewandt in den Ästen zu bewegen sowie die Entfernung zum Ziel vor einem Sprung exakt abzuschätzen. Dies gilt auch für die Sifakas, große Halbaffen, die in den Wäldern Madagaskars leben. Die Jungtiere klammern sich in den ersten Lebenswochen fest an die Mutter, die sich mit ihnen durch die Wipfel bewegt. Wenn die Kleinen das Fell des Weibchens loslassen, droht ihnen ein viele Meter tiefer Sturz durch ein Gewirr von Ästen bis zum Boden. Diese Gefahr hält die jungen Sifakas jedoch nicht davon ab, sich von der Mutter zu lösen und neugierig auf Entdeckungsreise zu gehen. Unter ihren wachsamen Blicken üben sie die Bewegung in den Ästen, um ihr möglichst bald bei der täglichen Nahrungssuche folgen zu können.

Durch Versuch und Irrtum findet die amerikanische Klippenschwalbe den besten Lehm für ein gemütliches Nest.

Wie die Mehrzahl der tagaktiven Primaten vertrauen die Kleinen beim Klettern vorwiegend ihren Augen. Sie probieren viel aus und machen Fehler, aber sie lernen daraus. An jedem Ast wird geprüft, wie stabil bzw. wie nachgiebig er ist, die Jungen lassen sich über kurze Strecken fallen, um ihre Landung zu verbessern, und erhöhen beständig die Weite ihrer Sprünge. Lernen durch Versuch und (hoffentlich nicht zu viel) Irrtum führt die Tiere endlich zum Erfolg.

Mehrere Monate dauert es, bis die kleinen Sifakas behende von Baum zu Baum springen, mit der Sicherheit eines Seiltänzers auf Ästen laufen und lässig an Händen oder Füßen umherhangeln. Nichts erinnert mehr an die zarten, tapsigen Säuglinge. Trotz der vielen Dinge, die die Kleinen lernen müssen, beherrschen sie die lebenswichtige Fortbewegung in den Bäumen erstaunlich schnell.

Auch junge Greifvögel müssen ihre Fortbewegung üben, ebenso wie das Schlagen von Beute. Falken und Habichte trainieren dies zwischen der 3. und der 7. Lebenswoche, wenn sie mit lebender Beute umzugehen lernen. Zunächst nähern sich die Vögel nur widerwillig ihren künftigen Opfern. Deren Bewegungen machen ihnen angst. Allmählich aber überwinden sie ihre Furcht, und wenn die Beutetiere sich bewegen, löst dies bei ihnen Angriffsverhalten aus.

Ein Habicht lernt sogar, Beutetiere zu töten, ohne daß es ihm die Eltern vormachen. Er reckt seine Beine vor, um das Opfer zu packen, hüpft dann rückwärts und greift erneut an. Oft läßt er bei diesen ersten Attacken die Beute los, die dann das Weite sucht. Schließlich beherrscht er den richtigen Haltegriff und kann sein Opfer mit einem Genickbiß erlegen. Später wird er durch Erfahrung lernen, es in seinen kräftigen Fängen zu erdrosseln oder zu erdrücken.

Auf dem Rücken der Mutter ist der junge Sifaka in Sicherheit. Schon bald wird er sich jedoch von ihr lösen, um die Fortbewegung in den Bäumen zu üben.

Richtige und falsche Nahrung

Tiere müssen auch lernen, welche Gefahren es zu meiden gilt. Diese Form des Lernens bezeichnet man als „Vermeidungslernen“. Buschhähern und anderen Vögeln, die sich gern an Schmetterlingen gütlich tun, ergeht es schlecht, wenn sie einen leuchtend orange gefärbten Monarchfalter erwischen. Da sich dessen Raupe von giftigen Schwalbenwurzgewächsen ernährt und deren Sub-

Durch ihre auffallende Färbung signalisieren Raupe und Schmetterling des Monarchfalters den insektenfressenden Vögeln, daß sie äußerst unangenehm schmecken. Ihre Feinde müssen dies jedoch erst am eigenen Leib erfahren.

stanzen in ihrem Körper speichert, enthält auch der Falter solches Gift. Seine orangeschwarze Zeichnung ist eine Warnung an Vögel. Doch ein unerfahrener Buschhäher weiß noch nicht, daß diese auffällige Färbung einen scheußlichen Geschmack anzeigt. Erst wenn er einmal einen Falter geschnappt und wieder ausgewürgt hat, meidet er dieses Insekt.

Häufig müssen Tiere sich erst an neue Nahrung gewöhnen. In einem Experiment setzten Verhaltensforscher einem Hühnerküken einen lebenden Mehlwurm vor – eine Nahrung, die es vorher nie gesehen hatte. Zunächst war der Jungvogel sehr scheu und zeigte sogar Ansätze von Furcht. Von Neugier und Hunger getrieben, pickte er endlich nach dem Mehlwurm und merkte, daß dieser genießbar war. Danach verspeiste das Küken noch weitere Mehlwürmer – seine Angst hatte es völlig vergessen.

Ein Gedächtnis voller Bilder

Wenn ein Tier lernt, welche Nahrung es fressen kann, prägt es sich diese ein, damit es sie später wiedererkennt. Wahrscheinlich werden dazu „Suchbilder“ im Gehirn angelegt. Alle Tiere orientieren sich an dieser Vorstellung von Nahrung, die sie in ihrem Gedächtnis gespeichert haben.

ORIENTIERUNG DES BIENENWOLFES – EINFACH, ABER WIRKSAM

Auch Insekten verfügen über ein Gedächtnis, können sich also erlernter Fakten oder Verhaltensweisen erinnern und sie weiterverarbeiten. Daß Bienen erstaunliche Gedächtnisleistungen erbringen können, ist bekannt (siehe Seite 41), doch andere Insekten stehen ihnen darin nicht nach. Hierzu zählt u.a. der Bienenwolf, eine Grabwespenart. Als Nahrung für seine Larven lähmt dieses Tier Honigbienen, deponiert sie in einem Erdloch und legt seine Eier darauf ab.

Um festzustellen, wie sich die Wespe orientiert, wenn sie ein Beutetier nach dem anderen zu ihrem Loch trägt, legte der Verhaltensforscher Niko Tinbergen Kiefernzapfen ringförmig um die Höhle eines Weibchens, solange es sich im Inneren aufhielt. Beim Verlassen des Loches überflog die Wespe dessen Umgebung, wobei sie sich offenbar die auffälligen Merkmale der betreffenden Stelle – in diesem Fall die Lage der Kiefernzapfen – einprägte. Danach begab sie sich auf Nahrungssuche. Während ihrer Abwesenheit schob der Wissenschaftler den Ring aus Zapfen etwas beiseite. Bei seiner Rückkehr steuerte der Bienenwolf pfeilgerade auf die Mitte des Kreises zu, obwohl das Loch dort fehlte. Er hatte sich folglich die Position des Nesteinganges im Zentrum des Zapfenringes gemerkt und war daher völlig verwirrt, als sich dieser nicht mehr genau am ursprünglichen Ort befand.

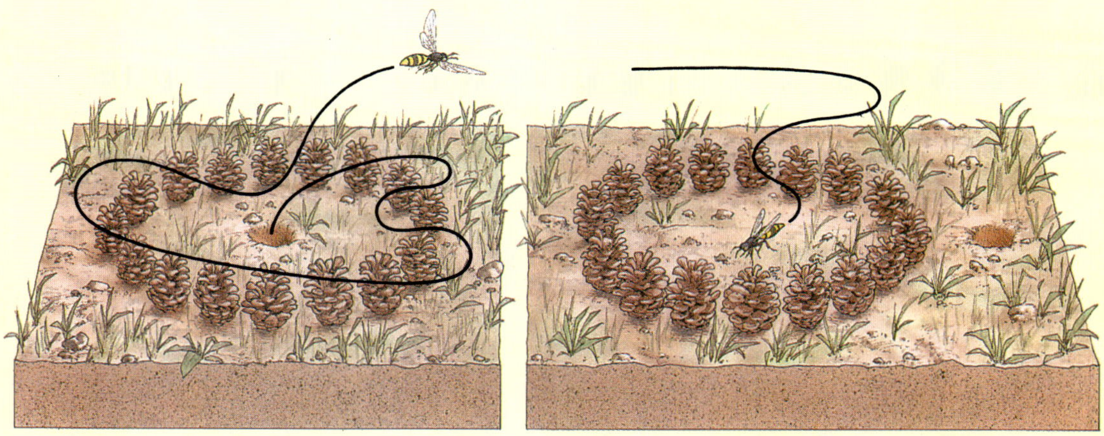

Ein Bienenwolf benützt Geländepunkte, hier einen Ring aus Kiefernzapfen, als Orientierungshilfen für An- und Abflug beim Nest (links). Werden die Zapfen etwas versetzt, verliert das Insekt völlig seine Orientierung (rechts).

Wanderfalken lernen als Halbwüchsige in wochenlangem Training, Beutetiere, vor allem Tauben, zu jagen.

VÖGEL AUF REISEN

Manche Vögel unternehmen große Reisen über unfaßbar weite Entfernungen. Einige Arten, wie die Küstenseeschwalbe oder der Millionen-Sturmtaucher, fliegen regelmäßig von einem Ende der Erde ans andere und einige Monate später wieder zurück. Andere, etwa der nordamerikanische Hakengimpel und das Felsengebirgshuhn, wandern nur auf einem einzigen Berg umher; sie wechseln entsprechend der Jahreszeit zwischen der Gipfelregion und den Tallagen. Doch wie groß auch die Strecken sind und welche Hindernisse auf dem Weg der Tiere liegen – sie müssen eine bestimmte Route einhalten. Manche Arten kennen diese instinktiv, doch die meisten müssen ihren Verlauf erst lernen.

Angeboren ist vermutlich der Trieb der Vögel, zu bestimmten Jahreszeiten auf die Reise zu gehen. Unerfahrene Tiere werden von einem inneren Bedürfnis in die ungefähre Richtung geleitet. Gartengrasmücken etwa brechen im August und September aus dem Norden Europas nach Südwesten zur Iberischen Halbinsel auf. Ihr Instinkt führt sie im Oktober weiter über die Meerenge von Gibraltar bis nach Westafrika; im folgenden April geht es auf umgekehrtem Weg nach Europa zurück. Im Lauf der Jahre lernen die Vögel, sich genauer zu orientieren. Als Navigationshilfen dienen ihnen dabei der Stand der Sonne am Taghimmel und die Sternbilder in der Nacht. Nun fliegen sie nicht mehr allein nach Instinkt, sondern kennen den Weg aus Erfahrung und können deshalb nach Belieben Rast machen, ohne den Überblick zu verlieren.

Andere Vögel müssen lernen, sich zu orientieren, bevor sie zum ersten Mal auf Wan-

derschaft gehen. Vogelkundler stellten beispielsweise fest, daß Möwen- und Seeschwalbenküken nachts zum Himmel starren, während sie in ihrem Nest sitzen. Wahrscheinlich prägen sie sich dabei den Stand der Sterne ein. Außerdem sehen sie, auf welcher Bahn und mit welchem Neigungswinkel sich die Sonne am Tageshimmel bewegt. Diese Informationen müssen sie sich für ihre künftigen Reisen merken.

Sobald Seeschwalben flügge sind, führen sie Erkundungsflüge über dem Nest und dessen Umgebung durch; dabei suchen sie nach guten Nahrungsgründen und Schlafplätzen, die sie bei der Rückkehr von ihrem Aufenthalt auf der Südhalbkugel wiedererkennen wollen.

Junge Schwäne und Gänse lernen wahrscheinlich die Etappen ihrer Wanderroute, indem sie den Eltern folgen. Normalerweise fliegen sie in Familientrupps, so daß die Neulinge eine gute Gelegenheit erhalten, sich die Lage markanter Wegweiser wie Seen, Flüsse und Berge einzuprägen. Sie können, wie die Kanadagänse bisweilen, allerdings ihren Weg auch allein finden. Experten nehmen an, daß der Instinkt ebenso wie die Erfahrung bei der Orientierung der Zugvögel eine wichtige Rolle spielt.

Seine Position kann ein Vogel ermitteln, indem er feststellt, wie Sonne oder Sterne am Himmel stehen und wie diese Standorte mit den Bildern in seinem Gedächtnis übereinstimmen. Wenn der Himmel bewölkt ist, kann er sich ebenfalls zurechtfinden; er besitzt einen inneren Kompaß, mit dem er die Linien des Erdmagnetfeldes registriert. Den Verlauf dieser Feldlinien nimmt das Tier offenbar mit winzigen Magnetitsteinchen wahr, die sich in seiner Nasengegend befinden und deren Ausrichtung ständig von Sinneszellen kontrolliert wird. Dank dieser Navigationshilfe kann das Tier auch ohne sichtbare Anhaltspunkte feststellen, wo es sich gerade befindet.

Jede Zugvogelart hat ihre eigenen Reiseregeln. Die nordamerikanische Savannenammer etwa fliegt in der Nacht, wobei sie sich an der Position der Sterne orientiert, legt aber ihren grundsätzlichen Kurs schon bei Sonnenuntergang fest. Neben der Position des Himmelskörpers dürfte eine weitere Information eine wichtige Rolle spielen: Wenn die Sonne hinter dem Horizont versinkt, ist ihr Licht besonders stark polarisiert (die Lichtwellen schwingen in einer Ebene). Die Schwingungsrichtung können die Tiere auch bei trübem Himmel erkennen und zur Orientierung nutzen – vor allem beim Zug nach Norden oder Süden.

Vor ihrem Aufbruch gen Süden fliegen Vögel oft weiträumig ihren Nistplatz ab, um sich Geländemarken einzuprägen.

Ein riesiger Schwarm von Schneegänsen macht im kanadischen Quebec Zwischenlandung. Viele Jungvögel schließen sich auf der Wanderung ihren Eltern an und lernen von ihnen die Zugroute.

Am Tag beobachtet das Schneegansküken den Lauf der Sonne und in der Nacht die Position der Sterne. Später helfen ihm diese Erfahrungen bei der Orientierung.

Der Kampfadler muß lernen, Gazellenkitze nicht inmitten der Herde anzugreifen, da ihn sonst die erwachsenen Tiere mit ihren Hörnern ernsthaft verletzen können.

Kröten stürzen sich auf baumelnde Moosfäden, wenn kurz zuvor Spinnen auf ihrem Speiseplan standen, und nach dem Verzehr eines saftigen Regenwurmes versuchen sie, sich vor allem lange, dünne Objekte einzuverleiben. Auch Forellen fallen offenbar häufig auf Gegenstände herein, die ihrer bevorzugten Nahrung äußerlich ähneln. Dies stellten jedenfalls Wissenschaftler fest, als sie die Mageninhalte toter Fische genauer untersuchten.

Wie flexibel manche Jäger auf neue Situationen reagieren können, zeigen beispielsweise kleine insektenfressende Vögel wie Kohlmeisen. Sie verzehren verschiedenste Raupen, von denen manche Arten Zweigen zum Verwechseln ähnlich und deshalb kaum zu erkennen sind, wenn sie sich nicht bewegen. Sogar die Vögel lassen sich von ihnen täuschen – allerdings nicht lange! Es dauert einige Zeit, bis sie die erste getarnte Raupe finden, doch dann wissen die Tiere, auf welche Besonderheiten sie achten müssen, und sehen plötzlich überall Raupen. Durch die Erfahrung hat sich das Bild dieser seltsamen Insekten in ihr Gedächtnis eingeprägt, so daß sie die Raupen trotz ihrer raffinierten Gestalt und Schutzfärbung erkennen können.

Die Entstehung von sogenannten Suchbildern, die gerade für Kohlmeisen beschrieben wurde, ist auch bei Menschen gut bekannt. Wenn wir ein Bild betrachten, auf dem getarnte Insekten dargestellt sind, sehen wir im ersten Augenblick kein einziges Tier; sobald wir aber das erste wahrgenommen haben, fällt es nicht schwer, die anderen zu erkennen. Wir haben dabei in unserem Gedächtnis ein neues Suchbild erzeugt.

Nußknacker mit Anlaufproblemen

Auch wenn Jungtiere bei der Nahrungssuche erfolgreich waren, werden sie nicht immer satt; häufig wissen sie nicht, wie sie ihre Beute zerlegen und verspeisen sollen. Kohlmeisen müssen z. B. lernen, eine Frostspannerraupe mit einem oder beiden Füßen festzuhalten, während sie ihr mit dem Schnabel zu Leibe rükken. Junge Eichhörnchen können zwar Haselnüsse öffnen, stellen sich dabei jedoch zunächst recht ungeschickt an. Sie nagen einfach drauflos, bis die Nuß durchbricht. Mit der Zeit lernen die Tiere, daß sie erst eine Kerbe in Längsrichtung anlegen müssen, in der ihre Nagezähne Halt finden. Indem sie diese wie einen Hebel einsetzen, können sie die Schale nun fachgerecht in zwei Teile sprengen. Diese Technik beherrschen die Hörnchen perfekt, nachdem sie mehrere Dutzend Nüsse bearbeitet haben.

Selbst Verhaltensweisen, die sehr einfach scheinen, müssen manche Tiere durch fleißiges Üben perfektionieren. Ein Hühnerküken, das sich als Nestflüchter vom 1. Lebenstag an selbst versorgen muß, stellt sich bei der Nahrungssuche zunächst recht ungeschickt an. Es pickt zwar nach verschiedenen kleinen Gegenständen, zielt aber oft daneben. Etwa am 4. Tag trifft es alle anvisierten

Bevor es Haselnüsse schnell und einfach öffnen kann, muß das Eichhörnchen ausgiebig üben.

Körner bereits beim ersten Versuch. Im Gegensatz zum nüsseknackenden Eichhörnchen lernt das Küken allerdings das Picken nach Körnern nicht, sondern vervollkommnet seine Zielgenauigkeit. Hierbei werden im Gehirn die notwendigen Verbindungen zwischen Nervenzellen geschaffen.

Diebische Elstern

Nicht nur die berühmt gewordenen Meisen trinken gern Milch aus Flaschen, die an Türschwellen abgestellt wurden, sondern auch andere Vögel. In Südwales etwa laben sich immer mehr Elstern daran. Allerdings tun sie dies nicht so elegant wie ihre kleinen Konkurrenten. Wenn sie versuchen, auf dem schmalen Rand des Flaschenhalses zu balancieren, kippen sie häufig mit der Flasche um, und der Inhalt ergießt sich über den Boden. Möglicherweise verbreiten die milchtrinkenden Elstern auch Krankheiten; einige bakterielle Infektionen stiegen jedenfalls dort an, wo die Vögel Milch stibitzen.

Große Neugier und eine gute Flexibilität ihres Gehirnes erlauben es manchen Tieren, sich mühelos in einer von Menschen veränderten Umwelt zurechtzufinden. Diese Arten haben ihre Lernfähigkeit sehr gut genutzt und erstaunliche Verhaltensweisen entwickelt.

Gefiederte Milchliebhaber

In den 30er Jahren bemerkten Engländer, die morgens ihre vor der Tür abgestellten Milchflaschen hereinholten, daß sich schon jemand daran zu schaffen gemacht hatte. Die Flaschen waren geöffnet worden, und der Rahm fehlte. Wie sich herausstellte, gingen die Diebstähle auf das Konto von Meisen – Blau-, Tannen- und Kohlmeisen.

Gewöhnlich besteht die Nahrung dieser Vögel überwiegend aus Raupen, Insekten und Würmern. Einer Bereicherung ihres Speisezettels sind sie jedoch nie abgeneigt,

Durch Training lernt die Kohlmeise, auch gut getarnte Raupen aufzuspüren.

LANDKARTEN IM KOPF

Tiere können bestimmte Orte in ihrem Streifgebiet nur wiederfinden, wenn sie von dem Areal eine „Landkarte" besitzen. Diese Karte muß in ihrem Gehirn gespeichert sein. Bei vielen Arten wurde dieses Phänomen bereits nachgewiesen, doch eine zeigte sich als wahre „Meisterin der Kartographie": die Honigbiene. In Tests wurden die Insekten darauf trainiert, einen bestimmten Weg zwischen ihrem Stock und einer Futterquelle zu nehmen. Versetzten die Forscher das Bienenvolk in der Nacht viele Kilometer weit, fanden die meisten Tiere dennoch am nächsten Tag die gewohnte Nahrung. Nachdem sie sich auffallende Landmarken eingeprägt hatten, konnten die Bienen auch die neue Route fliegen.

Auch wenn die Biene zum Flug zwischen Blüte und Stock einen völlig neuen Weg wählt, findet sie dank ihrer „Landkarte" zu ihrem Volk zurück.

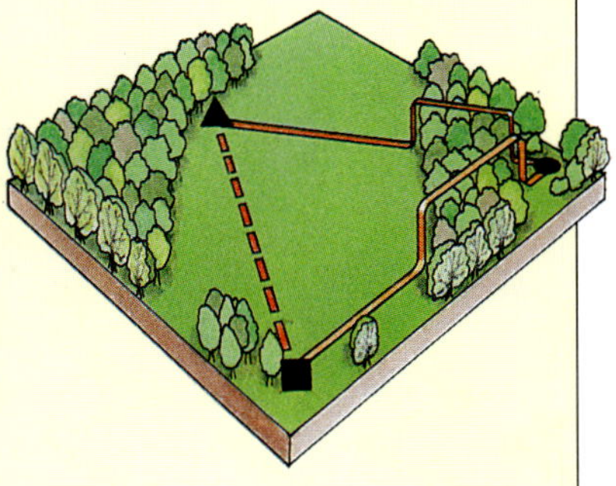

Englische Blaumeisen lernten von ihren Artgenossen, Milchflaschen zu öffnen, um an den Rahm zu gelangen.

weshalb sie immer die Augen nach neuen Leckerbissen offenhalten. Neugierig untersuchen sie jedes neue Objekt in ihrer Umgebung, und wenn es genießbar aussieht, probieren sie gern davon. Eines Tages stieß eine kecke Meise auf eine Milchflasche, durchstieß den Deckel mit dem Schnabel und fand so eine ganz neue Futterquelle.

Andere Vögel in der Nachbarschaft waren nicht minder neugierig, sahen dem Pionier zu und taten es ihm gleich. Allmählich dehnten sich die Diebstähle von ihrem Ursprungsort aus; das Verhalten wurde unter den englischen Meisen von einem Tier zum nächsten weitergegeben. Eine Tradition war entstanden.

Reinliche Affen

Als noch erfinderischer erwiesen sich Japanmakaken auf der Insel Koshima. Damit Verhaltensforscher die Tiere, die sich frei bewegten, besser beobachten konnten, legten sie regelmäßig lockende Süßkartoffeln aus. Im September 1953, rund 1 Jahr nach dem ersten Kartoffelmahl, fiel den Wissenschaftlern ein 18 Monate altes Weibchen auf, das sie Imo nannten. Es hob eine sandverschmierte Knolle auf und lief zu einem nahen Fluß, um sie vor dem Verzehr zu waschen. Im Oktober übernahm Imos Spielgefährte die Methode und Anfang 1954 ihre Mutter sowie ein junges Männchen. In den folgenden beiden Jahren gingen zahlreiche junge Verwandte und Spielgefährten der Erfinderin Imo zum Kartoffelwaschen über. Unter den alten Makaken lernten jedoch nur zwei die Futterwaschtechnik.

Als einige Jahre später die jungen Wäscher Nachwuchs bekamen, wurden aus den Schülern Lehrer, die ihren Kleinen zeigten, was sie tun sollten. An der Mutterbrust beobachteten die Jungen bereits genau die Tätigkeiten ihrer Mütter und hoben heruntergefallene Süßkartoffelstückchen auf. Sie benötigten mindestens 1 Jahr, bis sie die Technik beherrschten.

Unterdessen verblüffte Imo die Wissenschaftler mit einem weiteren Beweis ihrer Kreativität. Diesmal wurden Weizenkörner auf den Sand geworfen, die die Affen mühsam von den Sandkörnern zu trennen versuchten. Imo griff jedoch eine Handvoll des Weizen-Sand-Gemischs und warf es in eine Pfütze. Der Sand ging unter, der Weizen aber trieb an der Oberfläche und mußte nur noch vorsichtig abgeschöpft werden. Wieder waren es nicht die älteren, sondern die jungen Makaken, die diese Methode übernahmen.

Diese Studie war ein Meilenstein für die Verhaltensforschung, denn sie zeigte, daß Makaken durch vorausschauendes Denken neue Techniken erfinden können. Außerdem bewies sie, daß die Tiere in der Lage sind, komplizierte Verhaltensweisen an andere weiterzugeben – ein deutlicher Beweis für die Existenz kultureller Traditionen im Tierreich. Kultur ist keineswegs ausschließlich beim Menschen zu finden, sondern schon unter Tieren weit verbreitet. Sie entstand im Verlauf der Evolution, bereits vor vielen Jahrmillionen.

Gründlich wäscht ein Japanmakake einen Apfel, der im Sand gelegen war.

2 Instinkt und Kreativität

Mit Kaktusstacheln holen Finken der Galapagosinseln Insektenlarven aus Bäumen.

Werkzeuggebrauch, Weberkunst und ausgeklügelte Bautechnik – all dies hat nicht der Mensch erfunden, sondern lange vor ihm bereits die Natur. Verschiedenste Tiere benutzen Gegenstände, um an begehrte Nahrung zu gelangen, und in zahlreichen Gruppen des Tierreiches konstruieren großartige Baumeister perfekt klimatisierte Wohnanlagen. Die begabtesten Architekten sind nicht unbedingt die intelligentesten; sie entwickeln die Pläne für ihre Gebäude nicht selbst, sondern handeln streng nach den in ihren Erbanlagen festgeschriebenen Regeln. Beachtliche geistige Fähigkeiten erfordert dagegen häufig die Herstellung von Werkzeugen. In diesem Fach sind die Schimpansen, die die Wissenschaftler immer wieder mit neuen Erfindungen überraschen, große Meister.

Weberameisen heften Blätter mit Seidenfäden zusammen.

MIT WERKZEUGEN ANS ZIEL

Hammer, Amboß, Spieße und Waffen – alle diese Werkzeuge werden von Menschenaffen hergestellt, benutzt und manchmal auf Vorrat gesammelt. Daneben gibt es noch viele andere Tiere, die Werkzeuge verwenden, besonders unter den Vögeln, aber auch unter den Insekten.

Als Paläontologen in der tansanischen Olduvai-Schlucht Knochenreste eines Frühmenschen ausgruben, fanden sie nicht weit von der Fundstelle entfernt Splitter von Tierknochen sowie Werkzeuge aus runden Lava- und Quarzbrocken. Aufgrund der Gegenstände, die dieser Mensch hergestellt hatte, erhielt er den Namen *Homo habilis,* „geschickter Mensch".

Lange wurde die Fähigkeit, Gegenstände zu bearbeiten und als Werkzeuge zu benutzen, von Anthropologen und Zoologen als Leistung betrachtet, die der Urmensch im Lauf seiner Entwicklung erworben hatte und die den Übergang vom Tier zum Menschen markierte. Manche Wissenschaftler betrachteten die Herstellung und Verwendung von Werkzeugen sogar als die Fähigkeit, die die Entstehung der Menschheit erst ermöglichte.

Diese festgefügte Meinung wurde in den 60er Jahren völlig in Frage gestellt. Eine junge Engländerin, Jane Goodall, beobachtete in Tansania Schimpansen, die „angelten" – nicht Fische mit Rute und Schnur, sondern Termiten mit langen Grashalmen. Wie so oft war die Natur der Kreativität des Menschen zuvorgekommen. Heute kennen wir mindestens 18 Affen- und Menschenaffenarten, mehrere andere Säugetiere, viele Vögel und sogar einige Insekten, die Werkzeuge herstellen und damit arbeiten. Mit Sicherheit werden die Verhaltensforscher immer wieder neue aufregende Fähigkeiten bei Tieren entdecken, solange sie sich intensiv mit ihnen befassen.

Geduldige Insektenfischer

Manche Werkzeuge hält die Natur bereits in perfektem Zustand bereit – sie müssen nur entdeckt werden. Als Verlängerung von Schnabel, Krallen oder Fingern helfen sie ihren Benutzern meist, an Nahrung zu gelangen. Häufig bedürfen diese Werkzeuge jedoch einer Bearbeitung, damit sie eingesetzt werden können. Nur wenn die Tiere das richtige Objekt finden und es in die passende Form bringen, werden sie mit reicher Beute belohnt. Dies gilt beispielsweise für das bereits erwähnte „Fischen" nach Termiten und anderem, das inzwischen bei Schimpansen in verschiedenen Teilen Afrikas beobachtet worden ist. Überall sieht dieser Werkzeuggebrauch jedoch anders aus; jede Gruppe hat ihre eigene Tradition entwickelt.

Am einfachsten gestaltet sich das Fischen nach Honig, der bei Schimpansen ebenso begehrt ist wie bei Menschen. Im Gombe-Nationalpark in Tansania brechen die Tiere

Angestrengt bemüht sich ein junger Schimpanse in Sambia, mit einem Stock den Eingang zu einem Termitenbau zu erweitern. Danach wird er vorsichtig einen Grashalm in die Öffnung stecken, an dem sich die Insekten festbeißen.

Durch die Beobachtung erwachsener Artgenossen und durch eigene Erfahrung lernen Schimpansen in Liberia, mit Hammer und Amboß die harten Schalen der Ölpalmenkerne zu knacken.

dazu ein Stöckchen ab, schieben es in ein Bienennest, ziehen es wieder heraus und lecken den süßen Honig ab. Dagegen verfolgten Wissenschaftler in Gambia, wie ein Schimpansenweibchen vier unterschiedliche Werkzeuge benutzte, um an den Honig Stachelloser Bienen zu gelangen: einen dikken und einen feinen Meißel, einen dolchförmigen Stock sowie einen Zweig, den es schließlich in den Honig tauchte.

Weibliche Schimpansen zeigen weit mehr Geduld bei der Herstellung und Anwendung von Werkzeugen als männliche. Sie verbringen viel Zeit mit der Verbesserung ihrer Instrumente und setzen sie häufiger ein. Dies gilt insbesondere beim Fischen nach Insekten, etwa Termiten. Dazu benötigen die Tiere als erstes einen glatten Zweig, vorzugsweise aus einem geschmeidigen Material, da die Termitengänge meist nicht gerade verlaufen. Welche Werkzeuge bevorzugt werden, hängt vom Angebot und von der Gewohnheit ab; in Tansania sind Grashalme am beliebtesten, in Senegal dagegen dünne Zweige und Blätter. Die Schimpansen nehmen die Pflanzenteile sorgfältig in Augenschein, bevor sie einen auswählen. Von Zweigen entfernen sie alle Blätter, und an dickeren Stellen ziehen sie die Rinde ab, um den Durchmesser auszugleichen. Die Länge des Werkzeuges passen sie der Situation an; in der Regenzeit, wenn sich die Termiten nahe der Erdoberfläche aufhalten, mißt es durchschnittlich 28 cm; wenn sich die Insekten in der Trockenzeit ins Innere des Baues zurückziehen, fertigen die Schimpansen bis zu 150 cm lange Angeln.

Nachdem die Tiere ihre Werkzeuge mit großer Konzentration fertiggestellt haben, tragen sie sie zu den Termitenbauen, die häufig weit entfernt liegen. An einem passenden Loch beginnen sie nun zu fischen. Dabei schieben sie ihre „Angel" hinein, bewegen sie leicht und warten ab. Sofort greifen die Termitensoldaten den „Eindringling" an und verbeißen sich mit ihren Mundwerkzeugen fest darin, so daß sie nach einigen Sekunden mit dem Werkzeug herausgezogen und verspeist werden können.

Da sich ein Zweig im Lauf einer solchen Sitzung ausfranst oder verbiegt, beißen die Schimpansen das schadhafte Ende immer wieder ab, bis das Werkzeug zu kurz ist; dann suchen sie sich ein neues. Manchmal sammeln sie gleich mehrere Äste, die sie als Vorrat neben sich legen. Oft wird ein angelnder Schimpanse von jungen Zuschauern begleitet, die nur darauf warten, daß ihr Lehrer fertig wird, damit auch sie ihr Glück probieren dürfen.

Das Termitenfischen ist offenbar überall unter Schimpansen verbreitet. Selbst Tiere, die jahrelang unter miserabelsten Bedingungen gelebt hatten, z. B. bei Strandfotografen, und danach wieder freigelassen wurden, konnten sich auf diese Weise Insektennahrung verschaffen. Sie hatten die Technik viele Jahre zuvor von ihren erwachsenen Artgenossen in Freiheit gelernt.

Auf den Leim gegangen

Ähnliche Werkzeuge wie das Termitenfischen erfordert das Ameisenfangen, bei dem allerdings größere Vorsicht angezeigt ist. Schimpansen fressen gern Wanderameisen, die riesige Völker bilden. In ihren Ruhephasen halten sich diese Insekten in dichten Klumpen, den sogenannten Biwaks, an Ästen oder in Hohlräumen auf. Eine solche Ansammlung eiweißreicher Nahrung weckt bei Schimpansen großes Interesse.

Die Technik ist simpel: der Menschenaffe drückt einen Stock in die wimmelnde Ameisenmenge, worauf die Soldaten angriffsbereit daran emporklettern. Nun wartet der Schimpanse, bis die ersten Insekten fast seine Hand erreicht haben, zieht das Werkzeug

TIERE, DIE MEDIZIN SCHLUCKEN

Manche Tiere nehmen, wenn sie krank sind, genauso Arzneimittel ein wie Menschen. In Tansania wurden schon mehrmals Schimpansen beobachtet, die frühmorgens Pflanzen der Gattung *Aspilia* aus der Verwandtschaft der Sonnenblume suchten. Sie wählten sorgfältig junge Blätter aus, steckten sie in den Mund und bewegten sie dort etwa 15 Sekunden lang, ohne sie zu zerkauen. Dann verzogen sie das Gesicht wie Kinder beim Einnehmen einer bitteren Medizin und schluckten die Blätter tapfer herunter. Dieses Verhalten schien den Forschern so eigentümlich, daß sie die Pflanzen untersuchten. Die jungen *Aspilia*-Blätter enthalten in hoher Konzentration den Stoff Thiarubrin-A, der auch bei Menschen als Heilmittel gegen Wurmbefall, Pilzkrankheiten sowie verschiedene Bakterien- und Virusinfektionen Verwendung findet.

Daneben fressen Schimpansen auch die bitteren Blätter von Vernonien, beispielsweise wenn sie an Magenverstimmung leiden. Die Wirkstoffe dieser Pflanzen töten Bakterien ab und stärken das Immunsystem.

Nordamerikanische Braun- und Schwarzbären verzehren manchmal die mit dem Schierling verwandte Art *Ligusticum porteri*. Die Bären kauen und schlucken die Wurzeln, die auch beim Menschen zur Behandlung verschiedenster Krankheiten verwendet werden. Schwarzbären reiben außerdem ihr Fell damit ein, um parasitische Insekten und Zecken abzutöten.

heraus und streift die Tiere mit der Hand ab, stopft sie sich in den Mund und zerkaut sie sofort, um nicht gebissen zu werden. Ein geübter Sammler kann so mehr als 300 Tiere auf einmal erbeuten.

Ein Stock zum Ameisenfangen hat eine Länge von 15 cm bis über 1 m. In der Regel bevorzugen die Schimpansen allerdings lange Werkzeuge, da auf ihnen mehr Ameisen Platz finden. Außerdem können sie diese langen Instrumente aus sicherer Entfernung einsetzen; wenn sie sich zu nah am Biwak niederlassen, laufen sie Gefahr, von den aufgestörten Insekten, die in großer Zahl am Boden umherschwärmen, gebissen zu werden. Um dies zu vermeiden, nutzen die Menschenaffen gern niedrige Äste, auf die sie sich zurückziehen, während sie nach den Wanderameisen angeln.

Experten im Umgang mit Hammer und Amboß

Viele westafrikanische Schimpansen sind in der Lage, Nüsse zu öffnen, auch wenn sie deren Schale nicht mit den Zähnen knakken können. Sie legen die Früchte dazu auf eine feste Unterlage, eine Baumwurzel oder einen großen Stein, und schlagen mit einem Stein oder einem Holzknüppel wie mit einem Hammer darauf, bis die Schale bricht. Da Steine im Wald Mangelware sind, müssen die Tiere sie mitunter mehrere hundert Meter weit herbeischleppen.

Hohe Präzision ist bei dieser schwierigen Arbeit mit Hammer und Amboß gefordert. Die Pandanüsse, die die Schimpansen des Tai-Waldes in der Elfenbeinküste besonders gern fressen, sind so hart, daß ihre Schale erst unter einem Gewicht von 1600 kg zerbricht; andererseits darf das Werkzeug nicht mit zu großer Wucht aufprallen, da sonst

Schimpansen benutzen verschiedenste Werkzeuge, um sich Nahrung und Wasser zu verschaffen. Hier „angeln" sie Termiten und schöpfen mit Zweigen Wasser aus einem Tümpel. Im Hintergrund versucht eine Gruppe von Männchen, einen Leoparden mit Knüppeln in die Flucht zu schlagen.

EINE HARTE NUSS FÜR KAPUZINERAFFEN

In den 80er Jahren untersuchte die italienische Wissenschaftlerin Elisabetta Visalberghi, ob die südamerikanischen Kapuzineraffen Werkzeuge benutzen können. Sie war erstaunt, wie gut die Tiere Aufgaben, die ihnen im Experiment gestellt wurden, lösten.

Bei einem dieser Versuche erhielten die Tiere ein etwa 30 cm langes Plexiglasrohr, in dem eine Erdnuß steckte. Gleichzeitig standen ihnen verschiedene Stöcke zur Verfügung, dicke und dünne, glatte und verzweigte. Sofort begriffen die Affen, daß sie die Erdnuß aus dem Rohr holen mußten. Sie rissen alle Blätter und Seitenzweige von den Stöcken ab und schoben damit die Nuß aus dem Rohr. Ein besonders begabtes Tier löste die Aufgabe in weniger als 30 Minuten, die anderen in etwa 2 Stunden.

Ein findiges Weibchen ließ die angebotenen Stöcke völlig außer acht und gelangte auf seine Art an die Belohnung: es blies die Nuß heraus. Solche Leistungen waren allerdings eher die Ausnahme als die Regel.

Wenn die Affen einmal Erfolg hatten, bedeutete dies jedoch keineswegs, daß ihnen die Lösung des Problems auch beim nächsten Versuch gelingen würde. Selbst nach Beobachtung geschickterer Artgenossen wußten sie nicht, wie sie an die Nuß gelangen sollten. Offensichtlich können Kapuzineraffen durch Versuch und Irrtum schwierige Aufgaben lösen, doch lernen sie nichts dabei. Diese wichtige Fähigkeit haben ihnen die Schimpansen voraus.

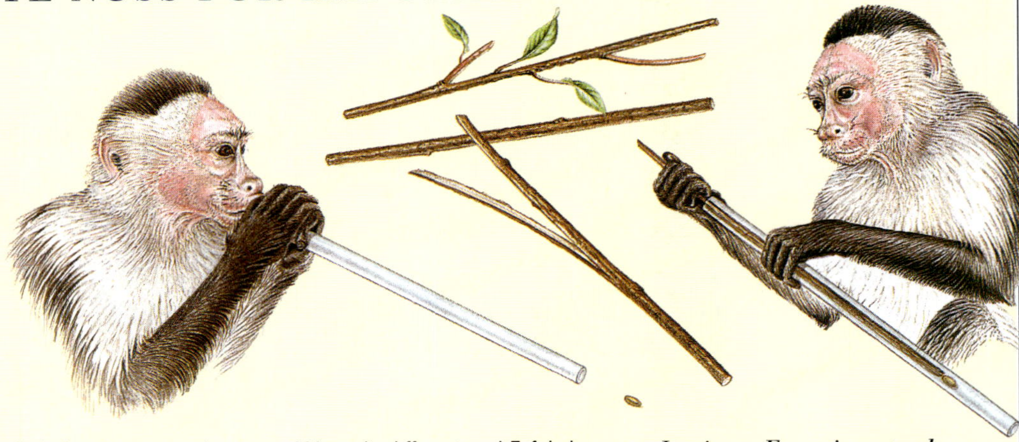

In einem Experiment gelang es Kapuzineraffen, mit Hilfe von Stöcken Erdnüsse aus Plexiglasröhren zu schieben.

die gesamte Nuß mitsamt ihrem Inhalt zu Brei zerquetscht wird. Deshalb gehen die Schimpansen vorsichtig ans Werk. Zuerst knacken sie die Schale mit kräftigen Hieben, danach lösen sie sie mit sanfteren Schlägen vom Kern. Dabei drehen sie die Nuß ständig, um die Werkzeuge optimal ansetzen zu können.

Im Regenwald des Tai-Nationalparks beobachtet das Schweizer Zoologenehepaar Christophe und Hedwige Boesch seit 1979 das Verhalten der Schimpansen. Die beiden Forscher beschrieben als erste das Nüsseknacken der Menschenaffen mit Hammer und Amboß. Wenn die begehrten Pandanüsse reif sind, beschäftigen sich manche Tiere täglich mehr als 2 Stunden lang damit. An Mamas Fell geklammert, schauen die Kleinen zu, bis auch sie alt genug sind, es selbst zu üben. Klappt es nicht recht, führt die Mutter es genau vor. So wird die Technik über Generationen weitergegeben – wie die Kultur beim Menschen.

Selbstgemachte Schwämme

Auch zum Trinken benutzen Schimpansen manchmal Werkzeuge. Gewöhnlich schlürfen sie Wasser aus stehenden oder fließenden Gewässern, doch in der Savanne trocknen diese in der Trockenzeit häufig aus; dann müssen sich die Tiere beispielsweise mit Regenwasser begnügen, das sich in einem hohlen Baumstamm angesammelt hat.

Spaß für Schimpansen

Schimpansen benutzen Gegenstände, die sie in der Natur finden, auch zum Spielen; vor allem die Kinder tun dies. Hautfetzen und Haare von Beutetieren drapieren sie sich beispielsweise um die Schultern, Steine und harte Früchte werfen sie wie Bälle auf die Erde oder in die Luft. Besonders beliebt sind die großen runden Strychnos-Früchte, die die Menschenaffen auf dem Boden und auf ihrem Körper umherrollen. Manchmal kitzeln sie sich 10 Minuten lang mit einem Stöckchen am Hals oder in der Leistengegend, wobei sie laut lachen. Auch erwachsene Tiere vergnügen sich oft auf diese Weise.

Diese Flüssigkeit nehmen die Schimpansen mit einem „Schwamm“ auf, den sie aus zerknüllten und zerkauten Blättern hergestellt haben. Sie tauchen dieses Werkzeug in das Wasser und saugen danach die Flüssigkeit heraus. Die Tiere verwenden Schwämme auch noch für andere Zwecke; so wischen sie damit die saftigen Reste aus großen hartschaligen Früchten.

Schimpansen sind allerdings nicht die einzigen Tiere, die Wasser auf diese Weise sammeln. Auch Ameisen der Gattung *Aphenogaster* tauchen Stücke von Blättern oder Ästen, manchmal auch Lehm, in die Flüssigkeit und bringen die so gefüllten „Schwämme“ zur Kolonie. Auf diese Weise können die Ameisen wesentlich mehr Wasser transportieren als ohne Werkzeug.

Wehrhafte Primaten

Nicht nur zum Erreichen von begehrter Nahrung oder Wasser verwenden Schimpansen Werkzeuge, sondern auch zu ihrer Verteidigung und im Kampf gegen Rivalen. Der niederländische Forscher Adriaan Kortlandt testete in zahlreichen Experimenten die Reaktion der Menschenaffen auf ausgestopfte Leoparden, ihre einzigen Feinde neben dem Menschen. Als die Primaten die gefleckten Katzen wahrnahmen, wurden sie sehr aufgeregt, ergriffen Knüppel oder Steine, schwangen diese drohend und schleuderten sie schließlich auf den vermeintlichen Feind, als dieser sich nicht zurückzog. Dabei bewiesen Schimpansen aus der Savanne eine höhere Treffsicherheit als ihre Artgenossen aus dem Wald.

Schimpansen benutzen auch unter natürlichen Bedingungen Waffen. So beobachtete Jane Goodall in Tansania, wie die Tiere Äste und Steine auf Rivalen der eigenen Art sowie Paviane und Menschen schleuderten oder Artgenossen mit Knüppeln schlugen. Vor allem erwachsene Männchen benutzen Werkzeuge zu diesem Zweck. Manchmal bewerfen sich Konkurrenten bei Rangauseinandersetzungen auch mit Steinen. Dieses Verhalten dient in erster Linie der Einschüchterung des Gegners; wenn Schimpansen ernsthaft kämpfen, fügen sie ihrem Widersacher schwere Bißwunden zu, schlagen und treten ihn.

Die Brüll- und Klammeraffen, die in den Baumwipfeln der tropischen Wälder Süd- und Mittelamerikas leben, werfen ebenfalls Äste auf Störenfriede und rütteln drohend an Zweigen. Ein vorsichtiges Raubtier können sie auf diese Weise sicher vertreiben. Auch Kapuzineraffen, die in dem gleichen Lebensraum heimisch sind, versuchen Feinde mit solchen Waffen einzuschüchtern. Sie lassen sogar gelegentlich Stöcke auf Nasenbären fallen, die friedlich am Waldboden herumstöbern. Menschen werden ebenfalls manchmal von den Affen beworfen. Warum die Tiere dies tun, ist allerdings nicht bekannt.

Primaten, die in ihrer Intelligenz dem Menschen am nächsten kommen, verwenden bei weitem die meisten Werkzeuge und setzen diese für die verschiedensten Zwecke ein. So wischen sich Schimpansen mit Blättern Kot oder klebrige Fruchtreste vom Körper. Obwohl andere Tiere die Kreativität der Menschenaffen nicht erreichen, gibt es auch unter ihnen erstaunliche Beispiele für den Gebrauch von Werkzeugen.

Seeotters Lieblingsspeise

Eine der Tierarten, die bei der Nahrungssuche mit Werkzeugen arbeiten, ist der Seeotter. Dieses muntere Raubtier, ein Verwandter der Fischotter, verbringt den Großteil

Auf dem Rücken treibend, schlägt ein kalifornischer Seeotter eine Venusmuschel auf einen Stein, um ihre Schale zu knacken.

Um ein Ei zu zerbrechen, wirft es die Zebramanguste zwischen ihren Hinterbeinen hindurch gegen einen Stein.

seines Lebens auf dem Meer, wo er auch seine Nahrung findet. Auf seinem abwechslungsreichen Speisezettel stehen Krabben, veschiedenste Muscheln, Napfschnecken, Meerohren, Fische, Kraken und gelegentlich Seegurken. Viele dieser Leckerbissen sind jedoch in einer harten Schale gut geschützt, so daß der Otter nur mit Mühe an ihr Fleisch gelangt.

Meerohren, die das Raubtier besonders gern frißt, sind große Schnecken, die sich extrem fest an Felsen heften und sich nur sehr schwer ablösen lassen. Dafür sucht sich der Seeotter einen passenden Stein, mit dem er energisch auf die Schale der Beute hämmert, bis sie sich nicht mehr halten kann. Nun trägt der Räuber die Schnecke zur Wasseroberfläche empor, wo er genüßlich auf dem Rücken liegend die Weichteile verzehrt.

Muscheln, deren zwei Schalen durch ein Gelenk fest miteinander verbunden sind, schließen sich, sobald sich ein großes Tier nähert, und halten ihr schützendes Gehäuse mit einem kräftigen Muskel geschlossen. Sie zu verzehren, erfordert eine andere Technik. Um eine Muschel zu knacken, sucht sich der Seeotter keinen Hammer, sondern einen Amboß. Er taucht zum Meeresgrund, ergreift einen flachen Stein mit rund 10 cm Durchmesser und schiebt ihn sich unter den Arm. Nun reißt er eine Venus- oder Miesmuschel los und schwimmt hinauf. Auf dem Rücken treibend, legt er den Amboß auf seinen Bauch, nimmt die Muschel zwischen die Vorderpfoten und schlägt sie kräftig gegen den Stein, bis die Schale zerbricht.

Von einer Muschel wird der Jäger natürlich nicht satt; sofort taucht er wieder auf der Suche nach Beutein die Tiefe hinab. Den Amboß klemmt er sich dabei fest unter den Arm.

Schwer verdiente Leckerbissen

Ähnliche Probleme muß der afrikanische Sumpfichneumon, eine Manguste, lösen. Auch er verzehrt gern Krabben und Schnecken, die er erst auf einem harten Untergrund knacken muß. Er nimmt dazu die Beute zwischen die Vorderpfoten, stellt sich auf die Hinterbeine und schleudert sie so lange auf den Felsen, bis der Panzer bzw. die Schale zerspringt.

Der Eigentliche Ichneumon liebt Eier, kann diese jedoch, wenn sie eine gewisse Größe übersteigen, mit den Zähnen nicht mehr knacken; sein Maul ist einfach zu klein. Um dennoch an den nahrhaften Inhalt zu gelangen, stellt er sich vor einen großen Stein, hebt das Ei mit den Vorderpfoten hoch, richtet sich auf die Hinterbeine auf und wirft es so lange gegen den Felsen, bis es zerbricht. Noch eleganter öffnet der madagassische Schmalstreifenmungo Eier. Er legt sich auf den Rücken, die Vorder- und Hinterpfoten eng beisammen, und wirft das Ei in die Luft, so daß es beim Herabfallen auf einen flachen Stein prallt und zerbricht.

Viele Tiere der afrikanischen Savanne laben sich gern an den über 1 kg schweren Straußeneiern, doch nur wenige können die dicke Schale zerbrechen. Wem es an Größe und Kraft fehlt, der versucht es mit List, so auch der scheue Schmutzgeier: Er knackt das Ei mit einem Stein. Wenn er ein geeignetes Werkzeug gefunden hat, nimmt er es in den Schnabel und schleudert es gegen das Ei, bis sich ein Riß zeigt und er die Schale stückchenweise abheben kann.

Wieso gerade dieser Vogel Steinwerkzeuge zum Öffnen der Straußeneier benützt, ist nicht bekannt. Zoologen sahen jedoch, daß junge Geier gern kleine Eier auf den Boden werfen, um sie zu knacken. Das Riesenei des Straußes ist zum Werfen zu schwer, doch vielleicht hat sich die Gewohnheit, es mit harten Gegenständen zum Brechen zu bringen, aus dem frühen Steinewerfen entwikkelt. Andere Vogelarten beherrschen diese Technik nicht.

Unter den Vögeln haben sich allerdings noch ganz andere Fertigkeiten im Umgang mit Werkzeug entwickelt. Auf den Galapagosinseln im Ostpazifik lebt eine Finkenart, die wie ein Specht Insekten frißt, die in abgestorbenen Bäumen leben, weshalb der Vogel „Spechtfink" heißt. Während jedoch der Specht einen meißelförmigen Schnabel und eine lange klebrige Zunge besitzt, um die Beute aus ihren Gängen zu holen, fehlen dem Spechtfink solche Anpassungen. Für diese Arbeit benutzt er statt dessen einen Kaktusdorn oder einen dünnen Zweig. Manche der Finken bearbeiten sogar ihre Werkzeuge noch.

Ein Meister im Knacken von Straußeneiern mit einem Stein ist der Schmutzgeier. Er trifft sein Ziel aber oft erst nach vielen Versuchen.

In ähnlicher Weise führen Australkleiber mit dem Schnabel Stöckchen in Hohlräume ein, in denen Insektenlarven hausen. Zudem wurden in Tansania Fliegenschnäpper beobachtet, die nach Schimpansenart mit Grashalmen nach Termiten stocherten. Ein weiterer Vogel, der durch Werkzeugeinsatz an Beute gelangt, ist der in Nordamerika heimische Braunkopfkleiber. Mit Hilfe von Rindenplatten löst er andere Borkenstücke von den Baumstämmen, um darunter lebende Insektenlarven freizulegen.

Der Grünreiher fängt Fische mit einem Köder. Um seine Beutetiere anzulocken, bricht er kleine Zweige ab und wirft sie so auf die Wasseroberfläche, daß sie hineingefallenen Insekten ähneln. Schwimmt ein Fisch neugierig heran, stößt der Reiher blitzschnell zu. Manche Tiere fischen mit Federn – wie Menschen, die ähnliche Köder beim Angeln benutzen.

EINE FÜRSORGLICHE MUTTER: DIE SANDWESPE

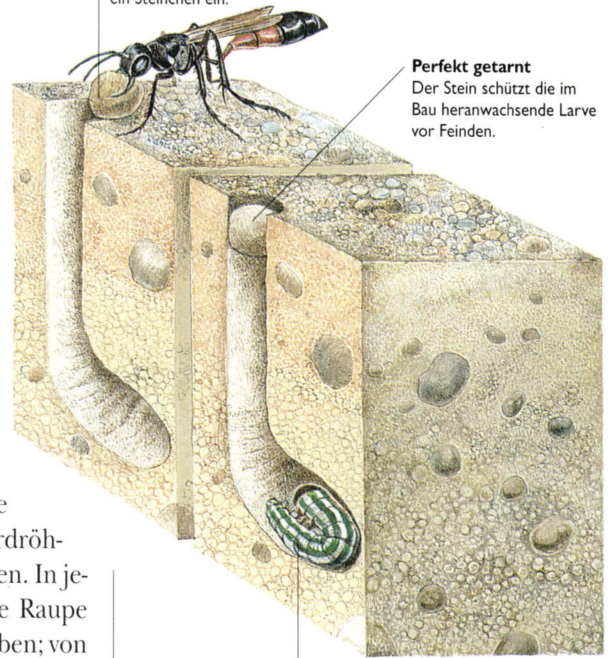

Paßgenau
Wenn sie die Brutröhre gegraben hat, paßt sie ein Steinchen ein.

Perfekt getarnt
Der Stein schützt die im Bau heranwachsende Larve vor Feinden.

Frischfleisch
Eine gelähmte Raupe dient der Wespenlarve als Nahrung.

Nachdem sie in ihrer Röhre ein Ei und eine Raupe als Futterration abgelegt hat, verschließt die Wespenmutter den Eingang mit einem Stein.

Gewiefte Insekten

Unter den Wirbellosen Tieren gibt es nur wenige, die Werkzeuge verwenden. Sandwespen graben Erdröhren, in denen ihre Larven aufwachsen. In jeden Bau tragen die Weibchen eine Raupe ein, die sie durch Stiche gelähmt haben; von dieser Nahrung lebt die Larve, die bald aus dem Ei schlüpft. Zum Verschließen der Röhre stampfen die Mütter mit einem kleinen Stein die Erde fest. Eine Sandwespenart „verkorkt" den Eingang zu ihrem Bau mit einem Kieselsteinchen (siehe oben).

Zu den ungewöhnlichsten Werkzeugverwendern unter den Insekten gehört eine „angelnde" Raubwanze aus Costa Rica. Die zarte Larve dieser Wanzenart ernährt sich von Termiten, ohne von den aggressiven Soldaten daran gehindert zu werden. Dazu „verkleidet" sie sich zunächst. Sie legt sich kleine Bröckchen des Termitenbaues auf den Körper, was ihr den Geruch des Volkes verleiht. So getarnt schleicht sie sich an einen der Eingänge heran, ergreift die nächste Arbeiterin, die herauskommt, spritzt ihr Verdauungsenzyme ein und saugt sie aus. Die leere Körperhülle benutzt sie nun als Köder, um weitere Tiere anzulocken. Bald kommen einige Termiten herbei, um die Leiche abzuholen, und auch sie werden geschnappt. Wissenschaftler beobachteten eine Larve, die innerhalb von 3 Stunden an einem Bau 30 Termiten vertilgte – das bedeutet alle 6 Minuten ein Opfer.

Die afrikanischen Weberameisen verwenden ihre eigenen Artgenossen als Werkzeuge: sie leben in zusammengerollten Blättern, die sie mit ihren Larven, die im Unterschied zu den ausgewachsenen Tieren Spinndrüsen besitzen, „verweben". Die Arbeiterinnen halten diese Larven in ihren Mundwerkzeugen, führen sie zwischen den Blättern hin und her und tupfen jedes Mal den Hinterleib mit den Spinndrüsen darauf, um die Seidenfäden festzuheften.

Mit einem Kaktusdorn spießt der Galapagos-Spechtfink Insektenlarven auf, die unter der Baumrinde leben.

KLEINE UND GROSSE BAUMEISTER

Aus den verschiedensten Stoffen stellen Tiere ihre Behausungen her: Lehm, Blätter und Zweige dienen ihnen ebenso als Baumaterial wie Substanzen, die sie eigens für diesen Zweck selbst fertigen. Die kleinsten Baumeister konstruieren damit die faszinierendsten Gebäude.

Offenbar stellten die Frühmenschen, deren Reste in Ostafrika gefunden wurden, nicht nur Werkzeuge her, sondern auch Unterkünfte. So gruben Anthropologen zusammen mit fossilen Knochen und Werkzeugen kreisförmig angeordnete Steine aus, die wohl als Fundamente für runde, zeltartige Behausungen aus Ästen, Gräsern und Blättern dienten. Verschiedenste Gegenstände deuten darauf hin, daß es sich um ein ständig oder zumindest regelmäßig benutztes Lager handelte. Aus solch einfachen Siedlungen wurden im Verlauf der Menschheitsentwicklung gewaltige Städte mit großen, komplexen Gebäuden, deren Errichtung eine genaue Planung und die Beachtung zahlloser Vorgaben erfordert.

Tiere kommen ohne all dies aus; sie errichten die erstaunlichsten Konstruktionen mit angeborenen Bewegungsfolgen, die in ihren Erbanlagen festgeschrieben sind. Allerdings finden sich auch im Tierreich Architekten, die beim Bauen ihren Verstand einsetzen.

Es ist nur schwer vorstellbar, daß Insekten oder Vögel über Entwurf und Ausführung ihres Baues nachdenken, doch häufig zeigt eine genaue Untersuchung ihres Verhaltens, daß dies höhere geistige Fähigkeiten erfordert. Das gilt etwa für den Nestbau der Webervögel.

Kunstvolle Gewebe für die Jungen

Unter den gefiederten Baumeistern sind die Webervögel unerreicht. Die kleinen Tiere,

Häufig bauen die südafrikanischen Kapweber ihre Nester über dem Wasser, da sie dort sicherer vor Feinden sind.

Cabanisweber

Bajaweber

Weißstirnweber

Siedelweber

die in die Verwandtschaft der Sperlinge gehören, leben in den tropischen und subtropischen Regionen der Alten Welt. Allein die Männchen bauen Nester aus verwobenen Pflanzenteilen, fast wie menschliche Korbflechter oder Tuchweber. Jede Art verwendet ihr eigenes Baumaterial, das biegsam und solide sein muß. Manche Tiere reißen Streifen großer Blätter, z. B. von Palmen oder Bananen, ab, andere suchen lange, breite Blätter von Gräsern oder Schilf, Schlingpflanzen oder zarte Wurzeln.

Nach der Wahl einer günstigen Stelle, an der das Gebilde sicher und gut sichtbar aufgehängt werden kann – meist sind dies die dünnen äußeren Zweige eines Baumes, die Feinde wie Schlangen nicht erreichen können –, flicht der Vogel seinen ersten Streifen um einen hängenden Zweig oder ein Paar gegabelter oder paralleler Zweige. Zunächst hält er das Baumaterial mit einem Fuß fest und wickelt es mit dem Schnabel um den tragenden Zweig, dann fädelt er das Ende durch eine der Schlaufen. Diesen Knoten zieht er fest, doch nicht zu fest, um ihn eventuell zu einem späteren Zeitpunkt wieder lösen zu können. Aus weiteren Streifen, die das Tier durch die Wicklungen und Schlaufen zieht, entsteht bald ein senkrechter Ring, der das Grundgerüst für das Nest bildet; auf einer Seite davon wird die Brutkammer gebaut, auf der anderen das Einschlupfloch.

Seine Pflanzenstreifen verbindet der Vogel, indem er sie in Längs- und Querrichtung wie Ketten- und Schußfaden umeinanderflicht. Die Enden muß er immer wieder dadurch sichern, daß er sie entweder in das schon fertige Geflecht steckt oder daran festknotet. Alle diese schwierigen „Handgriffe“ führt der Vogel mit seinem Schnabel aus.

Webervogelnester sind sehr unterschiedlich geformt: das Geflecht des Cabaniswebers aus Ostafrika ist eine einfache Kugel, wohingegen etwa das Nest des Sumpfprachtwebers eine bis zu 60 cm lange Eingangsröhre besitzt.

Ob das Nest irgendwann bewohnt wird, entscheiden die Weibchen. Da diese die Qualität des Bauwerkes sehr kritisch begutachten, versuchen die Männchen sie für sich zu gewinnen, indem sie für ihr Produkt werben. Sie hängen sich an das Nest, sobald sie es fertiggestellt haben, und schlagen unter lautstarkem Zwitschern mit den Flügeln. Falls sich kein Weibchen entschließt, die Wohnung zu beziehen, müssen die Männchen mit der Arbeit neu beginnen, denn nur frische, grüne Nester sind attraktiv.

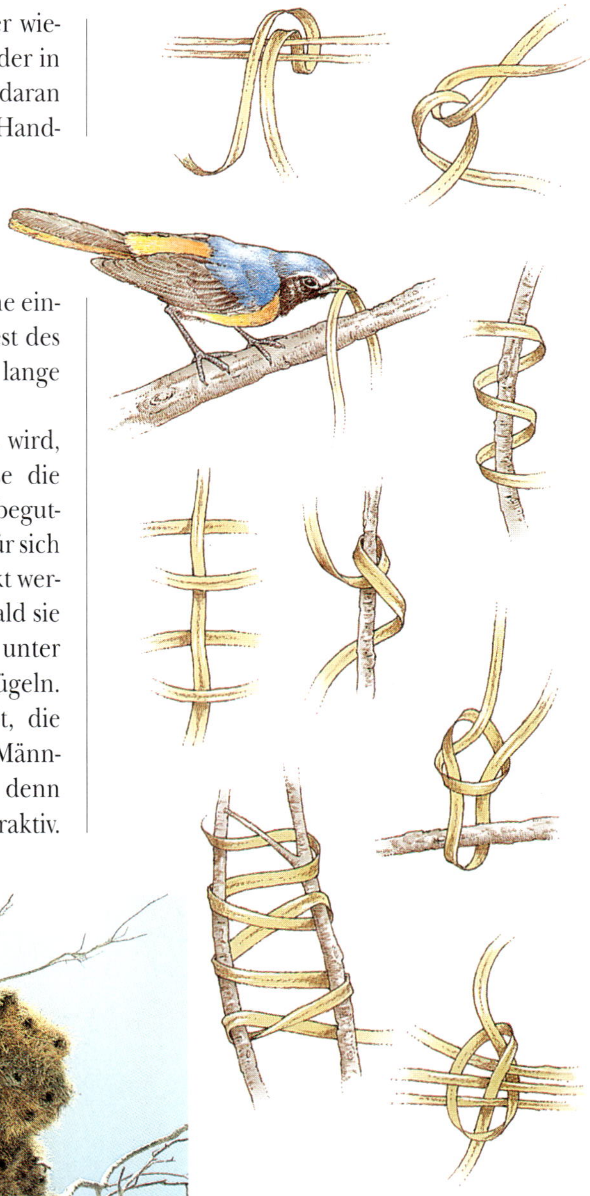

Mit komplizierten Schlingen und Knoten konstruieren Webervögel, wie die Siedelweber (links), kunstvolle Nester.

Sobald die Gräser oder Blattstreifen vergilbt sind, löst der Erbauer die Knoten, die das zarte Gebilde an den Zweigen befestigen, läßt es auf den Boden fallen und beginnt, ein neues zu weben.

Einem unerfahrenen Männchen gelingt der Nestbau in der Regel nicht sofort, und seine ersten Versuche reißt oft der Wind ab. Die Erfahrung lehrt das Tier, wie das Gewebe verlaufen muß, wie fest es die Knoten knüpfen sollte und welche Materialien am besten zu verarbeiten sind, so daß sich seine Technik bald verbessert. Zwar wird das Weben durch Instinkt gesteuert, doch entsteht ein perfektes Nest erst nach einem Lernprozeß.

Weit komplizierter ist das Bauen eines Siedelwebernestes; die Männchen dieser Art müssen sich untereinander abstimmen, da in ihren Gemeinschaftsnestern mit bis zu 7,5 m Durchmesser 500 Vögel zusammenleben können. Den vielen wachsamen Augen und Ohren der Bewohner dieser Siedlung entgeht kein Feind.

Unvergleichliche Wohngemeinschaften

Die höchstentwickelten Gemeinschaftsbaue errichten jedoch die staatenbildenden Insekten, vor allem Ameisen, Wespen, Bienen und Termiten. Unter ihnen gebührt den Termiten zweifellos der Meistertitel. Die Bautätigkeit ist Aufgabe der Arbeiter, die dabei unter dem Schutz der Soldaten stehen. Einige Arten legen ihre Nester auf Bäumen, andere unter der Erde an, doch am eindrucksvollsten sind die Erdburgen der afrikanischen Kriegertermiten, die bis zu 7 m hoch aufragen – auf menschliche Verhältnisse übertragen, entspräche dies einem Wolkenkratzer von 1,6 km Höhe. Ein solches Kriegertermi-

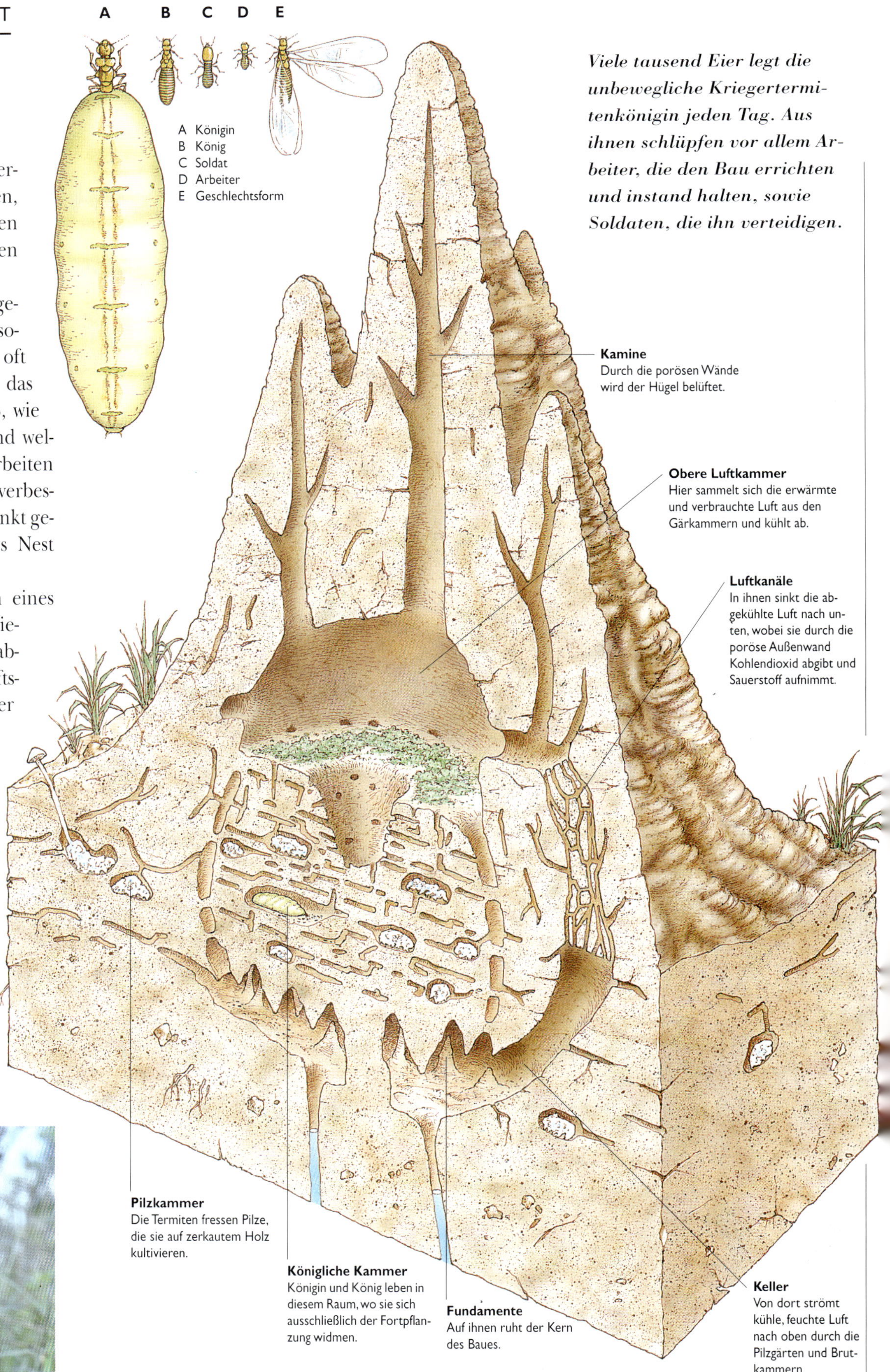

Viele tausend Eier legt die unbewegliche Kriegertermitenkönigin jeden Tag. Aus ihnen schlüpfen vor allem Arbeiter, die den Bau errichten und instand halten, sowie Soldaten, die ihn verteidigen.

Wo es häufig regnet, schützen Termiten ihre Nester mit Dächern vor eindringendem Wasser.

MENSCHENAFFEN: LAGER FÜR EINE NACHT

Viele Primaten kuscheln sich nachts in ein gemütliches Nest, und manche ziehen sich sogar tagsüber zum Ruhen in ein Lager zurück. Die winzigen Buschbabys und Mausmakis bauen kugelige Nester aus Blättern, Varis kleiden ihre Laubnester mit eigenen Haaren aus, Gorillas nächtigen in schlichten Boden- oder Baumnestern aus Pflanzen, und Orang-Utans und Schimpansen konstruieren aus Zweigen und Blättern Schlaflager in den Baumwipfeln.

Obwohl den Menschenaffen die Handgriffe zum Nestbau angeboren sind, müssen die Jungtiere von ihrer Mutter lernen, wo sie ein Lager anlegen können und wie die Äste zu einem stabilen, weichen Nest gebogen werden müssen. Während die Gorillas nicht sehr viel Zeit auf Bauarbeiten verwenden, beschäftigen sich Orang-Utans und Bonobos häufig lange damit. Manchmal basteln sie sich sogar ein Dach aus Zweigen, das den Regen abhält.

Menschenaffen schlafen nur einmal in ihrem Nest, am nächsten Abend bauen sie sich ein neues. Doch sie ziehen sich nicht nur zum Schlafen dorthin zurück; ein Schimpanse mit einer heftigen Erkältung beispielsweise geht früh schlafen und bleibt morgens lange liegen. Trächtige Orang-Utan-Weibchen bauen sich gelegentlich auch Tagnester, um dort ihr Junges zur Welt zu bringen. Tiere, die eine besonders begehrte Nahrung gefunden haben, verspeisen diese oft in ihrem Nest, um nicht gestört zu werden.

Ein junger Orang-Utan baut sich als Nachtlager ein weiches Nest aus Bambuszweigen.

tenvolk kann mehr als 10 Mio. Individuen umfassen.

Die ersten Kammern eines Kriegertermitenbaues werden unterirdisch angelegt. Bis sich ein Hügel über der Erde abzeichnet, kann die Kolonie eine beachtliche Größe erreicht haben. Als Baumaterial verwenden die Insekten Erde, die sie mit Speichel vermischen; der dabei entstehende Brei wird beim Trocknen hart wie Zement. Nach und nach entsteht eine Festung mit rund 50 cm dicken Mauern.

In diesem Bau arbeiten Millionen emsiger Tiere, die ständig Sauerstoff verbrauchen und Wärme und Kohlendioxid abgeben. Die verbrauchte, aufgeheizte Luft würde die Termiten bald töten, hätten sie nicht eine vollautomatische unterirdische Klimaanlage entwickelt, die die Luft ständig in Bewegung hält. Aus den Pilzkammern, wo die Temperatur 29,7 °C beträgt, strömt sie in die darüberliegenden Brutkammern, wobei sie sich auf 30 °C erwärmt. Die aufgeheizte Luft sammelt sich danach unter dem Dach, wo sie sich auf 29,3 °C abkühlt. Dadurch fällt sie nach unten durch schmale Kanäle, die in Rippen dicht unter der Außenwand verlaufen; auf diesem Weg vollzieht sich der Gasaustausch, und die Temperatur sinkt weiter auf 25,5 °C. Schließlich landet die kühle Luft im Keller, wo sie aus dem Grundwasser Feuchtigkeit aufnimmt, um gleich wieder in die Kammern aufzusteigen.

Es ist kaum zu glauben, daß sämtliche Informationen, die die kleinen Tiere benötigen, um solche genialen Bauwerke zu konstruieren, in ihren Erbanlagen festgeschrieben sind. Doch die Termiten können nicht lernen, stabile Hügel mit funktionierender Klimaanlage zu bauen – sie tun es automatisch, wobei jedes Individuum seinen winzigen Teil zum Wohl der gesamten Kolonie beiträgt. Keines der Tiere „weiß“, was es tut, und dennoch funktioniert alles reibungslos. Ein solcher Insektenstaat wird oft als „Super-

Wie unterschiedlich Termitenbaue aussehen können, zeigt dieses Foto aus dem südafrikanischen Transvaal. Links ragen Belüftungskamine auf; der eigentliche Bau dieser Art liegt unter der Erde.

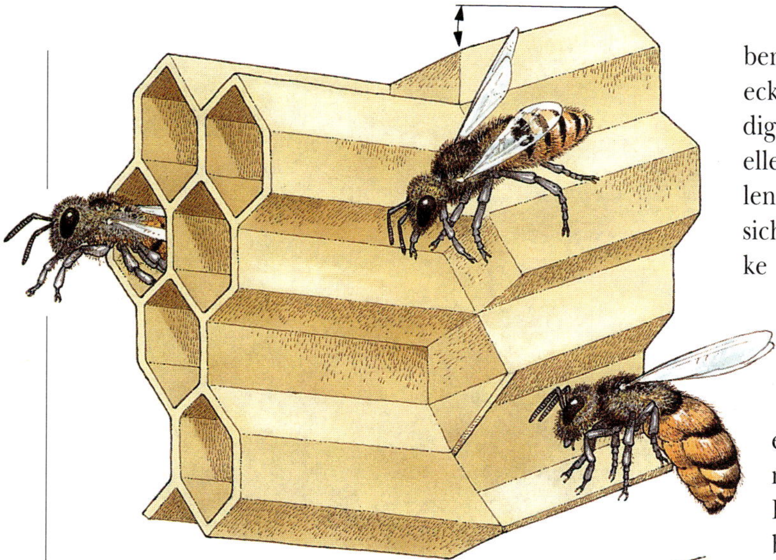

Damit der Honig nicht aus den Waben fließt, steigen diese nach außen leicht an.

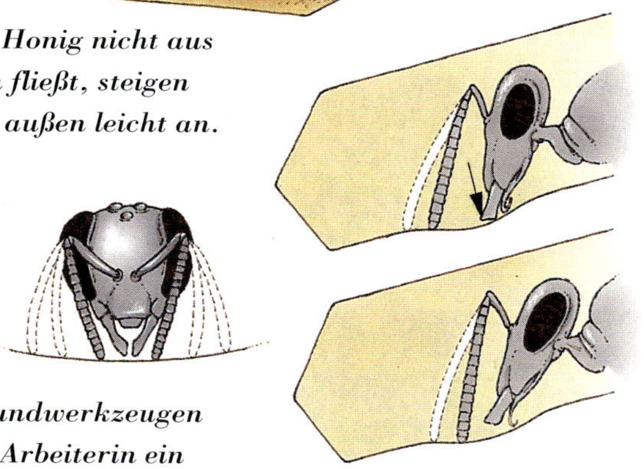

Mit den Mundwerkzeugen drückt die Arbeiterin ein Wachsplättchen fest, und mit den Fühlern prüft sie die Dicke der Wand.

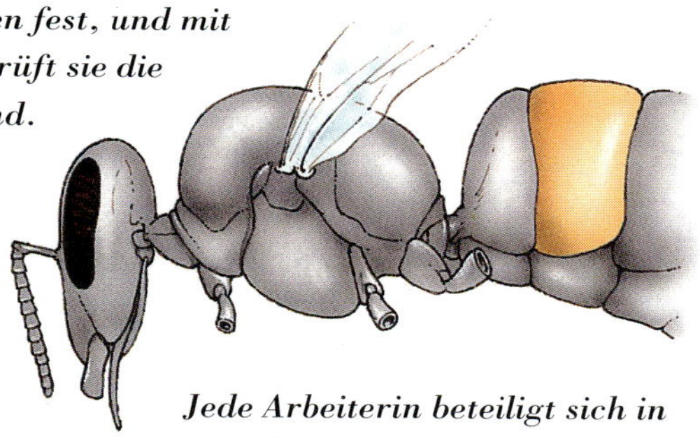

Jede Arbeiterin beteiligt sich in einer bestimmten Phase ihres Lebens am Wabenbau.

organismus" bezeichnet, da die einzelnen Tiere wie die Teile eines Körpers nicht allein existieren können. Viele Jahrmillionen dauerte die Entwicklung des Kriegertermitenstaates – ebenso wie die des Bienenvolkes.

Baustoff aus eigener Produktion

Ganz anders als die Behausungen der Termiten sieht die geometrische Architektur der Honigbienen aus. Sie dient dem Volk nicht als Festung, sondern nur als Lager und Aufzuchtstätte für den Nachwuchs. In hohlen Bäumen oder zwischen Felsen konstruieren die emsigen Insekten senkrechte Waben mit regelmäßigen sechseckigen Zellen aus geschmeidigem Wachs, das sie in speziellen Drüsen selbst herstellen. Die Zellwände zeichnen sich trotz ihrer geringen Stärke von weniger als 0,1 mm durch eine hohe Stabilität aus: Eine volle Wabe von 37 × 23 cm kann bis zu 1,8 kg Honig enthalten, ist jedoch aus nur 42,5 g Wachs gebaut. Beim Beginn des Wabenbaues hängen sich die Arbeiterinnen in Form einer Kette aneinander. Mit den Hinterbeinen nehmen sie das Baumaterial, das sie in kleinen Plättchen an der Unterseite ihres Hinterleibes ausscheiden, ab und reichen es nach oben weiter. Dort sammeln sich die Bienen zu einer Traube, in deren Zentrum die Temperatur auf 35 °C gehalten wird, da sich das Wachs dann besonders gut bearbeiten läßt. Die Wachsplättchen werden nun gekaut, mit Speichel versetzt und schließlich angesetzt. An mehreren Stellen nehmen kleine Bautrupps die Arbeit auf. An der Decke des Hohlraumes, den das Volk als Unterkunft gewählt hat, entstehen die ersten Teile der Wabe; die Seitenwände der ersten Zellen werden noch gemauert, während sich andere Tiere weiter unten bereits mit den Nachbarzellen beschäftigen. Allmählich bildet sich das typische Muster der Bienenwabe. Alle Zellwände treffen sich stets in einem Winkel von genau 120° – eine unglaubliche Leistung, wenn man bedenkt, daß die Bauarbeiterinnen ständig wechseln und keine auch nur eine komplette Zelle zu Ende fertigt. Offenbar weiß jedes Tier sofort, was zu tun ist, gleichgültig, in welchem Stadium es zu arbeiten beginnt.

Die Zellen stehen nicht waagrecht, sondern steigen nach außen in einem Winkel von 13° auf, so daß der zähflüssige Honig nicht herausfließt. Er dient dem Bienenvolk als Winternahrung. Doch nur ein Teil der Zellen enthält Honig – die der äußeren Waben und die im oberen Bereich des Stockes. Der Rest der Waben wird mit Pollen gefüllt oder dient zur Aufzucht des Nachwuchses.

Brutzellen weisen entscheidende Unterschiede in Form und Größe auf, je nachdem, welche Bienenform darin aufwachsen soll. Dies bestimmen die Arbeiterinnen bei ihrem Bau. Die kleinsten Zellen sind mit einem Durchmesser von 5 mm diejenigen, in denen Arbeiterinnenlarven herangezogen werden, während die der Drohnenmaden 6,2 mm messen. Bevor die Königin ein Ei ablegt, prüft sie diese Größe und entscheidet dementsprechend über das Geschlecht der jeweiligen Brut.

Während die Arbeiterinnen- und Drohnenbrutzellen fast waagrecht in der Wabe liegen, fallen die Behausungen der Königinnenlarven aus dieser Ordnung heraus: sie sind häufig senkrecht ausgerichtet und lie-

Ihr kugelförmiges Nest aus zerfasertem Gras baut die seltene Zwergmaus besonders gern in luftiger Höhe an Schilf- oder Getreidehalmen.

Neben der Honigbiene, die in ihrer domestizierten Form heute fast weltweit verbreitet ist, leben in Asien noch drei weitere Arten in großen Staaten, die Honig einlagern. Hier hat ein Volk einer solchen wilden Bienenart seine Waben in einen hohlen Baum gebaut.

gen am Rand der Waben. Solche Gebilde bauen die Arbeiterinnen nur im Frühling. Wahrscheinlich löst die zunehmende Tageslänge bei den Tieren die Produktion bestimmter Stoffe aus, die die Teile der Erbanlagen aktivieren, in denen die Pläne für diese besonderen Zellen verzeichnet sind.

Werkzeuge am Kopf

Wie es den Honigbienen gelingt, ihre Waben mit den sechseckigen Zellen in einer solchen geometrischen Perfektion zu erstellen, konnte noch nicht geklärt werden. Die Wissenschaftler vermuten, daß die Tiere die Winkel mit ihren vielen Tasthärchen an Kopf und Fühlern messen und die Dicke der Zellwände prüfen, indem sie diese betrommeln und dabei ihre Elastizität feststellen. Erst wenn alles den richtigen Werten entspricht, die die Insekten instinktiv kennen, arbeiten sie an anderer Stelle weiter.

Während die Bienenforscher noch rätseln, wie die Tiere die Größe und Form der Zellen bestimmen, wurde bereits recht gut untersucht, wie sie die Schwerkraft wahrnehmen. Wo der Kopf der Bienen mit der Brust verbunden ist, befindet sich ein Polster hochempfindlicher Tastzellen, die jede Drehbewegung registrieren. Dieses Sinnesorgan dient den Arbeiterinnen als Lot, das ständig anzeigt, welchen Winkel ihr Kopf zur Senkrechten einnimmt. Auf diese Weise können sie auch den Neigungswinkel der Zellen exakt einhalten.

Architekten unter den Säugetieren

Bis auf wenige Ausnahmen erreichen die Bauwerke der Säuger nicht im mindesten die architektonische Komplexität von Vogelnestern (siehe auch Seite 55). Eisbären etwa graben in ihrer arktischen Heimat einen Tunnel in den festen Schnee, der in eine oder zwei geräumige Kammern mündet. Dort verbringen sie den Winter und ziehen ihre Jungen auf. Etwas aufwendiger gestaltet die australische Bandikutratte ihren Bau. Sie scharrt Laub und andere Pflanzenteile auf dem Boden zusammen und richtet damit eine Nistkammer ein. Manche Kleinsäuger fertigen kugelige Nester aus weichen Pflanzenteilen, beispielsweise der in Australien lebende Gewöhnliche Ringbeutler, dessen Bau aus Gras und Rinde zusammengefügt ist. Die Haselmaus polstert ihr Kugelnest, das sich meist in einer Baumhöhle befindet, mit Haaren und Federn aus, und die Zwergmaus flicht eine Behausung aus trockenem Gras. Laubhaufen von 1 m Durchmesser tragen Goldrücken-Rüsselhündchen in den Wäldern Ostafrikas zusammen, um dort zu schlafen, und nordamerikanische Buschratten türmen vor dem Eingang zu ihrem Bau Ästchen und tote Pflanzenteile auf.

Trutzburgen im Wasser

Die größten Ingenieure unter den Säugetieren sind die Burgenbauer der nordischen Flüsse. Bisamratten, die wie die Biber zu den

Eisbären graben am Beginn des arktischen Winters geräumige Höhlen in den Schnee, in denen sie bis zu 5 Monate verbringen.

Nagetieren gehören, besiedeln große flache Seen mit üppiger Vegetation, an deren Ufer sie meist Erdhöhlen graben. Wenn der Untergrund nicht geeignet dafür ist, errichten sie Behausungen, die mitten im Wasser liegen, gewöhnlich im Schilfgürtel. Diese sogenannten Burgen entstehen auf einem Hügel aus Schlamm. Binsen, Gräser, Schachtelhalme und andere Pflanzenteile werden zu einem kuppelförmigen Bau, der bis zu 1 m über die Wasseroberfläche aufragt, zusammengefügt. Der Wohnraum im Inneren ist durch einen Tunnel, dessen Eingang immer unter Wasser liegt, mit der Außenwelt verbunden.

Noch ausgefeilter sind jedoch die Burgen der Biber. Diese großen Nagetiere leben häufig im rauhen Klima des hohen Nordens. Um den Winter zu überstehen, sind sie dort auf ein warmes, trockenes Heim angewiesen. Die Behausung muß genug Platz für eine Familie von 12–15 Tieren bieten, aber auch vor Jägern wie Kojoten, Wölfen und Luchsen schützen. All dies gewährleistet eine große Burg, die von einem tiefen Graben umgeben ist. Den Wasserstand halten die Biber mit einer gewaltigen Kon-

DIEBE MIT SINN FÜR ÄSTHETIK

Aus Zweigen und Blättern errichten die in Australien und Neuguinea heimischen Laubenvögel verblüffend formschöne Gebilde, die sogenannten Lauben. Diese Bauwerke dienen ausschließlich dem Anlocken von Weibchen: Die Männchen nutzen sie als Bühne für ihre Balzveranstaltungen. Jede Art baut eine andere Laube in einer ganz eigenen Form, doch alle schmücken ihren Bau mit auffallenden Gegenständen wie bunten Papageienfedern, Schneckenhäusern, Laub- und Blütenblättern, ja sogar menschlichen Abfällen wie grellbunten Plastikteilen, Wäscheklammern, Kronkorken oder Patronenhülsen.

Im Unterschied zu ihren nächsten Verwandten, den Paradiesvögeln, sind die meisten Laubenvogelmännchen recht unscheinbar; dies hat den Vorteil, daß die Tiere von Feinden nicht so leicht entdeckt werden wie andere Arten mit auffallendem Gefieder. Um die Weibchen zu beeindrucken, müssen sie diesen deshalb möglichst prunkvolle Lauben präsentieren.

Der Seidenlaubenvogel sammelt vorzugsweise blaue Gegenstände, die er vor seiner aus Zweigen gefertigten „Allee“ auslegt, die aus zwei parallelen Wänden besteht. Um eine besonders große Sammlung solcher blauer Objekte zeigen zu können, sucht das Männchen überall danach. Manchmal bestiehlt es nicht nur seine Nachbarn, sondern zerstört auch gleich deren Lauben. Wer sein Bauwerk behaupten und den meisten Zierat vorweisen kann, hat die Gunst der Weibchen gewonnen.

Ein weiblicher Seidenlaubenvogel beäugt das Kunstwerk eines balzenden Männchens, das der Bewerberin einen besonders schönen Schmuckgegenstand präsentiert.

Allee des Seidenlaubenvogels

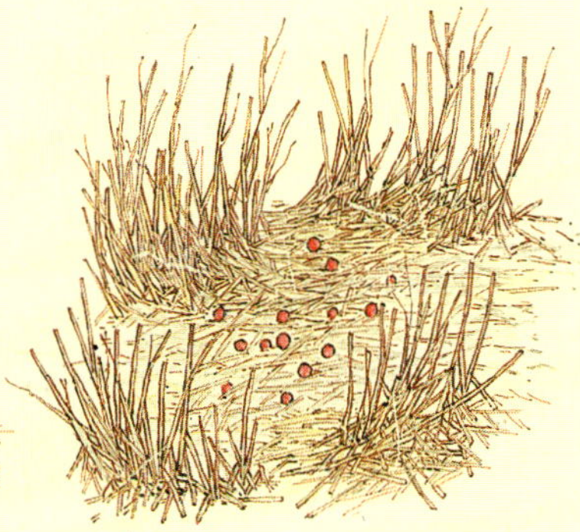

Allee des Dreigang-Laubenvogels

Doppelturm des Pfeilergärtners

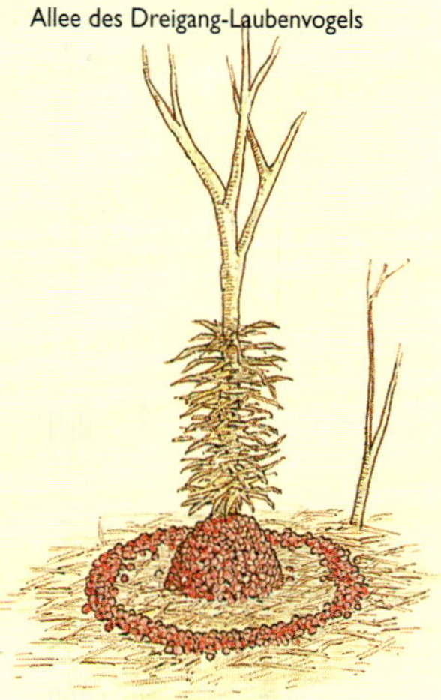

Maibaum des Gelbhaubengärtners

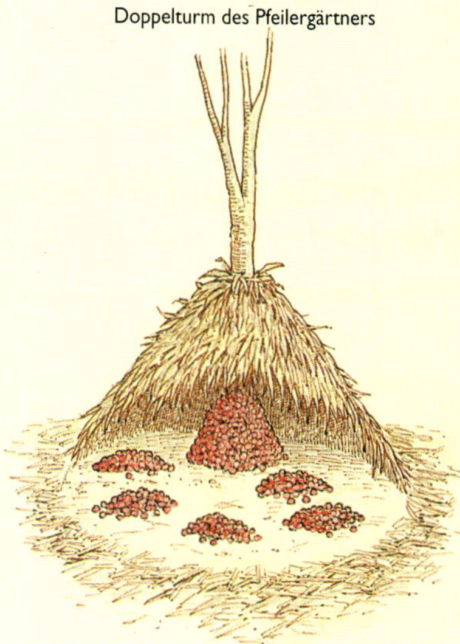

Zelt des Hüttengärtners

Zelt des Rothaubengärtners

Zum Bau ihrer gewaltigen Dämme fällen die Biber zahllose junge Bäume.

Die großen, scharfen Nagezähne der Tiere wachsen ein Leben lang nach.

struktion, einem Damm, künstlich konstant. Nur wenn ein passender Bauplatz gewählt wurde, kann dieses Werk gelingen.

Ein Biberpaar, das ein Wohngebiet sucht, bevorzugt ein kleines Tal mit einem ruhigen Fluß. Zuerst errichten die beiden Tiere in flachem Wasser einen Damm. Mit ihren scharfen Schneidezähnen fällen sie kleine Bäume in den umliegenden Wäldern. Besonders Schößlinge und Bäumchen, deren Stamm einen Umfang von weniger als 30 cm aufweist, fallen den Nagern zum Opfer. Sie werden in 50–250 cm lange Stücke zerteilt, die die Tiere transportieren können. Bevor sie ihr Baumaterial zum Fluß schleifen, verzehren sie noch die nahrhafte Rinde.

Zuerst rammen die Biber dicke Stämme senkrecht ins Flußbett, dann füllen sie die Zwischenräume mit dünneren Ästen, Zweigen und Blättern. Große Steine, die sie ins Wasser schleppen, verankern durch ihr Gewicht die gesamte Konstruktion zusätzlich. Mit Schlamm und Kies vom Grund des Flusses dichten die Baumeister das Pflanzenmaterial schließlich an der flußaufwärts gelegenen Seite ab; die bis zu 2 m hohe Gegenseite wird von dicken, parallel zum Talverlauf ausgerichteten Pflöcken gestützt.

Wird der Damm regelmäßig kontrolliert und ausgebessert, kann er dem Druck des sich aufstauenden Sees standhalten. Damit das Bauwerk durch Hochwasser nicht beschädigt wird, sind an beiden Enden Schleusen bzw. Überlaufrinnen vorhanden, die einen gefahrlosen Abfluß der Fluten ermöglichen. Anlage und Bau des Biberdammes erfolgen nach Konstruktionsprinzipien, die auch von Menschen errichteten Dämmen zugrunde liegen. Dies ist eine eindrucksvolle Ingenieurleistung, obwohl die Baumeister allein ihrem Instinkt gehorchen.

Wenn der Damm fertiggestellt ist, beginnen die Tiere mit der Arbeit an ihrer Burg. Diese erhebt sich inmitten des durch den Damm entstandenen künstlichen Sees, in dem die beiden Biber einen großen Haufen Äste zusammentragen und mit Erde abdichten. Ein unter Wasser gelegener Zugang führt zu dem Innenraum, der manchmal zwei Stockwerke umfaßt – eine Speisekammer unten sowie einen darüber liegenden Schlafraum – und sich immer über dem Wasserspiegel befindet.

Nahrung für den Winter, vor allem belaubte Äste, wird im See gelagert, oft am Fuß des Dammes. Wie ein natürlicher Kühlschrank hält das kalte Wasser unter dem meist zugefrorenen See die Pflanzen frisch. Obwohl tiefer Schnee und eine Eisdecke die Biber an Ausflügen in die Umgebung hindern, können sie durch ihren Unterwassertunnel herausschwimmen, frische Nahrung holen und diese ungestört in ihrer Burg verspeisen.

Kaum zu glauben, welch mächtige Äste und Stämme ein Biber zum Bau von Burg und Damm heranschleppt!

Bauarbeiten mit großer Wirkung

Wenn im Frühjahr das Schmelzwasser den Fluß mächtig anschwellen läßt, haben die Biber besonders viel zu tun. Zunächst müssen sie verhindern, daß ihre Burg überschwemmt wird. Dazu verbreitern sie die Überläufe des Dammes, damit das Hochwasser abfließen kann. Ist diese Gefahr vorbei, beginnen die Ausbesserungsarbeiten. Die Schleusen müssen wieder instand gesetzt und die Höhe des Damms so angepaßt werden, daß das Burgfundament ausreichend unter Wasser liegt. Alle Schäden, die die Bewegungen des Eises und der plötzli-

Vor dem Bau ihrer Burg legen die Biber erst einen Damm an. Dazu treiben sie Pfähle in den schlammigen Untergrund, an denen sie zahlreiche waagrechte Äste befestigen. An der Seite, die flußaufwärts liegt, wird das Bauwerk mit einer Mischung aus Pflanzenteilen und Schlamm abgedichtet. Nun staut sich genügend Wasser auf, und die Tiere können mit dem Bau der Burg beginnen.

KONSTRUKTION EINES BIBERDAMMES

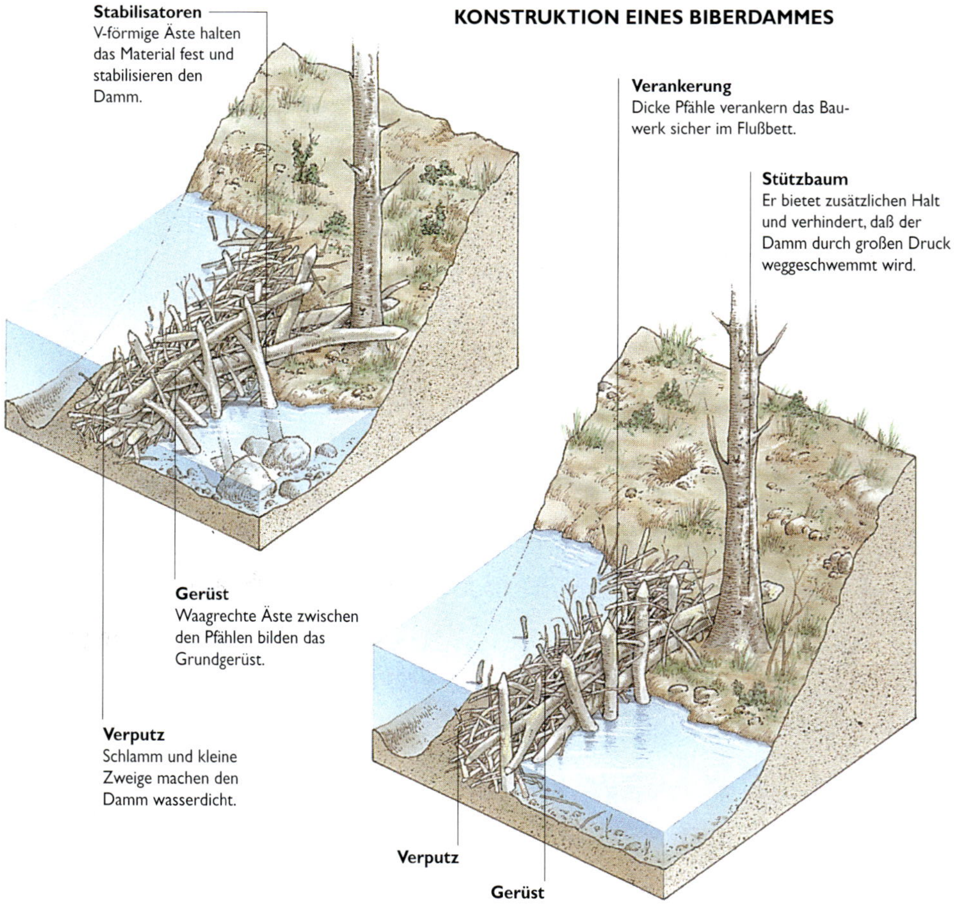

Mitten im Stausee liegt die Burg (Foto rechts), in der die Biberkinder in Sicherheit vor Feinden wie Wölfen und Füchsen heranwachsen können (Foto unten). Im Winter bietet der mächtige Bau außerdem Schutz vor Kälte.

SCHNITT DURCH EINE BIBERBURG

che Einstrom von Schmelzwassermassen verursacht haben, müssen die Nager reparieren. Bei dieser Gelegenheit lernen die Jungtiere auch von ihren Eltern, wie man Baumstämmchen fällt und bearbeitet.

In einer einzigen Nacht können erwachsene Biber einen Baum fällen, in transportable Stücke zerteilen und zu ihrem See schaffen. Wenn sie an den Ufern ihres Heimatgewässers keine geeigneten Bäume finden, holen sie diese häufig von weit her; dazu graben die Tiere Kanäle, auf denen sie ihre Stämme flößen. Diese künstlichen Wasserstraßen sind zwischen 30 und 120 cm breit und bis zu 250 m lang.

Durch den Bau der Dämme, von denen sich bis zu 20 in einem Revier befinden können, die Baumfällarbeiten, das Anlegen von Kanälen und andere Aktivitäten verändert eine Biberfamilie im Lauf der Zeit das Bild der Landschaft, in der sie lebt. Der Stausee verlandet zusehends, wird zunächst zu einem Sumpf, trocknet schließlich aus und macht einer saftigen Wiese Platz. Ein Teil der kanadischen Stadt Montreal wurde übrigens auf einer solchen Fläche erbaut. Sobald der Verlandungsprozeß beginnt, müssen sich die Biber, die über mehrere Generationen dieselbe Burg bewohnt haben, nach einer neuen Bleibe umsehen.

AUFMERKSAME SPEZIALISTEN

Jede Tierart behauptet sich in ihrem Lebensraum mit eigenen Methoden; häufig muß sie dabei ungewöhnliche Wege gehen, um nicht von Konkurrenten verdrängt zu werden. Eine Möglichkeit dabei ist, sich anderen Arten anzuschließen und so von deren Fähigkeiten zu profitieren.

Die Natur hält Nahrung und Unterkunft für die verschiedensten Tierarten bereit, allerdings nur, wenn nicht alle Anspruch auf den gleichen Lebensraum und die gleichen Ressourcen stellen. Da diese begrenzt sind, stehen die einzelnen Arten untereinander in starker Konkurrenz. Deshalb versucht jede, eine eigene ökologische Nische zu finden – spezielle Neststandorte, unzugängliche Schlafplätze, besondere Beute oder einzigartige Techniken des Nahrungserwerbes. Manche Tiere gehen dabei noch eleganter vor: Sie lassen andere für sich arbeiten.

Nachbarn und Nachmieter

Viele Tiere profitieren von den „Sicherheitsdiensten", die andere erbringen. Schwarzschnabel-Sturmtaucher und Papageitaucher auf den Inseln vor der walisischen Küste beispielsweise nutzen bei Gelegenheit verlassene Kaninchenbaue als Nistplätze, statt sich mit viel Mühe eigene Höhlen zu graben. In solchen Domizilen ziehen sie dann ihre Jungen sicher vor Feinden auf.

In großen Vogelgruppen halten immer einige Tiere Wache, um die anderen bei Ge-

Möwen begleiten Haie und Wale, um an deren Beute teilzuhaben.

fahr zu warnen. Diese Alarmrufe kommen auch Vertretern anderer Vogelarten zugute. Aus diesem Grund beziehen in Ostafrika die Unzertrennlichen, kleine Papageien, häufig leere Nester in Bäumen, in denen Siedelweber ihren riesigen Gemeinschaftsbau errichtet haben. Durch das Frühwarnsystem der Webervögel können die Unzertrennlichen ihren Nachwuchs gut geschützt aufziehen.

Aus dem gleichen Grund nisten zahlreiche Vogelarten wie Reiherenten, Schwarzhalstaucher und Säbelschnäbler zuweilen inmitten von Möwen- und Seeschwalbenkolonien; dort profitieren sie nicht nur von der ständigen Luftraumüberwachung der Seevögel, sondern auch von deren hochwirksamem Abwehrverhalten.

Krumen vom Mahl der großen Jäger

Die Westlichen Mantelmöwen der Farallon-Inseln nahe San Francisco halten regelmäßig gegen Jahresende ein Festmahl ab. Zu dieser Zeit finden sich die See-Elefanten auf der Inselgruppe zur Fortpflanzung ein. Wind, Regen und Kälte machen den Möwen dann das Fischen und die Suche nach anderer Nahrung schwer, doch sie wissen, daß sie bald genügend zu fressen finden werden, und warten geduldig darauf.

Plötzlich fliegen die Möwen von ihren gemeinsamen Beobachtungspunkten auf und stoßen zum Meer herab. Für einen menschlichen Betrachter ist der Grund ihres Aufbruchs zunächst nicht zu erkennen; man sieht nur einen Robbenbullen, der gemächlich zu einem der Strände schwimmt. Doch er ist nicht allein im Wasser, und dies haben die Möwen bereits wahrgenommen, denn schräg von unten schießt eine große, dunkle Gestalt blitzschnell auf den See-Elefanten zu. Gleich darauf verschwindet der mächtige Bulle in einer blutigen Fontäne unter der Wasseroberfläche, und eine große, dreieckige Flosse sowie ein peitschender Schwanz erscheinen für einen Augenblick. Wenn die Robbe wieder auftaucht, wird deutlich, was geschehen ist: aus ihrem schweren Leib hat ein Hai ein großes Stück herausgerissen. Bald darauf wird das Opfer wieder hinabgezogen und taucht nicht mehr auf. Statt dessen wimmelt die Meeresoberfläche, auf der zahllose kleine Speckteile und Hautfetzen schwimmen, von kreischenden Möwen, die sich um den Festschmaus reißen.

Möwen sind überall rasch zur Stelle, wenn leichte Beute lockt. Auf den Farallon-Inseln etwa haben sie gelernt, eine flinke, dunkle Gestalt im Wasser mit der Aussicht auf Nahrung zu verbinden. Sie fliegen bereits in Erwartung der Mahlzeit aufs Meer hinaus, bevor der Angriff begonnen hat. Wie sich die Nachricht, daß ein Hai heranschwimmt, in der Möwenkolonie verbreitet, wurde noch nicht untersucht.

Auch der Weißhai, der den See-Elefanten getötet hat, nutzte seine Erfahrung, um leichte Beute zu machen. Er wußte von früheren Streifzügen, daß sich die Robben jeden November in den Gewässern vor den Farallon-Inseln sammeln, und wartete dort einfach auf sie. Wahrscheinlich hält er sich nur zu dieser Jahreszeit dort auf. Wie der Fisch diese Kenntnisse erlangt und wie er feststellt, wann er sich in dieses Gebiet begeben muß, bleibt ein Rätsel.

Große Seevogelkolonien, hier Dreizehenmöwen, bieten den Tieren nicht nur Schutz vor Feinden, sondern auch Informationen über reiche Nahrungsquellen.

Papageitaucher nisten in tiefen Höhlen, die sie in die Erde graben. Wenn sie einen verlassenen Kaninchenbau finden, können sie sich diese anstrengende Arbeit sparen.

Kalkulierte Risiken

Ebenso wie für den Weißhai ist diese Strategie der Nahrungssuche für die Westlichen Mantelmöwen ein Risiko. Sie wissen nie, ob in absehbarer Zeit ein Hai erscheinen und ihnen zu einer Mahlzeit verhelfen wird. Fliegen sie weg, um an anderen Orten nach sicherem, aber wenig reichhaltigem Futter zu suchen, verpassen sie vielleicht ein Festessen; bleiben sie jedoch sitzen, müssen sie möglicherweise hungrig schlafen gehen.

Ihre Entscheidungen treffen die Möwen nicht, indem sie intensiv über dieses Problem nachdenken, sondern instinktiv. Im

Lauf der Evolution haben sich diejenigen Tiere immer stärker vermehrt, die instinktiv die besten, d. h. der jeweiligen Situation angemessensten Entscheidungen getroffen haben. Andere Westliche Mantelmöwen, deren Lebensbedingungen sich von denen der Farallon-Tiere unterscheiden, würden sich völlig anders, doch für ihre Situation optimal verhalten.

Auf der Suche nach Alternativen

Nicht nur die Möwen, auch viele andere Tiere versammeln sich dort, wo sie reichlich Nahrung finden. Einige von ihnen erkunden daneben aber auch weniger günstige Futterquellen; so lernen sie, welche Alternativen sich ihnen bieten, falls ihre Hauptnahrung plötzlich versiegt. Tiere, die sich so verhalten, sind im Nachteil, wenn dieser Notfall nie eintritt, weil sie weniger Nahrung aufnehmen können als ihre Artgenossen. Doch da sich in der Natur oft Bedingungen unvermutet ändern, schadet ein gewisses Maß an Entdeckergeist nicht. Wer mehr weiß, kann sich auf neue Situationen wesentlich besser einstellen.

Informationen über lohnende Nahrungsquellen können sich Tiere durch eigene Erfahrung beschaffen, aber auch auf völlig andere Weise. Recht einfach gelingt dies Meeresvögeln wie Trottellummen, Dreizehenmöwen und Eissturmvögeln, die in großen Kolonien leben. Dort herrscht ein ständiges Kommen und Gehen, und die Vögel müssen nur beobachten, wer mit gefülltem Kropf heimkehrt und aus welcher Richtung er kommt, um dann selbst in der Hoffnung auf einen reichen Fischzug dorthin loszufliegen. Das Leben in der Kolonie erspart den Vögeln somit viele erfolglose Flüge.

Ähnlich orientieren sich auch Geier, die hoch in der Luft kreisen, während sie nach toten oder verendenden Tieren spähen. Gleichzeitig beobachten sie jedoch andere Geier in der Umgebung und verfolgen deren Bewegungen. Sobald einer ihrer Artge-

Weißrückengeier finden ihre Nahrung, indem sie nach Artgenossen Ausschau halten, die sich an einem Kadaver niederlassen.

Wo zahlreiche Seevögel sich den Bauch vollschlagen, finden Zwergwale große Fischschwärme; deshalb halten sie nach solchen Vögeln Ausschau, indem sie den Kopf aus dem Wasser heben.

Ein Kiefernhäher, der im Sommer Samen versteckt, muß über ein gutes Ortsgedächtnis verfügen, um diese im Winter wiederfinden zu können.

nossen zu Boden gleitet, fliegen sie an die betreffende Stelle, da sie dort einen Kadaver vermuten. Innerhalb kürzester Zeit finden sich auf diese Weise zahlreiche Geier ein, sogar aus bis zu 50 km Entfernung.

Vögel, die sich in großer Zahl an einer Futterquelle versammeln, sind für viele Tierarten ein wichtiger Anziehungspunkt, sogar für Meeressäuger. Zwergwale und einige Zahnwalarten erkunden gelegentlich, was über der Meeresoberfläche vorgeht, indem sie kurz den Kopf aus dem Wasser heben und sich umsehen. Fällt ihnen eine geschäftige Vogelschar ins Auge, wissen die Wale, daß sich an dieser Stelle ein Fischschwarm tummelt.

Notrationen

Üppige Nahrungsquellen finden viele Tiere nur zu bestimmten Jahreszeiten; im kargen Winter müssen sie auf Vorräte oder auf schwer zu erreichendes Futter zurückgreifen. Manche Bewohner der kalten Klimazonen legen in der Zeit des Überflusses Lager an (siehe auch Seite 78–83). Dazu gehören beispielsweise der nordamerikanische Kiefernhäher und der eurasische Eichelhäher. Sie verstecken im Sommer nahrhafte Samen an verschiedenen Stellen. Das Problem dabei ist, daß sie sich erinnern müssen, wo sie die Lager angelegt haben. Jeder Kiefernhäher vergräbt bis zu 33 000 Kiefernsamen in unzähligen Lagern mit jeweils zwei bis fünf Samen. Diese Verstecke wiederzufinden, bedeutet eine gewaltige Gedächtnisleistung für den kleinen Vogel. Er bezieht sich dabei auf markante Objekte in der Landschaft. Wird einer dieser Orientierungspunkte in der Nähe eines Versteckes leicht versetzt, sucht der Häher das Lager um die gleiche Distanz daneben. Die Kiefernhäher orientieren sich wie fast alle Vögel bei der Suche nach Freßbarem nur mit den Augen.

Andere Tiere haben bestimmte Techniken entwickelt, um an ihre Nahrung zu gelangen. Zu diesen Spezialisten gehört der Bartgeier, der im südlichen Europa und in Teilen Afrikas vorkommt. Er wird häufig von anderen Geiern von den Kadavern verdrängt, bis diese aufgefressen sind. Deshalb hat er eine besondere Nahrung für sich entdeckt: Knochenmark, das andere Geier ver-

INSEKTENJAGD MIT EINEM FINGER

Auf Madagaskar lebt einer der seltensten und seltsamsten Primaten der Erde: das Aye-Aye oder Fingertier. Sein auffälligstes Merkmal ist der extrem verlängerte Mittelfinger, mit dem es seine Nahrung, Insektenlarven, aus Holz oder Früchten herauszieht.

In Eurasien, Amerika und Afrika ernähren sich die Spechte von Maden, die in verrottenden Bäumen leben, doch da es auf Madagaskar keine Spechte gibt, hat das Aye-Aye deren ökologische Nische übernommen. Bei der Nahrungssuche pocht dieser Halbaffe – ähnlich wie ein Specht – sachte gegen die Rinde, um Hohlräume aufzuspüren und festzustellen, was sich darin befindet. Dann öffnet er mit den scharfen Schneidezähnen den Gang und stochert mit seinem langen Finger nach der Beute.

Ähnlich wie ein Specht mit seiner langen, klebrigen Zunge zieht das Aye-Aye mit seinem verlängerten Mittelfinger Insektenlarven aus ihren Gängen in verrottendem Holz. Auch Kokosnüsse kann es damit auskratzen.

Eichelhäher lagern nur gesunde, unbeschädigte Eicheln für den Winter ein, da diese nicht verderben.

schmähen. An diese sehr eiweiß- und fettreiche Nahrung zu gelangen, erfordert jedoch kräftige Kiefer, wie sie die Hyänen besitzen, oder Erfindungsreichtum.

Der Bartgeier ergreift einen markreichen Knochen mit den Fängen, steigt hoch in die Luft und läßt ihn auf einen Felsen fallen. Dabei zerspringt der spröde Kalk, und der Vogel muß nur noch die einzelnen Teile sammeln, an denen nun das Mark freiliegt. Auf diese Weise deckt der Aasfresser einen Großteil seines Nahrungsbedarfs.

Die Trickkiste der Austernfischer

Muscheln sind die Hauptnahrung der Austernfischer, die an den Meeresküsten leben. Verschiedene Arten dieser Weichtiere finden die Vögel in großen Bänken, die sie bei Ebbe plündern können. Zum Knacken der Schalen besitzen sie ein ausgezeichnetes Werkzeug: ihren langen, spitzen, seitlich abgeflachten Schnabel. Er dient ihnen zugleich als Keil, den sie zwischen die Muschelschalen schieben, und als Hebel, um diese aufzustemmen. Die Technik zum Öffnen der Muscheln müssen die Austernfischer erlernen; junge, unerfahrene Vögel schauen den älteren Tieren dabei zu.

Austernfischer wachsen gewöhnlich auf Wiesen und Weiden auf oder in Küstenbereichen, an denen sich keine Muscheln finden. Aus diesem Grund sind die Jungvögel völlig verwirrt, wenn sie im Spätsommer zum ersten Mal eine Muschelbank sehen. Zwar wissen sie, daß sie Nahrung in riesigen Mengen vor sich haben, doch nicht, wie sie diese „ernten“ sollen. Sie verbringen sinnlos viel Zeit mit dem Untersuchen leerer Scha-

Um an das nahrhafte Mark im Inneren der Knochen zu gelangen, läßt der Bartgeier diese aus großer Höhe auf Felsen fallen, so daß sie zerbrechen.

len oder versuchen, ihren Schnabel in Muscheln zu stecken, und bleiben damit in der Beute, die sich schnell wieder schließt, eingeklemmt. Mit etwas Glück schmarotzen sie bei Altvögeln oder ernähren sich von dem, was andere übrig lassen.

Schließlich beginnen sie, genauer zu beobachten, was die Erwachsenen tun. Die Jungen schauen zu, wie diese im Flachwasser herumwaten und nach offenen Muscheln stochern, die gerade Nahrung aus der einströmenden Flut filtern. Ist eine Schale auf einer Seite beschädigt, setzen die Profis an dieser Schwachstelle an. Solche Muscheln erkennen sie aus Erfahrung; sie picken kurz dagegen und hören am Klang, welche Schalen dünn und damit leicht zu knacken sind.

Obschon Austernfischer mehrere Techniken erlernen, bevorzugen die Vögel gewöhnlich eine bestimmte Methode, die sie meist anwenden. Es gibt Stecher, die ihren Schnabel wie einen Dolch zwischen die Schalen zwängen, und Hämmerer, die eine Hälfte zertrümmern, wobei sie sich bei Muscheln mit ungleichen Schalen stets entweder die Rücken- oder die Bauchseite vornehmen. Gleichgesinnte Vögel bilden häufig Gruppen, die gemeinsam fressen.

Bis zum Winter beherrschen die Jungvögel die wichtigsten Techniken und sind im Knacken von Muscheln bald so geübt wie ihre Eltern. Nun folgt eine zweite Lernphase. Die Altvögel, die bis zu diesem Zeitpunkt die Anwesenheit der Halbwüchsigen geduldet haben, ändern ihr Verhalten: sie greifen alle jungen Konkurrenten an und entwenden ihnen die Beute, sobald sie diese geöffnet haben. So können sie sich zwischen den Gezeiten ausruhen, während die hungrigen Jungen pausenlos Nahrung suchen – schließlich brauchen sie zum Überleben 50–100 Muscheln am Tag. Um den lästigen Alten auszuweichen, ziehen sie sich oft an Flußmündungen zurück oder stöbern landeinwärts auf Äckern nach Regenwürmern.

Im darauffolgenden Frühjahr kehren alle Austernfischer zu den Muschelbänken zurück, wo sie um die Leckerbissen wetteifern. Die jungen Tiere setzen zunächst die Dolchmethode ein, mit 3–4 Jahren aber satteln rund zwei Drittel von ihnen auf die Hammermethode um, eine besonders effiziente Technik, die sie durch Nachah-

Junge Austernfischer, hier ein Vertreter der nordamerikanischen Art, lernen das Muschelknacken, indem sie erfahrenen Vögeln dabei zusehen.

FREIBEUTER DER LÜFTE

Luftpiraten gibt es unter Möwen, Raubmöwen, Krähen sowie einigen Greifvögeln. Als Wissenschaftler in Irland die Nahrungsaufnahme von Sturm- und Lachmöwen auf einer Müllhalde untersuchten, sahen sie, daß die größeren Sturmmöwen sich den Schnabel kaum schmutzig machten; sie ließen lieber ihre kleineren Verwandten die ganze Arbeit allein verrichten. Sobald eine Lachmöwe etwas gefunden hatte, das zu groß war, um es auf einmal zu vertilgen, versuchten es ihr die Sturmmöwen abzujagen.

Auch die afrikanischen Schreiseeadler berauben kleinere Vögel, z. B. Eisvögel, Pelikane, Reiher und Fischadler, ja sogar ihre eigenen Jungen und den Partner. So wissen die Adler, daß der Goliathreiher, der größte Reiher, mit seinem enormen Schnabel die größten Fische fängt. Wenn er Beute gemacht hat, schießt häufig ein Schreiseeadler heran und schnappt ihm die Nahrung weg, bevor sie der Jäger verschlingen kann.

Nicht wenige Tierarten ergänzen ihren Speisezettel mit leicht erjagter Beute, die sie anderen stehlen. Manchen bietet das Freibeutertum sogar die Hauptnahrung. Nur schnelle, sehr wendige Flieger können allerdings dabei Erfolge erzielen. Zu ihnen gehört der Fregattvogel, ein vollendeter Luftjäger; er kann Nahrung mit erstaunlicher Genauigkeit von der Wasseroberfläche schnappen, ohne abzubremsen. Wenn sein gewohntes Futter knapp ist, setzt er jedoch seine Gewandtheit ein, um andere Meeresvögel, beispielsweise Tölpel, die selbst recht gute Flieger sind, zu verfolgen. So heftig bedrängen die Fregattvögel die Tölpel, daß diese keinerlei Fluchtversuche unternehmen können. Die Piraten ziehen ihre Opfer am Schwanz und jagen sie ins Meer, bis sie ihren Fang auswürgen; manchmal bestehlen sie sogar Tölpeleltern beim Füttern ihrer Jungen.

Luftpiraterie lohnt sich nur, wenn der Vogel nicht zuviel Energie darauf verwenden muß, und kann in der Regel lediglich die selbst gesuchte Kost ergänzen. Daher müssen junge Piraten mehr als eine Art des Nahrungserwerbs lernen. Es dauert seine Zeit, bis sich etwa ein Fregattvogel am Himmel so perfekt bewegen kann, daß er anderen guten Fliegern überlegen ist.

Seeadler, wie die Weißkopf-Seeadler auf diesem Bild, fliegen so gewandt, daß sie Fischadlern ihre Beute entreißen können.

mung von den Eltern und anderen Altvögeln lernen. Durch diese Erfahrung werden die angeborenen Fähigkeiten der Vögel ergänzt; beides spielt eine entscheidende Rolle für ihr Überleben.

Betrügerische Wächter

Manche Tiere wenden ganz andere Tricks an, um an ihre Nahrung zu kommen: sie täuschen ihre Konkurrenten und nutzen deren Verwirrung zum eigenen Vorteil. Zu den gerissensten Schurken der Vogelwelt gehören einige Arten der südamerikanischen Ameisenvögel.

Diese Vögel verfolgen die gefürchteten Treiberameisen auf ihren Beutezügen und ernähren sich von den Insekten, die vor den vielen tausend winzigen Räubern die Flucht ergreifen. Es gibt viele Ameisenvogelarten, und jede hat ihren festen Platz. Dominante Vögel fliegen vor den Ameisen her und picken die besten Leckerbissen auf, während sich die rangniederen mit den ungünstigeren Positionen an der Seite und am Schluß begnügen müssen. In den Bäumen begleiten andere Vogelarten die Prozession, wobei sie von den Diensten der Ameisenvögel profitieren, die die ganze Gesellschaft frühzeitig vor angreifenden Greifvögeln warnen.

Einige Arten nutzen indes das Vertrauen, das in ihre Warnrufe gesetzt wird, schamlos aus, um Konkurrenten zu betrügen. Sie täuschen vor, besonders aufmerksame Wächter zu sein, die jeden Feind früher als alle anderen sehen. Wenn eine Heuschrecke im Gras hochhüpft und ein gefiederter Rivale sie sich gerade schnappen will, geben diese Ameisenvögel falschen Alarm, so daß der andere Vogel erschrickt und vor der vermeintlichen Gefahr Reißaus nimmt. Die Betrüger verspeisen unterdessen die Beute.

3 ÜBERLEBENS-STRATEGIEN

Im Mississippidelta machen Nashornpelikane gemeinsam Jagd auf Fische.

Jede Tierart hat im Lauf ihrer Stammesgeschichte einen eigenen Weg gefunden, um sich gegen andere Arten zu behaupten. Viele Tiere bilden Teams, in denen jedes Mitglied eine bestimmte Aufgabe übernimmt, und verbessern damit ihren Jagderfolg oder können sich leichter vor Gefahren schützen, denn in der Masse finden die Einzelnen mehr Sicherheit. Manchmal kann dies jedoch auch von Nachteil sein, etwa im Winter, wenn die Nahrung knapp ist und große Herden nicht satt werden. Um solche kritischen Phasen zu überleben, haben die Tiere ebenfalls Strategien entwickelt: Einige fressen sich vorher ein Fettpolster an, andere lagern Vorräte ein. Neben solch „seriösen“ Methoden wenden besonders pfiffige Exemplare sogar Lug und Trug an, um sich Vorteile zu verschaffen.

Buckelwale steigern durch Kooperation ihren Erfolg.

GEMEINSAM GEHT ES BESSER

Wenn Löwen oder Wölfe gemeinsam auf die Jagd gehen, nimmt jedes Tier ohne vorherige Absprache seinen Platz an der richtigen Stelle ein. Ihre Opfer verbünden sich ebenfalls: Indem sie sich den Angreifern als Gruppe entgegenstellen, können sie diese häufig in die Flucht schlagen.

Lautlos sammeln sich die Jäger – fünf erfahrene Tiere und ein Neuling – auf dem Waldboden und nehmen ihre Positionen ein. Sie beobachten eine Gruppe Stummelaffen, die hoch oben in einem Baum sitzen und sich nichtsahnend junge Blätter und süße Früchte schmecken lassen. Die Affen springen von Ast zu Ast, wobei ihr langes, auffallend schwarz-weiß gefärbtes Fell durch das Geäst leuchtet. Zwar sehen sie, daß der jüngste der Jäger langsam einen Baum erklimmt, aber er scheint harmlos; dennoch ist den Stummelaffen die Sache nicht ganz geheuer, und sie werden mit der Zeit unsicher.

Langsam postieren sich zwei weitere Mitglieder der Jagdgemeinschaft links und rechts von der Affengruppe, um ihr den Fluchtweg abzuschneiden. Die Stummelaffen sind so damit beschäftigt, diese Vorgänge zu verfolgen, daß sie nicht bemerken, wie der geübteste der Jäger einen Baum vor ihnen erklettert und sich zwei andere zum Überfall bereit machen. Unter lautem Geschrei erstürmen die beiden Angreifer nun die Bäume, und die zwei, die rechts und links der Opfer gewartet hatten, brechen gleichzeitig lärmend durchs Geäst, so daß die Stummelaffen erschreckt davonstieben. Dabei müssen sie die Gasse zwischen den beiden seitlichen Verfolgern passieren. In diesem Augenblick springt der vor ihnen im Hinterhalt liegende Helfer aus der Deckung, die flüchtenden Affen zögern

Stummelaffen bewegen sich in den Baumwipfeln wesentlich flinker als Schimpansen; nur in Teamarbeit können die Menschenaffen sie daher fangen.

Von ihrer Mutter lernen junge Löwen die Jagd im Team. Wenn sie erfolgreich waren, frißt sich die ganze Gruppe an der Beute satt.

und geraten in Panik, so daß die Angreifer aufschließen und ein Opfer aus der Gruppe ergreifen können. Im Alleingang hätten die Jäger keinen der flinken Affen fangen können, doch gemeinsam in einem gut organisierten Team mit einer raffinierten Taktik aus Überraschung und Verwirrung war ihnen der Erfolg gewiß. Die Beute teilen die Jäger unter sich auf, und auch andere Gruppenmitglieder erhalten mehr oder weniger große Stücke.

Dieser ausgeklügelte Angriff wurde von Schimpansen durchgeführt, und die Szene spielte im Tai-Wald in Elfenbeinküste. Daß die Menschenaffen kleine bis mittelgroße Säugetiere fressen, die sie selbst gejagt haben, beschrieb zuerst Jane Goodall aus Tansania. Später bestätigten Verhaltensforscher dies auch für andere Gebiete. Vorher hatten die Wissenschaftler angenommen, daß sich diese Menschenaffen nur von pflanzlicher Kost ernährten, doch das Bild von den harmlosen Fruchtfressern mußte korrigiert werden. Inzwischen stellte sich heraus, daß Schimpansen nicht nur Stummelaffen und andere Beutetiere im Team jagen, sondern auch regelrechte Kriege gegen Artgenossen führen.

Jagdgemeinschaften

Um ihre Bewegungen und Handlungen bei einer gemeinschaftlichen Jagd mit den anderen Teilnehmern abzustimmen, setzen Tiere verschiedene Sinne ein. Löwen beispielsweise verlassen sich auf Augen, Nase und Ohren, Treiberameisen dagegen verständigen sich durch Berührungen, Klopfsignale und Düfte. Im „Gespräch" mit den Teamkollegen übernehmen die Individuen ihre Aufgabe.

Viele Tiere können sowohl einzeln als auch gemeinsam jagen. Häufig richtet sich ihre Strategie nach der Größe der Beute: kleine Opfer erlegen sie allein, große im Team. Bei schwergewichtigen Beutetieren erhöht sich der Erfolg, je größer die Jagdgemeinschaft ist. Wenn eine einzelne Löwin ein großes Huftier angreift, etwa ein Gnu oder ein Zebra, überwältigt sie es nur in jedem siebten Fall; eine kleine Gruppe von drei oder mehr Tieren kann dagegen jedes dritte Opfer erlegen. Durch Arbeitsteilung verdoppelt eine Löwin somit ihre Chancen, erfolgreich Nahrung zu erbeuten.

Oft beginnen die Raubkatzen ihre Jagd bei Sonnenuntergang. Die Weibchen legen sich auf ihren Ruheplatz auf einer Anhöhe und lassen die Blicke schweifen. Dank ihres gelbbraunen Felles sind sie zwischen dem trockenen Savannengras kaum zu sehen. Gespannt beobachten sie, wie eine Gnuherde auf der Suche nach neuen Weidegründen vorüberzieht. Am Rand des Verbandes sehen sie einige langsame und hinkende Tiere sowie Kälber, die ihren Müttern hinterherstaksen; auf eines davon werden sie ihren Angriff konzentrieren.

Auf leisen Sohlen schleicht sich nun eine der Löwinnen durch eine Senke unbemerkt auf die andere Seite der Herde, um dem Opfer den Fluchtweg abzuschneiden. Unterdessen nähern sich die anderen Teilnehmer der Jagdgemeinschaft geduckt dem Beutetier. Sie verteilen sich, die Köpfe starr geradeaus gerichtet und die Augen auf das Ziel geheftet. Eine Kuh, die ihr Junges säugt, blickt auf, bereit, bei der geringsten Gefahr zu fliehen. Doch die Löwinnen verharren reglos und werden nicht bemerkt.

Wenn die Späherin ihre Position erreicht hat, kauert sie sich nieder und wartet. Langsam schließen die anderen Jäger auf – sie müssen sich ihrer Beute bis auf 30 m nähern, damit sie ihnen nicht entkommt – und springen schließlich aus der Deckung. In panischer Flucht stieben die Gnus davon, und die Löwen nehmen die Verfolgung auf. Über kurze Strecken können sie dabei ein Höchsttempo von 58 km/h erreichen. Die Raubtiere konzentrieren sich auf einen alten Bullen, den sie von der Herde abdrängen und direkt auf die lauernde Löwin zutreiben. Mit einem kräftigen Prankenhieb reißt diese das Gnu zu Boden und drückt ihm die Luftröhre ab oder verbeißt sich in seine Schnauze, bis das Opfer kein Lebenszeichen mehr von sich gibt. Inzwischen sind die übrigen Löwinnen herbeigeeilt und helfen mit, das Opfer zu überwältigen.

Sobald die Katzen das Gnu zur Strecke gebracht haben, tauchen auch die Männchen des Löwenrudels auf. Nach einem kurzen, heftigen Gerangel mit Knurren und Tatzenhieben beginnen sie als erste mit dem Mahl. Danach sind die Weibchen an der

Gemeinsam können Löwinnen auch Beutetiere überwältigen, die wesentlich größer sind als sie selbst, beispielsweise ausgewachsene Gnus. Die Junglöwen versuchen bereits tatkräftig mitzuhelfen.

Während Kojoten kleine Beutetiere allein fangen, schließen sie sich zur Jagd auf Hirsche oder Schafe mit Artgenossen zusammen.

Reihe, und schließlich machen sich die Jungen über die Reste her – sofern sie nicht von ungebetenen Gästen gestört werden. Aasfresser wie Hyänen oder Geier warten nämlich nur darauf, sich der Beute zu bemächtigen, und gegen eine Gruppe hungriger Hyänen können die jungen Raubkatzen nichts ausrichten. Nur zusammen mit den übrigen Rudelmitgliedern können sie sich die Diebe vom Leib halten.

Bei der gemeinschaftlichen Jagd erzielen die Löwen zwar häufiger Erfolge, doch diese Methode hat einen gravierenden Nachteil: die Nahrung muß auf viele Tiere verteilt werden, so daß jedes einzelne Gruppenmitglied weniger von der Beute erhält, als wenn es allein jagen würde. Manche Raubtiere, beispielsweise die nordamerikanischen Kojoten, jagen ihre Hauptbeute einzeln, und nur wenn sie ein besonders großes Tier erlegen wollen, verbünden sie sich mit Artgenossen.

Ein entschlossener Jagdverband

Ebenso wie die Löwen begeben sich die Afrikanischen Wildhunde in einem gut organisierten Rudel auf Nahrungssuche. Sie können daher Beutetiere angreifen, die zehnmal so groß sind wie sie selbst. Gejagt wird vorwiegend in der Dämmerung, doch gelegentlich auch in klaren, mondhellen Nächten oder an trüben Tagen. Bevorzugte Opfer der Hunde sind z. B. Antilopen oder Zebras. Wie alle Raubtiere erbeuten sie die schwachen, alten, kranken und jungen Tiere, nachdem sie diese durch genaue Beobachtung ausgemacht haben.

Im Trab setzt sich das Wildhundrudel in Bewegung. Sobald die Tiere ein Opfer ausgewählt und von der Herde abgedrängt haben, heften sich einige der Jäger an seine Fersen, während die übrigen nebenherlaufen oder sich hinter der Beute verteilen. Wenn die ersten Verfolger müde werden, lassen sie sich zurückfallen, und zwei andere übernehmen ihre Rolle. Auf diese Weise können die Hunde ihr Opfer konstant mit bis zu 70 km/h mehr als 5 km weit hetzen. Schließlich ist das verfolgte Tier völlig erschöpft und bleibt stehen, woraufhin die Räuber es sofort angreifen. Einer schnappt nach dem Schwanz, der zweite verbeißt sich in die Schnauze, und der Rest der Meute stürzt sich auf die Weichteile. Dem noch lebenden Opfer reißen die Wildhunde den Bauch auf, um die Eingeweide herauszuziehen und zu fressen.

Ein ausgewachsenes Zebra liefert Nahrung für die ganze Gruppe, und sogar für Geier, Marabus und Schakale, die sich zu einem solchen Festmahl unweigerlich einfinden, bleibt noch etwas übrig. Kleinere Beutetiere wie Impalas vertilgen die Hunde in weniger als 10 Minuten vollständig; nur die Knochen lassen sie liegen.

Afrikanische Wildhunde: In der Gruppe sind sie unschlagbar.

Beim Bau warten derweil schon die Welpen auf ihren Anteil. Überschwenglich begrüßen sie die heimkehrenden Tiere, laufen zu ihnen hin und lecken ihnen über das Gesicht. Dieses Verhalten veranlaßt die vollgefressenen Jäger, etwas Fleisch auszuwürgen – eine reflexartige Handlung, die sie nicht willentlich steuern können. Im Alter von 3 Monaten sind die kleinen Wildhunde in der Lage, ihre erwachsenen Gruppengenossen bei der Nahrungssuche zu begleiten und durch Zuschauen die bewährten Methoden zu erlernen. Bald schon werden auch sie sich in die disziplinierte, perfekt koordinierte Jagdgemeinschaft einfügen.

Raffinierte Fischfangmethoden

Nicht nur an Land bilden zahlreiche Tierarten Jagdgemeinschaften, sondern auch im Meer. Sogar die gewaltigen Bartenwale arbeiten gelegentlich zusammen, allerdings nicht, um besonders große Opfer zu überwältigen, sondern um kleine Beute in großer Zahl aufnehmen zu können. Dies ist für die Buckelwale lebenswichtig: Sie müssen während des kurzen Polarsommers riesige Mengen von kleinen Krebsen oder Fischen fressen (1–2 t pro Tag), weil sie auf ihren Wanderungen und in ihren Fortpflanzungsgebieten kaum Nahrung finden.

Um möglichst viele Beutetiere auf einmal aufnehmen zu können, fangen die Buckelwale sie in „Netzen" aus Luftblasen. Dazu tauchen die Meeresriesen tief unter einen Fischschwarm und schwimmen im Kreis, wobei sie Luft ausstoßen. Unzählige Blasen steigen langsam zur Oberfläche und bilden so einen schlauchförmigen Vorhang, in dem die Fische gefangen sind. Anschließend fressen die Wale ihre Beute, indem sie ihr Maul aufsperren und durch den Schwarm zur Oberfläche aufsteigen. Wenn es gefüllt ist, schließen sie es, pressen das Wasser durch die Barten hinaus und schlucken die Nahrung.

Oft beteiligen sich mehrere Buckelwale an dieser Methode des Beutefanges. Einige Tiere produzieren dabei den Vorhang aus Luftbläschen, der bis zu 22 m im Durchmesser erreicht, während sich eines den Bauch vollschlägt. In der nächsten „Runde" wechseln die Rollen.

Rosapelikane drängen Fische gemeinsam in seichtes Wasser, wo sie sie mühelos fangen können.

Jeder „Schluck", den die Buckelwale zu sich nehmen, enthält unzählige Beutetiere. Auch diese Tiere jagen gelegentlich in Gruppen.

Manche Seevogelarten gehen ebenfalls gemeinsam auf Fischjagd, wobei sie sich im Unterschied zu den Walen nicht auf eine spezielle Technik, sondern auf ihre große Zahl verlassen. Dicht an dicht auf dem Meer schwimmend, bilden z. B. Weißrückenkormorane einen riesigen Teppich. Während sie auf den Wellen treiben, taucht immer wieder eines der Tiere mit dem Kopf unter Wasser und hält nach Fischen Ausschau. Sobald ein Schwarm gesichtet wird, gehen die Vögel auf Tauchkurs und eröffnen die Jagd. Dem anschließenden Getümmel unter Wasser entrinnt kaum ein Fisch; wenn er gerade einem Schnabel ausgewichen ist, schwimmt er direkt auf den nächsten zu. Durch diesen Zusammenschluß erhöhen die Vögel ihre Chance, in der weiten See Beute aufzuspüren und zu fangen.

Auch die stattlichen Pelikane schließen sich zu Jagdgruppen zusammen. Etwa sechs Tiere bilden eine Hufeisenformation und drängen Fische mit ihren untergetauchten Schnäbeln ins flache Wasser, während sie langsam vorwärtsschwimmen. Wenn die Fische nicht mehr flüchten können, schöpft sich jeder Pelikan seinen Teil aus dem Schwarm der Beutetiere.

Sicherheit in der Menge

Zusammenhalt und Arbeitsteilung nützen nicht nur den Jägern, sondern auch ihren Beutetieren. In einem großen Schwarm oder einer Herde sind diese den Angriffen ihrer Feinde weniger ausgesetzt, als wenn sie allein leben. Nur selten stellt eine große Gruppe einen Nachteil dar – beispielsweise wenn sie Buckelwalen, die einen Blasenvorhang produzieren, oder einem straff organisierten Wolfsrudel gegenübersteht.

Wenn sich viele Tiere zusammenschließen, etwa bei Gänsen oder Straußen, übernehmen in der Regel immer einige die Wächterrolle. Während die anderen fressen, spähen sie nach Gefahren aus und warnen ihre Gruppengenossen, sobald ihnen etwas verdächtig scheint. Nach einiger Zeit werden die Posten abgelöst, so daß alle Mitglieder des Verbandes irgendwann an die Reihe kommen. So können die Tiere in Ruhe Nahrung aufnehmen. Sollte es einem einzelnen Räuber dennoch gelingen, sich dicht genug für einen Angriff heranzuschleichen, ist er vom Durcheinander im Schwarm meist so verwirrt, daß er nicht weiß, welches Tier er verfolgen soll, und ihm daher alle entkommen.

Manche Tiere verteidigen sich auch gemeinsam. Beim Angriff eines Wolfsrudels formen Moschusochsen mit ihren Leibern einen Schutzring, in dessen Mitte sie die Jungen einschließen. Ihre spitzen Hörner

Erwachsene Moschusochsen bilden mit ihren mächtigen Körpern einen fast undurchdringlichen Schutzring gegen angreifende Wölfe und verteidigen die schwächeren Gruppenmitglieder mit ihren spitzen Hörnern.

AUCH BEIM SCHLAFEN: AUGEN AUF!

Vielen Tieren droht nicht nur tagsüber, sondern auch in der Nacht Gefahr. Um Feinden zu entgehen, suchen Vögel zum Übernachten Schutz auf Vorsprüngen und Bäumen, im Gebüsch oder im Schilf. Sie schlafen nicht durch, sondern öffnen gelegentlich ein Auge zum Sichern. Je mehr Vögel gemeinsam nächtigen, um so seltener müssen die einzelnen auf Feinde achten.

An der Themse bei Oxford stellten Vogelforscher fest, daß sich eine Schar Enten allnächtlich zum Schlafen auf einen alten Landungssteg zurückzog. Die Tiere, die näher am Ufer – und bei der Gefahr – saßen, sicherten viel öfter als jene am Ende des Steges. Wächter, die diese Aufgabe für die ganze Gruppe übernehmen, gibt es bei den Enten nicht.

Ebenso wie Enten halten Kanadagänse beim Ruhen stets ein Auge offen, um Gefahren zu erkennen.

sind dabei nach außen gerichtet und den Feinden drohend entgegengestreckt.

Es kommt häufig vor, daß Tiere ihre Feinde angreifen, wenn sie diesen zahlenmäßig weit überlegen sind. Singvögel, die von einer Eule oder einem Greifvogel bedroht werden, sammeln sich in lärmenden Scharen und vertreiben so den Störenfried; Krähen bedrängen Bussarde auf die gleiche Art, und Seeschwalben oder Möwen schießen auf Eindringlinge nieder, die sich zu dicht an ihr Nest wagen. Allerdings ist dieses Verhalten nicht ganz ungefährlich, denn der bedrohte Jäger kann seinerseits einen der lautstarken Kämpfer ergreifen und töten. Der Schwarm muß nahe genug herankommen, um den Feind zu ärgern, aber nicht so nahe, daß eines der Tiere geschnappt wird.

Partnerschaften zu gegenseitigem Nutzen

Zwischen verschiedenen Arten herrscht jedoch nicht immer Konkurrenz oder offene Feindschaft, sondern manchmal auch eine enge Gemeinschaft, die beiden Seiten Vorteile bringt. Einige kleine Fische etwa arbeiten an bestimmten Stellen in Korallenriffen oder an Steilklippen in sogenannten Putzerstationen. Große Fische wie Zackenbarsche, Mantas und Haie stehen dort Schlange, um sich von den Putzern pflegen zu lassen, die an einem blauen Streifen auf ihrem langen, schmalen Körper sowie einer auffällig wippenden Schwimmweise erkennbar sind. Die gefährlichen Räuber werden zahm, solange die Putzerfische sie von Parasiten, Nahrungsresten und abgestorbenen Schuppen befreien. Ohne daß ihnen das Geringste geschieht, können die Putzer den „Kunden" ins Maul und zwischen die Kiemen schwimmen. Manche Fische reisen sogar kilometerweit zu einer solchen Körperpflege, und wahrscheinlich sind Putzer für die Gesundheit der Riffgemeinschaft unverzichtbar. Wo sie entfernt werden, sterben schon bald viele größere Fische an Pilzkrankheiten, und ihre Bestände gehen merklich zurück.

Nicht nur Fische arbeiten als Putzer, sondern auch Garnelen. Sie winken mit ihren langen Gliedmaßen, um Kunden anzulocken. Dann kriechen die Krebstiere in deren weit geöffnetes Maul und unter die abgespreizten Kiemendeckel, um diese Stellen zu reinigen. An Land übernehmen meist Vögel die Putzerrolle, z. B. Krokodilwächter, die Egel aus dem Maul der Krokodile picken, oder Madenhacker, die große Huftiere von Parasiten befreien.

Zackenbarsche lassen sich an „Putzerstationen" von den kleinen Meerschwalben das Maul reinigen. Ihre charakteristische Zeichnung schützt die Putzerfische vor dem Gefressenwerden.

ERERBTES VERHALTEN ODER WEITSICHT?

Viele Tiere der gemäßigten Zonen müssen Vorsorge treffen, damit sie den Winter überleben. Sommer und Herbst mit ihrem reichhaltigen Nahrungsangebot nutzen sie, um Vorräte einzulagern – entweder als Fettschicht am eigenen Körper oder als Reserven in verborgenen Lagerstätten.

In vielen Lebensräumen gibt es regelmäßig Überfluß- und Mangelperioden. Um Sommer und Winter, Regen und Trockenheit unbeschadet zu überstehen, müssen die Tiere oft sehr anpassungsfähig sein. Sich auf magere Zeiten richtig vorzubereiten, ist unerläßlich. Der Mensch plant bewußt voraus; ob auch Tiere dazu in der Lage sind, konnten die Wissenschaftler noch nicht feststellen. Jedenfalls legen zahlreiche Arten in guten Tagen Futtervorräte für Notzeiten an und nutzen dabei verschiedenste Methoden.

Was veranlaßt ein Tier, Vorräte zu hamstern, statt sie sofort zu fressen? Neben der Jahreszeit löst vermutlich auch die jeweils vorhandene Nahrungsmenge dieses Verhalten aus. So beginnt die nordamerikanische Hirschmaus, mehr Futter zu horten, wenn im Herbst die Temperatur stetig sinkt und die Tage kürzer werden. Durch dieses Verhalten ist der kleine Nager im Winter seinen Konkurrenten, die keine Vorratshaltung betreiben, überlegen.

Vergrabene Schätze

Häufig töten Raubtiere, wenn sie die Gelegenheit dazu haben, wesentlich mehr Beutetiere, als sie fressen können. Dieses Verhalten, der sogenannte Blutrausch, ist ihnen angeboren. So bringt ein Fuchs, der in einen Hühnerstall gelangt, nicht nur ein oder zwei Vögel um, sondern so viele wie möglich. Einen Teil der Beute verzehrt er, einige weitere Tiere lagert er ein, indem er sie an verschiedenen Stellen in seinem ganzen Territorium vergräbt; bei schlechten Jagdergebnissen in den folgenden Tagen kehrt er dorthin zurück und frißt die Kadaver.

Ähnlich reagieren auch einige Großkatzen wie Wüstenluchse, Schneeleoparden und Leoparden, wenn sie Schafe reißen, oder Löwen, wenn sie Rinder töten. Luchse erbeuten häufig mehrere Hasen und verstecken die Kadaver, die übrig bleiben, indem sie sie mit Gras, Laub, Erde oder sonstigem lockeren Material bedecken. Im Winter vergraben die Katzen ihre Fleischvorräte im Schnee an verschiedenen Orten.

Diese Art der Vorratshaltung entwickelte sich bei vielen Tierarten, etwa bei Vögeln wie Krähen, Kleibern, Meisen, Eichel- und Tannenhähern, aber auch bei Säugern wie Füchsen und Hörnchen. Manchmal wird tierische Kost gelagert, meist jedoch Samen und Nüsse, die lange genießbar bleiben. So heben Grauhörnchen Löcher im Boden aus, in denen sie ihre Nüsse verstecken. Danach bedecken sie ihre Lager sorgfältig mit wel-

Wenn er die Möglichkeit hat, reißt der Rotfuchs mehrere Beutetiere hintereinander und vergräbt einen Teil als Vorrat für die nächsten Tage.

Auch der Luchs lagert überzählige Beute ein, nachdem er sich satt gefressen hat – besonders im Winter, wenn seine Nahrungssuche oft erfolglos bleibt.

kem Laub und anderen Pflanzenteilen. Afrikanische Erdhörnchen sammeln für magere Zeiten Samen, graben ein Loch und klopfen die Nahrung mit den Schneidezähnen hinein; dann scharren sie mit den Vorderpfoten das Loch zu und tarnen die Stelle mit einem sorgsam plazierten Blatt.

Während das Verstecken der Vorräte den Tieren keine Schwierigkeiten macht, fällt es ihnen häufig schwer, sich an die Standorte ihrer Lager zu erinnern. Damit sie diese wiederfinden, müssen sie sich Geländemarken im Umkreis jedes Versteckes einprägen.

Zu leicht dürfen die Vorräte allerdings nicht zu entdecken sein, da sie sonst von Konkurrenten geplündert werden. Indem die Tiere mehrere Lager über ein großes Gebiet verteilen, verringern sie die Gefahr, daß sie all ihre Nahrung auf diese Weise verlieren.

Diebstahl ist allerdings nicht das einzige Problem, mit dem die Vorratshalter fertig werden müssen. Die nordamerikanischen Grauhörnchen etwa müssen ihre eingelagerte Nahrung ganz individuell behandeln. Die Nager ernähren sich von den Früchten der Rot- und Weißeichen, die zu unterschiedlichen Zeiten keimen. Während die Samen der Roteiche den ganzen Winter ruhen und erst im Frühjahr wachsen, sprießt aus den Früchten der Weißeiche bereits im Herbst eine lange Pfahlwurzel. Deshalb eignen sich die ersteren ausgezeichnet zum Einlagern als Winterfutter, die Eicheln der zweiten Art dagegen müssen vor dem Vergraben einer Sonderbehandlung unterzogen werden: Die Hörnchen zerstören die Samenanlage, so daß die Früchte nicht mehr keimen und damit ebenfalls den ganzen Winter aufbewahrt werden können.

Ein Rothörnchen nutzt häufig viele Jahre lang dieselben Verstecke.

Gut gelagert für den Winter

Nicht alle Hörnchen horten ihre Nahrung jedoch auf diese Weise. Rot- und Douglashörnchen, die in nordamerikanischen Nadelwäldern zu Hause sind, ernten Zapfen von den Bäumen und lassen sie zu Boden fallen. Dann nehmen sie einen nach dem anderen ins Maul, manchmal auch zwei gleichzeitig, und tragen sie zu sogenannten „Mieten", in deren Umgebung sich Berge aus Deckschuppen und kahlen Zapfenspindeln anhäufen. Diese Vorratslager werden Jahr für Jahr benutzt, wobei jeder Haufen rund 20 Zapfen birgt. Da die Mieten kalt und feucht sind, bleiben die Zapfen geschlossen, und die Samen keimen nicht. Sie halten sich lange Zeit frisch und sind dank der harten Deckschuppen vor diebischen Vögeln und Mäusen sicher. Die Hörnchen verteidigen ihre Mieten vehement gegen jeden Eindringling.

Diese Form der Vorratswirtschaft, bei der die gesammelten Leckerbissen in einem großen Versteck aufbewahrt werden, findet sich auch bei Eichelspechten, Bienen und vielen kleinen Nagetieren. So lagern z.B. Waldmäuse, Wühlmäuse und Streifenhörnchen in einer separaten Kammer des heimi-

Eine Waldmaus hortet Nüsse und Beeren, damit sie im Winter nicht darben muß.

Lagers wagt, von umherstreifenden Hörnchen bis hin zu fremden Artgenossen.

Diebstahlsicherung

Manche Tiere treffen recht ungewöhnliche Vorsichtsmaßnahmen, um zu verhindern, daß Nahrung, die sie nicht sofort verzehren können, entwendet wird. So verstecken die Würger, eine Vogelgruppe, zu der auch der Neuntöter gehört, ihre Beutestücke nicht, sondern spießen sie auf lange Dornen, wo andere sie nicht erreichen.

Zu den Greifvögeln, die ihr Futter ebenfalls zum späteren Verzehr aufbewahren, zählen die Habichte in Kalifornien sowie die Sperber in Großbritannien. Auch diese Tiere legen auf Bäumen oder in Büschen Speisekammern an. Vogelforscher beobachteten beispielsweise einmal ein Sperberweibchen, das im Winter eine Dohle lagerte, die es geschlagen hatte. Nachdem das Tier die Beute gerupft und einen Teil davon vertilgt hatte, versteckte es den Rest in einem Gebüsch und kehrte später fünfmal zurück, bis alles aufgefressen war. Vor allem kleine Greifvögel, die sich gegen ihre großen Verwandten nicht wehren können, müssen ihre Vorräte in Sicherheit bringen, damit sie sie nicht verlieren; sie lagern halb verzehrte Fleischmahlzeiten oft an sicheren Orten.

Von den großen Katzen hat in Ostafrika insbesondere der Leopard unter Dieben zu leiden. Seine Beute lockt Geier an, was wiederum Hyänen und Löwen anzeigt, daß es etwas zu vertilgen gibt. Damit die Aasfresser und Räuber ihn nicht belästigen, schleppt der Jäger den Kadaver auf einen Baum. Dort kann er diesen in Ruhe verspeisen, da die

Die Würger spießen erbeutete Insekten auf Dornen auf, damit sie nicht von Bodenbewohnern entwendet werden.

schen Baues Samen und Nüsse ein. Im Nest einer afrikanischen Hamsterratte fanden Wissenschaftler 1383 Samen des Mwabve-Baumes. Da die Ratten immer nur acht solcher Samen gleichzeitig tragen können, entsprach allein dieser Teil der Vorräte mehr als 170 Streifzügen. Außerdem enthielt das Lager eine große Menge getrockneter Grassamen mit einem Gewicht von insgesamt rund 1,2 kg. Auch in Bauen von Blindmäusen wurden schon über 50 kg Futter gefunden, das in besonderen Speisekammern eingelagert war.

Einige Insekten legen ebenfalls Vorräte an, etwa manche Hummeln, die Pollen und Nektar in selbstgemachte Krüge füllen. Die nordamerikanischen Honigtopfameisen haben sogar lebende Lagergefäße: Zahlreiche Arbeiterinnen werden von den anderen mit Honigtau gefüttert, bis ihr Hinterleib prall gefüllt ist. Diese Nahrung geben sie in der Trockenzeit wieder ab.

Einen erheblichen Aufwand betreiben die nordamerikanischen Eichelspechte, um im Winter nicht hungern zu müssen. Sie hämmern in gleichmäßigen Abständen Hunderte von Löchern in abgestorbene Bäume und stecken in jedes eine Eichel. Wo die Wälder, ihr ursprünglicher Lebensraum, abgeholzt wurden, bohren die Vögel statt dessen Telegrafenmasten an. Sie verjagen jeden potentiellen Dieb, der sich in die Nähe ihres

Lebende Vorratsgefäße für die Trockenzeit sind die „Honigtöpfe" einiger nordamerikanischer Ameisenarten. Die Tiere füllen ihren Kropf mit Honigtau.

großen Raubtiere nicht klettern. So ist die Nahrung sicher verwahrt, auch wenn der Jäger nicht ständig darauf aufpaßt.

Wenn der Leopard seine Beute hoch auf einem Baum in Sicherheit gebracht hat, geht die Hyäne leer aus. Am Boden könnte sie ihm die Mahlzeit entwenden.

Hyänen schaffen Beute, die sie nicht sofort auffressen können, ebenfalls in Verstecke. Bei einem großen Angebot an Nahrung töten sie manchmal wesentlich mehr Tiere, als ihr Magen faßt. So fand ein Wissenschaftler einmal etwa 100 Kadaver von Thomsongazellen, die von einem Hyänenrudel in einer einzigen Nacht umgebracht worden waren. Sintflutartige Gewitterregen hatten die Gazellen an der Flucht gehindert, so daß die Hyänen nur zugreifen mußten. Einige Opfer fraßen sie sofort, andere versteckten sie als Nahrungsvorrat für die nächsten Tage. Damit das Fleisch vor Dieben sicher ist und nicht so schnell verdirbt, deponieren es die Hyänen gern an kühlen Stellen unter Wasser.

Natürliche Konservierung

Für Raubtiere, die kein Aas fressen, stellt die Verderblichkeit ihrer Nahrung in den Tropen ein großes Hindernis für die Vorratshaltung dar. Wesentlich günstiger sind die Verhältnisse in den gemäßigten Breiten und in großen Höhen, wo die Natur mit Frost, Schnee und Eis einen natürlichen Kühlschrank zur Verfügung stellt. So kann im Yellowstone-Nationalpark ein kleines Rudel hungriger Kojoten in der kalten Jahreszeit mehrere Wochen lang von einem Elchkadaver zehren.

Manche Tiere kennen noch andere Methoden, um ihre Nahrung frisch zu halten. Tannenmeisen etwa, die Raupen sammeln, machen diese durch Entfernen des Darmes lagerfähig; aus Blattläusen bilden sie Klumpen, indem sie 20–50 von ihnen zusammendrücken. Maulwürfe horten Regenwürmer in ihren unterirdischen Vorratskammern, und damit diese nicht wegkriechen, beißen sie ihnen das Schwanzende ab.

Rot- und Eichhörnchen bevorzugen als Winternahrung Dörrkost, die den Vorteil einer längeren Haltbarkeit besitzt. Die Nager sammeln Pilze und lassen sie vor dem Einlagern auf einem Ast trocknen. In den Rocky Mountains wurde einmal ein Rothörnchen in einem Drehkieferwald dabei beobachtet, wie es einen großen Schleierling am Stiel abtrennte und mühsam zu einem Baum schleifte. Der Pilz war fast so groß wie das Hörnchen, weshalb es ihn erst in handliche Portionen zerlegen mußte, bevor es die Nahrung in seine Vorratskammer in luftiger Höhe tragen konnte.

Fettreserven

Eine Alternative zum Verstecken von Futtervorräten besteht darin, die Winternahrung „am eigenen Leib“ zu tragen. Viele Tiere

fressen mehr als sie benötigen, wenn der Tisch reich gedeckt ist, so daß die überzähligen Kalorien in Fett umgewandelt und unter der Haut gespeichert werden können. Diese Energiereserven baut der Körper dann in harten Zeiten wieder ab.

Den riesigen Buckelwalen bleiben nur wenige Monate, um sich ein Fettpolster, das für ein ganzes Jahr ausreicht, anzufressen; in der übrigen Zeit fasten sie. Üppige Nahrung finden die Tiere im Sommer in den Polargebieten, während die tropischen Meere, wo sie sich paaren und ihre Jungen zur Welt bringen, nur wenige der Kleintiere enthalten, von denen sich die Wale ernähren. Zwischen diesen beiden Regionen legen sie zweimal im Jahr Tausende von Kilometern zurück. Wenn die Meeressäuger in kalten Gewässern fischen, vertilgen sie ungeheure Mengen von Krill (Krebstieren) und Kleinfischen. Dabei kann ihre Speckschicht, der sogenannte Blubber, 20 cm, bei einigen anderen großen Bartenwalen sogar bis zu 80 cm dick werden.

Auch kleine Tiere, die auf große Wanderschaft gehen, müssen sich vorher Reserven

Sobald die Lachse in großer Zahl zur Fortpflanzung flußaufwärts ziehen, sammeln sich in Alaska die Braunbären an Stromschnellen. Diese Hindernisse müssen die Fische durch hohe Sprünge überwinden, und dabei können sich die Bären mit etwas Geschick vollfressen.

zulegen, um die Reise zu überstehen. Manche Vögel, z. B. die Watvögel aus Südamerika, die zum Brüten bis in die Arktis fliegen, machen unterwegs an bestimmten Rastplätzen Zwischenlandung. Solch ein Rastplatz liegt in der Delaware Bay an der Ostküste der USA, wo die Zugvögel gerade dann eintreffen, wenn die Schwertschwänze zur Eiablage am Strand das Meer verlassen. Für die Vögel sind die Eier eine willkommene Stärkung, bevor sie ihren langen Flug fortsetzen. Besonders erstaunlich ist jedoch die Reiseplanung des Zimtkolibris, der an der nordamerikanischen Westküste lebt. Er erreicht seine Rastplätze immer dann, wenn sich die Blüten, deren Nektar er trinkt, zu öffnen beginnen.

Für die nordamerikanischen Braunbären bietet sich einmal im Jahr eine Gelegenheit, sich nach Belieben vollzufressen. Im Sommer wimmelt es in den Flüssen, die in den Pazifik münden, von Lachsen, die zum Laichen flußaufwärts ihren Heimatgewässern zustreben. An bestimmten Punkten sammeln sich dann die Bären in Scharen am Ufer. Die Einzelgänger werden in dieser Zeit verträglich, denn es gibt mehr als genug Nahrung für alle. Im eiskalten Wasser stehend, schnappen sich die großen Raubtiere einen Lachs nach dem anderen.

GEFAHR IM VERZUG!

Viele Tiere laufen bei Gefahr nicht nur davon, um ihr Leben zu retten, sondern warnen auch noch ihre Artgenossen. Alarmrufe enthalten häufig sehr genaue Informationen; sie können verraten, welcher Feind sich nähert, und sogar eine Fluchtmöglichkeit aufzeigen.

Grüne Meerkatzen, die in Savannen und Galeriewäldern Afrikas leben, müssen sich vor vielerlei Gefahren in acht nehmen; eine große Schlange könnte unbemerkt auf die Gruppe zugleiten und ein Jungtier schnappen, ein Leopard sich anschleichen und einen Erwachsenen reißen oder ein Adler plötzlich aus der Luft herabstoßen und ein Opfer packen. Im dichten Blattwerk der Bäume sind die Meerkatzen vor solchen Feinden sicher, doch wenn sie am Boden nach Nahrung suchen, müssen sie achtsam sein.

Wie alle Affen verständigen sich die geselligen Grünen Meerkatzen durch Körpersprache und akustische Signale. Mit ihren Gruppengenossen tauschen sie verschiedene Laute aus – sie keckern, zirpen, zwitschern und schreien. Außerdem verfügen sie über mindestens drei äußerst wirksame Warnrufe, die sie in ganz bestimmten Situationen einsetzen.

Wenn sich eine Meerkatzengruppe am Boden aufhält, beobachten stets ein oder zwei Tiere die Umgebung. Bei Gefahr warnen sie ihre Artgenossen lautstark mit verschiedenen Rufen, und die Affen reagieren darauf ganz unterschiedlich. Sobald sich ein Leopard nähert, läßt der Wächter ein lautes Bellen hören, und die anderen Tiere flüchten in die Baumwipfel. Wird am Himmel über ihnen ein kreisender Kampfadler entdeckt, huschen auf ein lautes Glucksen hin alle ins Gebüsch. Wohin die Affen flüchten, entscheidet die Jagdweise ihrer Feinde. Leoparden schleichen sich von Strauch zu Strauch an und überraschen ihre Opfer am Boden oder in Büschen, sind jedoch nicht flink genug, um ihnen in die Baumwipfel zu folgen. Greifvögel können Affen am Boden oder auf einem Baum ergreifen, daher ist der sicherste Platz bei einem Adlerangriff ein dichter Strauch.

Vor Schlangen warnen die Meerkatzen mit einem dritten Ruf. Auf ein schrilles Keckern hin richten sich alle Tiere auf und spähen angestrengt nach der Gefahr im Gras. Manchmal vertreiben sie den Störenfried durch einen gemeinsamen Angriff, doch meist halten sie gebührenden Abstand. Solange sie das Reptil sehen können, fühlen sie sich sicher.

Neben diesen drei Hauptnotrufen gibt es wahrscheinlich weitere zur Warnung vor Pavianen, die mitunter Meerkatzen angreifen, und mancherorts sogar einen, der auf Menschen hinweist.

Meerkatzensprache

Eingehende Studien an Grünen Meerkatzen haben gezeigt, daß jeder Warnruf – selbst wenn

Nachdem sie den Schlangen-Warnruf vernommen haben, halten Grüne Meerkatzen aufgerichtet nach einem Reptil Ausschau (links). Löst ein Wächter dagegen den Leopardenalarm aus, flüchten sie in die Bäume (rechts).

der eigentliche Feind nicht sichtbar ist – für die Affen eine bestimmte Bedeutung hat, so daß er fast einem Wort entspricht. Vielleicht unterscheiden sie sogar einzelne Arten von Feinden. So wird der Schlangenalarm bei Pythons, Kobras, Mambas und Puffottern gegeben; für unsere Ohren klingen diese Laute gleich, doch möglicherweise haben die Grünen Meerkatzen zwei grundverschiedene Schlangenalarme – einen für Würge- und einen für Giftschlangen.

Duftalarm bei Ameisen

Insekten warnen sich gegenseitig mit Duftstoffen, sogenannten Pheromonen. Die Rote Waldameise versprüht eine Mixtur aus Ameisensäure und einer speziellen Warnsubstanz, wenn sie sich bedroht fühlt; die Säure schreckt den Feind ab, und mit dem Duftstoff wird Unterstützung angefordert. Dieses Signal breitet sich innerhalb von 13 Sekunden in einem Umkreis von 6 cm aus und ist ca. 35 Sekunden wahrnehmbar. Bis dahin haben andere Arbeiterinnen die Botschaft erhalten und bekämpfen den Eindringling. Wenn viele Ameisen das Pheromon freisetzen, mobilisiert es die gesamte Kolonie.

Die Information, die ein Meerkatzenwort übermittelt, mag nicht so präzise sein wie die menschliche Sprache, doch für die Meerkatzen ist das unwesentlich. Ob ein Adleralarm auf einen Greifvogel oder auf eine bestimmte Fluchtrichtung verweist, wurde noch nicht ergründet, ebenso wie die Frage, ob der Leopardenalarm in erster Linie „Gefleckte Katze" oder „Lauf zu den Bäumen" bedeutet. Wie immer die korrekte Übersetzung lautet – interessant ist in jedem Fall, daß jeder Ruf für einen bestimmten Gegenstand oder Handlungsablauf steht. Die Fähigkeit, sich so detailliert auszudrücken, hatte man bis vor nicht allzu langer Zeit nur für Menschen angenommen.

Alarmübungen für Affen

Bei der Untersuchung der Meerkatzenlaute fragten sich die Wissenschaftler auch, ob die Verwendung solcher sprachähnlicher Signale den Tieren angeboren war oder im Lauf des Lebens erworben werden mußte. Sie beobachteten, daß der Leopardenalarm erwachsener Affen tatsächlich fast immer einem Leoparden gilt, der Greifvogelalarm in der Regel einem Kampf- oder Kronenadler und der Schlangenalarm vorwiegend einem Python. Meerkatzenkinder drücken sich jedoch nicht so exakt aus. Sie melden „Leopard" bei Warzenschweinen, „Adler" bei Tauben und „Schlange" bei Schildkröten. Völlig daneben lag ein kleiner Bursche, der sogar bei einem fallenden Blatt vor einem Adler warnte.

Allerdings äußern sie ihre Alarmrufe bereits in den ersten Lebenstagen nicht ganz zufällig. Leopardenwarnungen ertönen nur als Reaktion auf Tiere am Boden, Schlangenalarm bei langgezogenen Objekten. Die kleinen Affen stoßen offenbar zunächst bei möglichst vielen Gelegenheiten Warnrufe aus, grenzen jedoch später das Spektrum auf die tatsächlichen Feinde ein. Von den Erwachsenen, vor allem den Müttern, erfahren sie, wie man auf Warnrufe reagiert und welche Tiere wirklich gefährlich sind. Gibt eine junge Meerkatze beispielsweise eine Adlerwarnung bei einer Taube ab, sehen die Erwachsenen nach oben, tun jedoch nichts, wenn sie den harmlosen Vogel erkennen. Handelt es sich allerdings um einen Kampfadler, so erheben sie selbst ein lautes Warngeschrei und drängen ihren Nachwuchs, rasch Deckung zu suchen.

Im Rahmen eines Experimentes in Kenia spielten Verhaltensforscher einer Gruppe Grüner Meerkatzen Warnrufe vom Tonband vor, auch einem ganz kleinen Baby, das von seiner Mutter getrennt war. Als das Junge den Adleralarm hörte, schien ihm klar zu sein, daß Gefahr drohte, denn es blickte verwirrt um sich, wußte aber nicht, was es tun sollte. Schließlich lief es in die sicheren Arme seiner Mutter.

Das Experiment wurde einige Tage später wiederholt, und inzwischen hatte das Affenkind viel dazugelernt. Es hörte den Greifvogelwarnruf, schaute sofort zur Mutter hin, sah, wie sie zum Himmel blickte, und richtete darauf seine Augen selbst nach oben. Nach einigen Wochen reagierte die kleine Meerkatze sofort, indem sie den Feind am Himmel suchte. Offensichtlich wissen die jungen Affen vom ersten Lebenstag an, daß ein Alarmruf einen Feind ankündigt, lernen jedoch erst durch Beobachtung erfahrener Artgenossen, wie sie in einer solchen Situation handeln müssen.

Rufe mit Variationen

Mit zunehmendem Alter reagieren Grüne Meerkatzen offenbar immer differenzierter auf verschiedene Arten von Feinden, und sie lernen, unterschiedliche Warnrufe nicht nur mit bestimmten Gefahren zu verbinden, sondern auch mit den passenden Fluchtstrategien. Zudem können sie ihre Laute und die Reaktionen auf das Verhalten ihrer Feinde einstellen.

In den Wäldern Kameruns werden die Affen bisweilen von Menschen mit Hunden gejagt und richten ihr Verhalten danach. Während ihre Verwandten in der Savanne bei Bedrohung ein großes Alarmgeschrei veranstalten, stoßen die waldbewohnenden Meerkatzen leise, hohe Warnrufe mit einer Frequenz aus, die in der Geräuschkulisse des Waldes untergeht. Dadurch sind sie sehr schwer zu entdecken; nur die Affen können die Rufe ihrer Artgenossen klar aus dem Rauschen herausfiltern. Sie flüchten dann lautlos in die dichten Baumkronen, wohin ihnen die Jäger mit ihren Hunden nicht folgen können.

Auch der Ruf des Dreifarben-Glanzstars warnt Grüne Meerkatzen vor einer nahenden Gefahr.

Wenn ein Warnruf ertönt, bringt sich die ganze Meerkatzengruppe sofort in Sicherheit.

Nicht nur Artgenossen, sondern auch andere Tierarten warnen die Meerkatzen vor Gefahren. In Ostafrika leben sie mit Dreifarben-Glanzstaren zusammen, die wie die Affen vorwiegend am Boden unter Akazien Nahrung suchen. Gewöhnlich ignorieren die Meerkatzen das Zwitschern und Pfeifen sowie den ausdauernden, trillernden Gesang der Stare, reagieren jedoch sofort auf deren Warnrufe.

Dreifarben-Glanzstare verfügen über einen Alarmruf für Angreifer aus der Luft und einen für Bodenfeinde. Während die kleinen Greifvögel, die die Stare attackieren, für Meerkatzen in der Regel keine Gefahr darstellen, kann von den Raubtieren, die sich am Boden nähern, sehr wohl eine Bedrohung für beide ausgehen. Den Luftwarnruf der Stare überhören die Affen deshalb, auf den Bodenjägeralarm reagieren sie aber, indem sie die Futtersuche unterbrechen und sich nach der Gefahr umsehen. Dies bedeutet, daß Meerkatzenkinder auch die Sprache der Stare lernen müssen.

Grenzen der Meerkatzenintelligenz

Bei einem anderen Tonbandversuch wurde einer Gruppe ein Starenwarnschrei vorgespielt. Junge Meerkatzen im Alter zwischen 23 und 84 Tagen erkannten den Ruf zwar als bedeutsam und schauten auf, wußten aber nicht, was zu tun war. Als sie 120 Tage alt waren, hatten sie schon gelernt, mit dem Fressen aufzuhören und sich umzublicken; einige gerieten jedoch in Panik und flitzten den nächsten Baum hinauf. Die Affen erkennen folglich den Zusammenhang zwischen dem Rufverhalten anderer Tiere und einer Gefahr – können sie aber auch die Gegenwart eines Feindes anhand anderer Anzeichen wahrnehmen, wenn sie keine Warnung erhalten?

Leoparden schleppen ihre Beute oft auf einen Baum, um sie vor Löwen oder Hyänen in Sicherheit zu bringen; ein Kadaver in luftiger Höhe ist mithin ein sicherer Hinweis darauf, daß ein Leopard in der Nähe ist.

Wissenschaftler beobachteten, wie die Meerkatzen auf eine tote Gazelle in einem Baum reagierten. Zum Erstaunen der Forscher interessierten sich die Affen überhaupt nicht für den Kadaver. Auch als in einem Experiment die Spur eines Pythons im Gras nachgeahmt wurde, kümmerten sich die Tiere nicht um das untrügliche Signal. Offensichtlich sind die Affen für indirekte optische Hinweise blind, sie reagieren nur auf akustische Warnungen.

In Kamerun spielte man Grünen Meerkatzen Tonaufnahmen ostafrikanischer Flußpferde und Warnrufe von Stelzenläufern vor. Den ungewohnten, fremdartigen Flußpferdlauten schenkten die Tiere keinerlei Beachtung, auf die der Stelzenläufer reagierten sie allerdings, obwohl sie noch nie einem solchen Vogel begegnet waren. Ebenso ignorierten die Affen die Rufe wandernder Gnus, die in Kamerun nicht vorkommen, das Muhen von Hausrindern versetzte sie jedoch in große Aufregung, da Vieh meist von Menschen begleitet wird, die zu den schlimmsten Feinden der Meerkatzen zählen.

Diese Studien zeigen, daß Affen und Menschen sehr verschieden auf ihre Umwelt reagieren. Während der Mensch neugierig gegenüber allem Ungewohnten ist, ob es nun in direktem Bezug zu seinem Leben steht oder nicht, befassen sich Meerkatzen nur mit Dingen oder Ereignissen, die einen unmittelbaren Nutzen für sie haben.

Grüne Meerkatzen haben eine ökologische Nische gefunden, die ihnen genügend Nahrung und eine relativ sichere Existenz bietet; ihre Fähigkeit zur Verwendung ganz spezifischer Laute, die sie vor verschiedenen Gefahren warnen und ihnen gleichzeitig Fluchtmöglichkeiten aufzeigen, erhöht ihre Überlebenschancen. Sie sind nicht die einzigen, die ein solches Verhalten zeigen.

Ziesel-Alarmanlage

Die im Westen der USA heimischen Belding-Ziesel achten ebenfalls sehr genau darauf, was ihre Gruppengenossen tun. Wie die Grünen Meerkatzen haben sie besondere Warnrufe für Luft- und Bodenfeinde. Angreifer am Himmel werden mit einem langgezogenen, hohen Pfiff angekündigt, Feinde am Boden dagegen mit einem tieferen Ruf, der aus mehreren Elementen besteht. Die Ziesel können nicht nur harmlose von gefährlichen Tierarten unterscheiden, sondern erkennen auch, in welchen Situationen potentielle Feinde keine unmittelbare Bedrohung darstellen.

Zu den wichtigsten Feinden dieser Erdhörnchen gehören Habichte, Falken, Weihen, Elstern und Reiher. Vor diesen Vögeln warnen sie, nicht jedoch vor den harmlosen Pelikanen. Eine direkt über dem Bau kreisende Weihe gilt als gefährlich, und die Hörnchen stoßen ihren Warnruf aus; dagegen ignorieren sie Greifvögel, die etwa am anderen Ufer eines nahen Flusses nach Süden ziehen, da sie als weniger bedrohlich empfunden werden. Reiher stellen nur eine Gefahr dar, wenn sie am Boden jagen.

Bedrohlich für die geselligen Nager sind auch Hunde, Kojoten, Nerze und Dachse sowie Klapperschlangen und Langschwanzwiesel. Sieht ein Ziesel einen dieser Räuber nahen, richtet er sich auf die Hinterbeine auf, pfeift laut und verschwindet schließlich blitzschnell in seinem Bau.

Manche Jäger können dem Hörnchen allerdings bis tief in seinen Bau folgen; um diesen Tieren zu entkommen, muß es zu anderen Fluchtmaßnahmen greifen. Wenn es sich von Hunden oder Kojoten bedroht fühlt, bedeutet sein Warnruf „Schlüpf in einen Bau", doch bei Dachsen oder Frettchen, die ihm durch Graben leicht folgen können, „Schlüpf in einen Bau mit Hinterausgang".

Viele Vögel kennen ebenfalls spezifische Warnrufe. In einem Garten entdeckt das Rotkehlchen oft als erstes eine Hauskatze, worauf es mit seinem hellen „tick-tick" Alarm schlägt. Da Vögel sich vor einer Katze durch Wegfliegen in Sicherheit bringen können, genügt ein lauter Warnruf völlig. Bei einer Krähe oder einem Sperber ist die Flucht schwieriger, deshalb läßt das Rotkehlchen angesichts dieser Gefahr ein dünnes, hohes „ziep" hören, das für den Jä-

Belding-Ziesel müssen stets vor Feinden auf der Hut sein. Mit speziellen Warnrufen teilen sie anderen Gruppenmitgliedern mit, ob sich ein Räuber nähert, der ihnen in den Bau folgen kann.

RUFE, DIE NICHT ZU ORTEN SIND

Wenn einem Tier, das mit mehreren Artgenossen zusammenlebt, Gefahr droht, steht es vor einem Dilemma: soll es Alarm geben, um seine Gruppengenossen zu warnen, obwohl es den Feind dadurch auf sich aufmerksam machen würde, oder soll es sich still verhalten und eventuell seine Nachbarn „ans Messer liefern"?

Daß viele wachsame Augenpaare eher einen Feind erspähen als eines, ist einer der wichtigsten Gründe, warum so viele Tiere große Verbände bilden. Fische schließen sich zu Schwärmen zusammen, viele Huftiere ziehen in Herden durch die Savanne, und Vögel gehen in Scharen auf Wanderschaft. Damit die einzelnen Gruppenmitglieder einen Vorteil von ihrer Geselligkeit haben, muß jedes Tier seinen Teil zum Aufspüren von Feinden und Alarmschlagen beitragen. Um dabei selbst möglichst wenig in Gefahr zu geraten, tarnen sich manche Arten.

Damit eine Schallquelle genau geortet werden kann, muß das von ihr ausgesandte Signal eine bestimmte Struktur aufweisen – es sollte aus mehreren Elementen bestehen, die durch kurze Pausen unterbrochen sind. Beginn und Ende dieser Teilsignale erreichen die beiden Ohren des Feindes mit einer winzigen zeitlichen Verzögerung, aus der er die Richtung feststellt, in der sich das Beutetier befindet.

Einige Vögel äußern jedoch Warnrufe, die sich für diese Ortung nicht eignen: hochfrequente Töne, deren Lautstärke langsam ansteigt und wieder abklingt und deren Wellenlänge kürzer ist als der Ohrabstand des Räubers. Zu diesen raffinierten Tieren gehören die nordamerikanischen Schwarzkopfmeisen. Sobald sich ein Feind nähert, stoßen diese Vögel ihren Alarmruf aus, ein hohes „ziiih" mit einer Frequenz von 8 kHz. Es ist gerade laut genug, um die Artgenossen in der Umgebung zu erreichen. Anders als bei den Schwarz- oder Rotkehlchen sind diese Laute nicht für den Nachwuchs bestimmt, sondern gelten einzig und allein dem Schutz des Partners. So sorgt ein erfolgreiches Brutpaar dafür, daß bis zur nächsten Saison beide Partner überleben.

Der Warnruf der Schwarzkopfmeise ist für Raubtiere kaum zu orten.

ger schwer zu orten ist. Damit kann es andere Vögel warnen, ohne die Aufmerksamkeit des Feindes auf sich zu lenken.

Die Warnrufe von Vögeln lassen sich in drei Kategorien einteilen: schwer ortbare Laute, die nicht sehr weit zu hören sind, wie der Greifvogelalarm des Rotkehlchens, durchdringende Notschreie, etwa der Warnruf des Rotschenkels, der alle anderen Watvögel vor einer nahenden Gefahr warnt, sowie ein heiseres Rätschen wie beim Eichelhäher und bei der Amsel, das die Nachbarn zu einer gemeinschaftlichen Feindabwehr animieren soll.

Das Schwarzkehlchen verfügt über zwei Rufvarianten. Während der Brutzeit läßt der Vogel einen typischen Warnlaut mit zwei Komponenten hören, einem dünnen, kurzen Pfeifen und einem rauhen Ton, der etwas dem Geräusch ähnelt, das beim Zusammenschlagen von zwei Steinen entsteht. Welche dieser beiden Lautvarianten der Vogel einsetzt, hängt von der Art und vom Verhalten des Feindes ab.

Von zwei Seiten drohen den Schwarzkehlchen Gefahren: einerseits von Greifvögeln, die aus der Luft herabstoßen und Erwachsene ebenso erbeuten wie Küken, andererseits von Bodenfeinden, die nur für die Jungen eine Bedrohung darstellen, da die Altvögel wegfliegen können. Ein Sperber wird mit einem Pfeifton empfangen, Hunde und Menschen dagegen abwechselnd mit den zwei Alarmlauten.

Um seine Nachkommen zu schützen, trägt das Schwarzkehlchen ebenfalls beide Laute vor und begleitet dieses Konzert durch heftiges Flügelschlagen, wobei das auffällige Weiß seiner Flügeldecken aufblitzt. Wenn die Jungvögel im Nest den warnenden Pfiff ihrer Eltern hören, liegen sie ganz still, damit der Feind sie nicht bemerkt. Der rauhe Ton soll dagegen, durch hektische Flugmanöver unterstützt, den Jäger ablenken und vom Nistplatz weglocken.

Das Rotkehlchen gibt einen recht leisen Warnruf ab, wenn es einen Greifvogel bemerkt, bei einer Hauskatze schlägt es dagegen mit einem lauten „tick-tick" Alarm.

DIE KUNST DER TÄUSCHUNG

Schauspieler gibt es unter Tieren wie unter Menschen. Um sich Leckerbissen zu sichern, in der Rangordnung aufzusteigen oder Feinde von den hilflosen Jungtieren abzulenken, setzen sie alle erdenklichen Mittel ein, wobei sich unter den Täuschern ebenso Insekten wie Affen finden.

Viele Jungvögel können nur überleben, wenn ihre Eltern gute Schauspieler sind. Nähert sich beispielsweise ein Löwe einem Strauß, der gerade brütet oder Junge bewacht, entfernt sich der Altvogel etwas vom Nest, läßt sich zu Boden fallen und täuscht dadurch vor, verletzt zu sein. Danach stolpert er mit einem herabhängenden Flügel umher, so daß es aussieht, als sei dieser gebrochen. Der Löwe wittert leichte Beute und nimmt die Verfolgung des vermeintlich verletzten Vogels auf. Doch plötzlich läuft der Strauß blitzschnell über die Savanne davon. Wenn er die Raubkatze so weit von seiner Brut weggelockt hat, daß diese sicher ist, kann der Vogel zum Nest zurückkehren.

Das Verhalten des Straußes erscheint intelligent und vorausschauend, man könnte annehmen, daß sich das Tier genau überlegt hat, mit welcher List es den Löwen ablenken kann. In Wirklichkeit ist diese Art der Täuschung, die auch als „Verleiten" bezeichnet wird, keine Leistung

Schwer verletzt scheint dieser Schreiregenpfeifer zu sein, doch er täuscht den gebrochenen Flügel nur vor.

des Verstandes, sondern eine Instinkthandlung. Allerdings legen Beobachtungen an verschiedenen Vogelarten die Vermutung nahe, daß das Verhalten nicht immer gleichförmig abläuft, sondern entsprechend der Art und der Taktik des Feindes variiert werden kann.

Einer der Meister im Verleiten ist der Schreiregenpfeifer, der allen Tieren, die sein Gelege bedrohen, einen gebrochenen Flügel vortäuscht. Nähert sich etwa ein Hund, beginnt er jämmerlich umherzuflattern und die Schwanzfedern zu spreizen. Das erregt meist die Aufmerksamkeit des Jägers und lockt diesen vom Nest des Bodenbrüters fort. Bei einer Kuh hingegen, die die Eier zertrampeln könnte, wendet der Regenpfeifer eine andere Taktik an. Er bleibt dicht beim Nest und fliegt der Kuh beharrlich vor dem Gesicht herum, bis sie sich abwendet und in eine andere Richtung davontrottet.

Von Vögeln abgesehen, sind im Tierreich Affen und Menschenaffen die Meister des Betruges; manchmal scheint es sogar, als könnten sie die Handlungen der anderen voraussehen. So benutzen Grüne Meerkatzen, die ihre Artgenossen mit verschiedenen Lauten vor Feinden warnen, die Alarmrufe auch, um sie zu täuschen.

Ein ertappter Lügner

In Kenia beobachteten Forscher einmal, wie ein Affe seine Fähigkeiten, andere übers Ohr zu hauen, überschätzte und schließlich selbst der Dumme war. Ein Meerkatzenmännchen, das seine Position als Gruppenleiter noch nicht endgültig gesichert hatte, erblickte einen fremden Artgenossen, der seine Weibchen, die gerade unter einer Akazie nach Nahrung suchten, aus geringer Entfernung musterte. Um zu ihnen zu gelangen, mußte der Rivale jedoch die offene Savanne zwischen zwei Baumgruppen überqueren.

Als das ortsansässige Männchen das große Interesse des Konkurrenten bemerkte, fürchtete es, zum Kampf herausgefordert und darin besiegt zu werden. Deshalb stieß es, als der Fremde über das freie Gelände lief, den Leopardenwarnruf aus, worauf das andere Tier zum nächsten Baum flüchtete und bis in die obersten Zweige kletterte. Immer wieder versuchte der Rivale an diesem Tag, die Grasfläche zu überqueren, doch jedesmal, wenn er sich der Gruppe näherte, stieß das dominante Männchen den Warnruf aus, und der Genarrte zog sich wohl oder übel zurück.

Die Meerkatzengruppe blieb über Nacht in ihrem Akazienhain, der Eindringling in seinem. Am nächsten Morgen wurde der Gruppenchef allerdings leichtsinnig. Unverdrossen warnte er vor einem Leoparden, während er selbst sich sorglos im Gras aufhielt. Der Fremde erkannte sogleich, daß keine Leoparden in der Nähe waren, und lief einfach zur Gruppe. Das ortsansässige Männchen hatte nicht bedacht, daß sein Konkurrent die Täuschung durchschauen könnte.

Waffenkiebitze versuchen einen jungen Kaffernbüffel von ihrem Gelege wegzulocken, damit er es nicht zertrampelt.

Gewitzte Schimpansen

Menschenaffen haben ein besonderes Talent, ihre Artgenossen abzulenken, um von ihnen begehrte Nahrung zu stibitzen. Die Schimpansenforscherin Jane Goodall erlebte dies häufig in ihrer Studiengruppe im tansanischen Gombe-Nationalpark. Da gab es z.B. ein frisch entwöhntes Schimpansen-

Ganz unschuldig schaut ein Schimpanse zur Seite, während er den anderen zu lausen beginnt; in Wahrheit hat er es nur auf das Fleisch in dessen Hand abgesehen.

kind, dessen Mutter ihm die Milch verweigerte. Vorsichtig begann das Junge, seine Mutter an der Brust zu pflegen, und nahm, als diese einen Moment wegsah, verstohlen einen Schluck.

In einem weiteren Fall verzehrte ein dominantes Tier ein Stück Fleisch, und eines der jüngeren Männchen kam hinzu, um es zu lausen. Nach einiger Zeit intensiver Fellpflege setzte der Rangniedere nur noch eine Hand ein, während er sich mit der anderen zentimeterweise zu der Nahrung vortastete. Nachdem er einen Bissen ergattert hatte, hörte er mit dem Lausen auf und trollte sich, um seine ergaunerte Beute zu genießen.

Ein anderes Mal entdeckte ein junger Schimpanse eine Banane, die die Forscher auf einem Baum deponiert hatten, doch unglücklicherweise saß ein ranghohes Männchen direkt darunter, und wenn der Kleine die Frucht geholt hätte, wäre sie ihm von diesem Tier weggenommen worden. So wartete der junge Schimpanse möglichst unauffällig auf eine günstige Gelegenheit. Sobald sich das dominante Männchen entfernte, huschte der Kleine herbei, kletterte auf den Baum und holte sich die Banane.

Auch in Gefangenschaft bewiesen Schimpansen bereits häufig, daß sie ihre Gruppengenossen skrupellos hintergehen, um bestimmte Ziele zu erreichen. Im Zoo von Arnhem in den Niederlanden zeigten Verhaltensforscher den Tieren eines Tages eine Kiste Grapefruits und sperrten sie danach in ihr Schlafquartier ein. Nun vergruben die Wissenschaftler die Früchte so im Sand, daß nur noch ein bißchen von deren gelber Farbe zu sehen war. Bevor sie die Affen ins Gehege zurückließen, zeigten sie ihnen die leere Kiste. Dadurch wurde den Schimpansen klar, daß auf dem Gelände ein Schatz aus Früchten lag, und sie begannen diesen zu suchen. Dabei liefen sie sogar über die Stelle, an der die Leckerbissen vergraben lagen, doch keiner blieb stehen. Dies bedeutete allerdings nicht, daß keiner von ihnen die Früchte entdeckt hatte; dem Männchen Dandy waren die gelben Erhebungen im Sand aufgefallen. Es behielt die Information aber für sich, „übersah" die Stelle geflissentlich und half den anderen zum Schein beim Suchen. Als die Gruppe schließlich am Abend in ihr Quartier zurückkehrte, blieb Dandy noch draußen und hob den Schatz.

In einem Laborversuch mit einem Schimpansen beobachtete dieser, wie in einem von zwei Behältern Futter versteckt wurde. Danach betrat ein Mensch den Käfig. Wenn ihm der Schimpanse zeigte, wo die Nahrung versteckt war, teilte der Mann den Fund mit ihm, während ein anderer Experimentator alles für sich behielt, selbst wenn das Tier auf den richtigen Behälter deutete.

Nachdem der Schimpanse mehrmals um seine Belohnung gebracht worden war, zeigte er bei dem zweiten Mitarbeiter eine gewisse Unlust. Zuerst weigerte er sich, ihm zu zeigen, wo er das Futter finden konnte, und irgendwann ging er in seiner Enttäuschung noch weiter – er zeigte schmollend auf den falschen Behälter.

Ablenkungsmanöver

Schimpansenmütter werden gelegentlich ungehalten, wenn ihre Sprößlinge gar zu übermütig sind und ihre kleinen Geschwister zu grob behandeln. Dann greifen die Weibchen oft zu einer List: um die Aufmerksamkeit der Jungen abzulenken, beginnen sie diese zu lausen oder mit ihnen zu spielen. Auch in der Entwöhnungsphase fordern die Mütter ihre jammernden Kinder zum Spielen auf, um sie auf andere Gedanken zu bringen. Den Jungen gefällt das augenscheinlich, und schon bald haben sie ihren Durst oder das Interesse an dem empfindlichen Neugeborenen vergessen.

Betrügerische Insekten

Mit der Vorspiegelung falscher Tatsachen verschaffen sich einzelne Tiere Vorteile gegenüber ihren Artgenossen. Während Affen diesen Betrug in der Regel bewußt einsetzen, steht bei Tieren mit weniger hoch entwickeltem Gehirn keine Absicht dahinter; die entsprechenden Verhaltensweisen setzten sich durch, da sich die Individuen, die sie zeigten, stärker vermehrten. Ein Beispiel

FINDIGE PAVIANE

Bei einer Studie über Paviane in Südafrika stellten die beiden Forscher Dick Byrne und Andrew Whiten fest, daß Jungtiere die übrigen Gruppenmitglieder zum Narren hielten, um sich in dem entstehenden Durcheinander Leckerbissen zu sichern.

So wurde ein junger Affe beobachtet, wie er einem erwachsenen Weibchen beim Suchen nach Wurzeln und Knollen zusah. Als der erste Erfolg der Grabarbeit zum Vorschein kam, begann der Kleine lauthals zu schreien, so als ob er gerade angegriffen würde. Seine Mutter eilte herbei, sah das Weibchen bei dem kreischenden Jungtier und vertrieb es in der Annahme, daß es die Übeltäterin sei. Als die beiden Erwachsenen fort waren, lief der junge Pavian zu der Fundstelle und ließ es sich schmecken.

Durch drohendes Gähnen kommen Paviane nicht immer ans Ziel – manchmal setzen sie auch Tricks ein.

Einen anderen Trick führte ein übermütiger Pavianbursche vor, der gelegentlich sehr grob mit Jungen umging. Als er einmal ein Jungtier ärgerte, kamen dessen Familie und Freunde herbei. Nun richtete sich der Halbstarke auf und schaute angestrengt zum Horizont. Die anderen blieben wie angewurzelt stehen und taten es ihm gleich, da sie eine nahende Gefahr vermuteten. Durch dieses Täuschungsmanöver entging der Grobian seiner Bestrafung.

dafür sind die Skorpionsfliegen. Die Männchen dieser Insekten überreichen der Partnerin vor der Paarung eine als Geschenk verpackte Beute. Es gibt jedoch gelegentlich Männchen, die sich wie Weibchen verhalten; wenn sich ihnen ein Bewerber mit einem Geschenk nähert, schnappen sie dieses und machen sich damit aus dem Staub, um es ihrerseits einem Weibchen zu übergeben.

Ameisen verständigen sich in der Regel mit zwei verschiedenen Geruchssignalen – eines löst einen Angriff aus, und das andere fordert zum Rückzug auf. Manche sklavenhaltende Arten sind in der Lage, das Verhalten anderer Tiere zu beeinflussen, indem sie diese Signale zu einem bestimmten Zweck einsetzen. Sie dringen in ein Nest der Ameisenart ein, die sie zu versklaven beabsichtigen, und versprühen den „Weglaufen"-Duftstoff. Der Bau leert sich daraufhin, die Eindringlinge marschieren ungehindert hinein, schnappen sich die Larven und Puppen, tragen sie ins eigene Nest und setzen sie dort als Sklaven ein.

Die Weibchen einiger Glühwürmchenarten locken artfremde Männchen an, indem sie ihnen Paarungsbereitschaft vortäuschen, und fressen sie dann auf.

Nicht mit Duft-, sondern mit Leuchtsignalen führen einige amerikanische Glühwürmchen ihre Opfer hinters Licht. Jede Art dieser ungewöhnlichen Käfer hat einen eigenen Morsecode, der dem Anlocken der Geschlechtspartner dient. Das Männchen der Art *Photinus pyralis* etwa tanzt auf wellenförmiger Bahn ca. 50 cm über dem Boden dahin, läßt sich alle 5,8 Sekunden fallen und leuchtet dann 0,5 Sekunden lang; jedes Weibchen im Umkreis von 2 m blinkt nach 2 Sekunden zurück. *Photinus consanguineus* hat ein anderes Blinkmuster: zwei kurze Blitze im Abstand von 2 Sekunden, die von 5 Sekunden langen Pausen unterbrochen werden. Dreimal hintereinander läßt das Männchen von *Photinus consimilis* sein Licht erstrahlen, während es 3–4 m über dem Boden fliegt. Auf diese unverwechselbaren Blinkmuster reagieren gewöhnlich nur Partner der eigenen Art.

Manche Glühwürmchen nutzen allerdings fremde Signale zum eigenen Vorteil. In der Gattung *Photuris* blinken die Weibchen nicht nur ihre Partner an, sondern imitieren auch andere Muster. Wenn ein *Photinus*-Männchen aus der Luft eine korrekte Antwort auf seine Leuchtzeichen wahrnimmt, landet es – allerdings nicht immer bei einer passenden Partnerin, denn manchmal reagiert auch ein *Photuris*-Weibchen auf seine Signale mit dem richtigen Muster. Angelockt von dessen Licht, gesellt sich das Männchen zu ihm, doch im selben Augenblick packt die Betrügerin ihr Opfer und verspeist es.

Das Verzehren von *Photinus*-Arten versorgt die Weibchen nicht nur mit Nährstoffen für ihre Eier, sondern schützt sie auch vor Feinden. Beim Warten auf einen Partner und während der Eiablage fallen weibliche Glühwürmchen häufig Wolfsspinnen und Ameisen zum Opfer. Tiere der Gattung *Photinus* besitzen jedoch in ihrem Blut Giftstoffe, die sie ungenießbar machen. Den *Photuris*-Weibchen fehlen die Gifte, aber durch das Verspeisen von *Photinus*-Männchen verleiben sie sich diesen Schutz ein.

In manchen Regionen Nordamerikas haben die betrogenen Männchen allerdings einen Weg gefunden, wie sie den räuberischen Verwandten entgehen können: sie blinken nur kurz und lassen sich zu Boden fallen, statt direkt zum Weibchen zu fliegen. Eine Art blinkt sogar überhaupt nicht mehr.

Rabeneltern

Kuckucke haben sich aller Verantwortung für die Aufzucht ihrer Jungen entledigt und

Bevor ein Kuckucksweibchen sein Ei in das Nest des Teichrohrsängers legt, nimmt es häufig ein Ei des Wirtsvogels heraus (oben). Sofort nach dem Schlüpfen entfernt das Kuckucksküken die übrigen Eier (unten).

Das Kuckuckskind wird so groß, daß seine Pflegeeltern dagegen wie Zwerge wirken.

lassen ihren Nachwuchs statt dessen von anderen Vogelarten aufziehen, denen sie ihre Eier untergeschoben haben. Ein wahrer Meister darin ist unser heimischer Kuckuck.

Nach der Paarung sucht das Weibchen geeignete Wirtsnester innerhalb seines Reviers. Wenn es eines gefunden hat, verbirgt es sich in der Nähe und wartet, bis das Gelege kurze Zeit nicht beaufsichtigt wird. Dann fliegt es zum fremden Nest, nimmt oft eines der Wirtseier heraus und legt dafür ein eigenes hinein, so daß die Gesamtzahl gleich bleibt. Die ganze Episode dauert nur 4–16 Sekunden; bevor das Wirtspaar zurückkehrt, ist die Kuckucksmutter bereits verschwunden und frißt das gestohlene Ei auf. Danach macht sie sich auf die Suche nach den nächsten Opfern.

Es ist jedoch keineswegs einfach, einem anderen Vogel ein Ei unterzuschieben; viele Voraussetzungen müssen erfüllt sein, damit der Schwindel nicht entdeckt wird. Wenn der Kuckuck etwa dem Wirt sein Ei morgens ins Nest legt, wird es seltsamerweise meist hinausgeworfen. Besonders entscheidend für den Erfolg des Brutparasiten ist die Wahl des Wirtes. Das Weibchen sucht stets die Vogelart auf, von der es selbst aufgezogen wurde, da es auf diese geprägt ist. Diese Spezialisierung setzt sich von einer Generation zur nächsten fort.

In Großbritannien haben es Kuckucke vor allem auf die Nester von vier Singvogelarten abgesehen. In Moorgebieten wählen sie die Nester des Wiesenpiepers, in Sumpfland die des Teichrohrsängers, in der Umgebung von Bauernhöfen und in Wäldern schmarotzen sie bei der Heckenbraunelle und in offenem Gelände bei Trauerbachstelzen. In Deutschland zählen daneben Hausrotschwanz, Rotkehlchen und Neuntöter sowie verschiedene Grasmücken- und Drosselarten zu den wichtigen Wirtsvögeln.

Die Färbung der Kuckuckseier ähnelt in der Regel auffallend der der Wirtseier. Eine Ausnahme bilden allerdings die Kuckucke, die ihre Jungen von Heckenbraunellen aufziehen lassen. Sie legen blasse, gesprenkelte Eier, die Wirte dagegen blaue. Dennoch entfernen die Kleinvögel die fremden Eier nicht; vermutlich schmarotzen Kuckucke erst seit relativ kurzer Zeit bei Heckenbraunellen, so daß sich diese Wirtsvögel noch nicht an die Täuschung anpassen konnten.

4 Kommunikation mit allen Sinnen

Die geselligen Walrosse suchen engen Körperkontakt zu Artgenossen.

Menschen verständigen sich nicht nur mit dem gesprochenen und geschriebenen Wort, sondern teilen sich auch ohne die Sprache sehr viel mit. Lautäußerungen, Mimik, Körperhaltungen, Berührungen, aber auch Düfte – alle diese Wege, Informationen zu übermitteln, sind im Tierreich, weit mehr noch als bei uns, hoch entwickelt. Darüber hinaus gibt es Signale, die jenseits menschlicher Wahrnehmung liegen, etwa extrem hohe oder tiefe Töne und infrarotes oder ultraviolettes Licht. Einige Fischarten bedienen sich zur Übertragung ihrer Botschaften sogar elektrischer Felder. Tiere verständigen sich mit ihren Artgenossen, um Geschlechtspartner zu finden oder eine Gruppe zusammenzuhalten. Wie sie dies tun, ist in vielen Fällen bis heute ein Geheimnis.

Tanzend beschreiben Bienen den Weg zu Nektarquellen.

WIE TIERE SICH VERSTÄNDIGEN

Alle Tiere müssen mit Artgenossen kommunizieren – auch solche, die fast ihr ganzes Leben als Einzelgänger verbringen. Die Botschaften, die sie sich mitteilen, können einfache Signale sein oder hochkomplizierte Tänze und Gesänge, die immer wieder variiert werden.

Die meisten Tiere machen nur selten auf sich aufmerksam, da dies für sie gefährlich werden kann. Ob Jäger oder Gejagte, in der Regel ziehen sie es vor, möglichst unauffällig zu bleiben. Wenn ein Lebewesen seine Gegenwart durch laute Rufe, leuchtendes Gefieder oder starken Duft kundtut, muß es dafür einen triftigen Grund haben.

Zu verschiedenen Anlässen müssen Tiere mit Vertretern der eigenen Art Kontakt aufnehmen, etwa um einen Eindringling aus ihrem Revier zu vertreiben, einen Partner anzulocken, vor Gefahr zu warnen oder ihr Gebiet zu markieren. Manche Arten leben mit unzähligen Artgenossen in großen Herden oder Kolonien; sie müssen unter den vielen Tieren ihre Partner und ihre Jungen erkennen. Für viele Vögel stellt der individuelle Klang der Stimme das entscheidende Merkmal dar. Königspinguine können in einer lärmenden Kolonie auf diese Weise den Partner und das Junge finden. Auch Primaten, von denen die mei-

Königspinguine erkennen ihren Partner unter Hunderten von Koloniemitgliedern an seiner individuellen Stimme.

Die Hinterflügel vieler Schmetterlinge weisen große augenförmige Flecken auf (Detail rechts), die bei ruhenden Faltern bedeckt sind. Bei Gefahr jedoch zeigen die Insekten dieses Muster, wie der Augenspinner auf dem Bild oben, und erschrecken dadurch ihre Feinde.

sten Arten in Gruppen leben, unterscheiden die einzelnen Mitglieder des Verbandes an deren Stimmen.

Manchmal müssen sich Tiere sogar mit Angehörigen einer anderen Art verständigen. Viele giftige und ungenießbare Arten warnen beispielsweise Freßfeinde mit unverkennbaren Mustern, wie der Monarchfalter (siehe auch Seite 36).

Betrügerische Mitteilungen

Während der Monarchfalter mit seiner Signalfärbung den Vögeln eine nützliche Information übermittelt, geben manche andere Tiere Falschmeldungen weiter. Eines davon ist der sogenannte Vize-König, ein nordamerikanischer Schmetterling. Er imitiert die Farben des Monarchfalters und gaukelt Vögeln so einen abscheulichen Geschmack vor – zur eigenen Sicherheit.

Zahlreiche unauffällig gefärbte Insekten zeigen, wenn sie sich bedroht fühlen, kontrastreiche Augenmuster, indem sie plötzlich ihre Hinterflügel aufdecken; dadurch schrecken sie Kleinvögel, ihre wichtigsten Feinde, wirksam ab. Einige Schwärmerraupen gehen sogar noch weiter: Sie ahmen mit ihrem Körper einen Schlangenkopf nach, den sie bei Gefahr dem Feind entgegenstrecken.

Die Signale, die Tiere an ihre Artgenossen richten, sind häufig sehr variabel. So kann das Knurren eines Wolfes je nach Intensität leichte Verunsicherung oder starke Verärgerung ausdrücken. Lautstärke und Tonhöhe eines akustischen Signals unterscheiden sich bei vielen Tieren von einem Individuum zum anderen beträchtlich. Ein gutes Beispiel dafür sind Rothirsche, die ihre Stimme beim Wettstreit mit Konkurrenten einsetzen.

Das Geweih der Hirsche ist eine gefährliche Waffe, mit der die Tiere bei einem Kampf ihre Gegner ernsthaft verletzen können. Um solche Auseinandersetzungen wo möglich zu vermeiden, messen die Männchen deshalb ihre Kräfte zunächst durch das Röhren. Dabei erkennen sie bereits aus weiter Entfernung, ob sie es mit einem stärkeren, einem schwächeren oder einem ebenbürtigen Gegner zu tun haben. Ein Hirsch, der in der Lage ist, zehnmal in der Minute zu röhren, beweist dadurch, daß er kräftiger und ausdauernder ist als ein Rivale, dem nur fünf dieser Brunstschreie pro Minute gelingen. Nach einem solchen Wettstreit zieht sich der Verlierer zurück, ohne verletzt worden zu sein.

Nicht nur durch die Lautstärke, sondern auch durch die Klangfarbe ihres Rufes versuchen manche Tiere Konkurrenten auszustechen. Bei Krötenmännchen ist die Stimme um so tiefer, je größer das Tier ist. Da die Weibchen stattliche Männchen bevorzugen, wählen sie solche mit tiefem Quaken; infolgedessen erhöht sich die Chance eines Bewerbers, wenn seine Stimme die passende Klangfarbe aufweist.

Manche Kröten schummeln allerdings. Die Männchen der nordamerikanischen Fowlerkröte haben einen Weg gefunden, wie sie ihre Stimme tiefer klingen lassen können. Da die Temperatur die Stimmlage beeinflußt – je kühler es ist, desto sonorer klingen die Rufe –, suchen die Tiere entsprechend temperierte Zonen ihres Heimatgewässers auf. Mit diesem Trick können auch relativ kleine Männchen mit größeren Artgenossen konkurrieren.

Singende Meeresriesen

Wie viele akustische Signale beinhaltet das Quaken der Kröten kaum Variationen. Es wird unablässig in der gleichen Form wiederholt, da sich die Rufe der einzelnen Tiere klar und deutlich aus dem „Lärmteppich" der Umgebung herausheben müssen. Auch Buckelwale senden ihre Botschaften mehrmals; allerdings handelt es sich dabei nicht um monotone Laute, sondern um komplizierte Gesänge.

Wenn die mächtigen Meeressäuger zur Fortpflanzung in tropische Gewässer kommen, beginnen die Männchen mit der Partnerwerbung. Dazu gehören neben akrobatischen Sprüngen und Flossenschlägen auch faszinierende Lieder, mit denen die Männchen Weibchen anlocken, die dann den attraktivsten Partner auswählen.

Durch Zähneblecken, Runzeln des Nasenrückens und Aufstellen der Ohren drohen Wölfe ihren Artgenossen vor einem Angriff.

Ihre Paarungsbereitschaft demonstrieren die männlichen Buckelwale weithin hörbar. Wahrscheinlich sind diese melodiösen Liebeslieder für viele alte Seefahrergeschichten verantwortlich. In der Legende, die die Reise des irischen Abtes Brendan von Clonfert im 6. Jahrhundert über den nördlichen Atlantik zum „gelobten Land der Heiligen" beschreibt, ist von einer geheimnisvollen Insel die Rede, bei der er Gesänge himmlischer Chöre vernahm. Wahrscheinlich waren die Interpreten keine Menschen, sondern Wale. Zweifellos wissen die Menschen der Gebiete, die die Buckelwale regelmäßig besuchen, schon seit Jahrhunderten von diesen Tieren, doch erst 1952 wurden ihre faszinierenden melancholischen Lieder von Wissenschaftlern aufgezeichnet und als Lautäußerungen von Buckelwalen identifiziert.

Eine genauere Untersuchung erfolgt seit 1964, als das amerikanische Forscherpaar Roger und Katherine Payne den Tontechniker Frank Watlington kennenlernte und dessen Aufnahmen von Buckelwalen hörte. Die Paynes waren fasziniert von dem Stöhnen und Klagen und machten sich auf die Suche nach den Urhebern dieser Laute. Sie mieteten ein Segelboot, um dicht genug an die Wale heranzukommen, ohne sie zu erschrecken. So kreuzten sie vor den Bermudas und lauschten angespannt den Walgesängen.

Eines Tages hörten sie die Töne deutlich, verstärkt durch den Schiffsboden, und stellten fest, daß manche Tonfolgen jenen auf Frank Watlingtons Bändern ähnelten. Es handelte sich dabei nicht um zufällige Klänge, sondern um regelmäßig wiederkehrende Lautmuster; die Buckelwale sangen richtige Lieder, fast wie Singvögel. Wie die Wissenschaftler später herausfanden, bestehen die Walgesänge aus langen, komplizierten Strophen, die ständig wiederholt werden. Ein solches Lied dauert 5–30 Minuten, manchmal sogar noch länger.

Buckelwale singen häufig stundenlang und – von Atempausen abgesehen – ohne Unterbrechungen. Ein Männchen, dessen Liebeswerben in der Karibik aufgenommen wurde, sang sogar mehr als 22 Stunden und

Amerikanische Kröten sind um so attraktiver für Weibchen, je tiefer ihre Stimme klingt.

hatte sein Lied noch nicht beendet, als die Wissenschaftler ihr Unterwassermikrophon hochzogen. Nach dem heutigen Stand der Forschung tragen Buckelwale von allen Tieren die längsten Lieder mit der größten Ausdauer vor.

Die Auswertung der Tondokumente von den Bermudas, den Hawaii-Inseln und anderen Regionen lieferte noch faszinierendere Ergebnisse. Wie sich herausstellte, singen alle Wale eines riesigen Areals das gleiche Lied. Zwar ändert sich dieses ständig, doch nehmen alle Tiere die Neuerungen in ihr Repertoire auf. Wer sie einführt, ist allerdings nicht bekannt. Im Nordatlantik, z. B. in der Karibik, klingen die Gesänge der Buckelwale ganz anders als im Nordpazifik, etwa vor Hawaii. Die Lieder auf der nördlichen Erdhalbkugel unterscheiden sich auffallend von denen der Südhalbkugel – da ihre Wanderungen zeitversetzt stattfinden, begegnen sich die Populationen der beiden Hemisphären nie. Wenn die nördlichen Wale aus den Tropen der Arktis zustreben, schwimmen die Tiere des Südens gerade aus der Antarktis in Richtung Äquator.

All diese Erkenntnisse lassen vermuten, daß Buckelwale ihre Lieder lernen, aber wann, wo und von wem, wird schwer zu ermitteln sein. Dennoch haben die Forscher bereits viele interessante Einzelheiten über die Entstehung dieser Gesänge enthüllt. So fanden sie beispielsweise heraus, daß Wale regelrecht komponieren – allerdings schaffen sie im Unterschied zu Menschen keine ganz neuen Lieder, sondern fügen kleine Variationen ein. Die Weisen verändern sich ständig und in schneller Folge; jede Komponente klingt alle 2 Monate neu. Wie diese Variationen aussehen, läßt sich mit einem Kinderreim beschreiben. Während der ersten Monate würde ein Wal „Heile, heile Gänschen, es wird bald wieder gut“ usw. singen. Nach 2 Monaten könnte sich die erste Zeile vielleicht zu „Heile, heile, heile Gänschen, es wird bald wieder gut“ gewandelt haben. Im Lauf einer Fortpflanzungssaison verändern sich einzelne Strophen eine Zeitlang rasch – z. B. durch eine neue Tonlage oder die Hinzufügung weiterer Elemente – und bleiben dann konstant, während andere Liedteile variiert werden. Gerade erst entwickelte Strophen tragen die Sänger flotter vor als ältere. Gelegentlich entsteht auch eine neue Tonfolge, indem ein Stück der Melodie wegfällt, etwa in der Weise, wie sich „es wird bald wieder gut“ zu „es wird gut“ verkürzt.

Buckelwale singen ihre Lieder vorwiegend im Winter in ihren Fortpflanzungsgebieten, nur selten auf der Wanderschaft und in den Nahrungsgründen. Obwohl viele Monate vergehen, bevor sie wieder zum Einsatz kommen, vergessen die Wale ihre Melodien offensichtlich nicht. Jedes Jahr greifen sie die Lieder bei ihrer Ankunft in den tropischen Gewässern wieder auf – unverändert seit dem Ende der letzten Saison. Die mei-

Länger als 20 Stunden können die melodischen Lieder der Buckelwalmännchen dauern; unterbrochen werden sie nur zum Atemholen.

Klangkünstler der Meere

Auch wenn bereits unzählige Gesänge von Buckelwalen auf Tonband aufgezeichnet und analysiert worden sind, ist noch immer nicht geklärt, wie die Meeressäuger diese Laute erzeugen. Da sie keine Stimmbänder besitzen, müssen die Töne auf andere Weise entstehen; wahrscheinlich bringen die Tiere ihre Kehlregion mit den dort befindlichen Luftsäcken zum Schwingen. Erstaunlich ist in jedem Fall die breite Palette der Laute, die sie mit diesem Organ äußern; sie klingen wie Stöhnen, Schreien, Schnarchen, Grunzen, Knacken, Zwitschern, Pfeifen, Quietschen, Knarren und Muhen.

sten Neuerungen erfolgen während der Fortpflanzungszeit und nicht in der gesanglosen Phase. In einem Zeitraum von 8 Jahren wird das gesamte Lied erneuert.

Gesangsunterricht bei Vögeln

Weitaus bekannter und besser untersucht als die Gesänge der Wale sind die der Vögel. Die zahllosen Studien, die an verschiedensten Vogelarten in Laboratorien durchgeführt wurden, bewiesen, daß viele von ihnen ihren Gesang in einer sensiblen Periode, die meist in der Jugend liegt, erwerben müssen. Nur in dieser Phase können sie sich die Melodien erwachsener Artgenossen einprägen.

So lernt das Männchen des nordamerikanischen Dachsammerfinken sein relativ einfaches Lied im Alter von 10–50 Tagen; der Prozeß ist abgeschlossen, kurz bevor der Vogel im Alter von 2 Monaten die unmittelbare Umgebung des elterlichen Nestes verläßt. Richtig zu singen beginnt er allerdings erst einige Monate später, im ersten Frühling, wenn er einen Gesang im „Dialekt" seiner Heimat vorträgt. Wie die Vogelkundler feststellten, lernt der Jungvogel sein Lied nicht, wie man erwarten könnte, von seinem Vater, sondern wahrscheinlich von den Nachbarmännchen. Sein Vortrag ist jedoch keine genaue Kopie ihres Gesanges; obwohl ein Dachsammerfink in erster Linie Tonfolgen singt, die er in seiner Jugend gelernt hat, kann er auch neue Strophen erfinden.

Zwischen der Lernphase und der Komposition des fertigen Liedes liegt eine Zeit, in der der junge Vogel übt. Diese Phase beschäftigte die Wissenschaftler ganz besonders, denn dabei durchläuft der Gesang verschiedene Stufen – vom Jugendgesang über das als „Subsong" bezeichnete Zwischenstadium bis hin zum Erwachsenenlied, dem sogenannten Vollgesang. Der Jugendgesang entspricht dem Brabbeln eines Babys, solange es noch nicht spricht, wogegen man den Subsong als Spiel mit der Stimme betrachten kann, bei dem der Vogel mit gelernten und selbstgeformten Lauten experimentiert.

Ebenso wie der Dachsammerfink lernt die nordamerikanische Sumpfammer ihren Gesang wesentlich früher als sie ihn einsetzen muß. Die Prägung erfolgt in den ersten 60–70 Lebenstagen, doch erst im Alter von 230–250 Tagen beginnt der Vogel, mit dem Gelernten zu experimentieren. Er merkt sich die Strophen, ohne sie zu üben, vom Sommer bis zum Winter

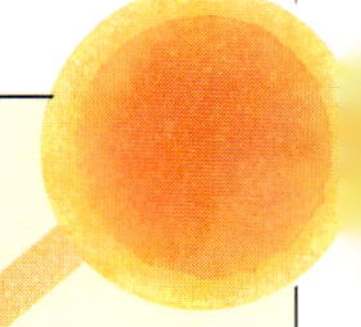

KOMMUNIKATION DURCH TÄNZE

Zu den kompliziertesten „Sprachen" im Tierreich gehört die der Honigbienen. Ihre bemerkenswerte Art der Informationsweitergabe entdeckte der österreichische Verhaltensforscher Karl von Frisch (1886–1982). Er fand heraus, daß diese Insekten genaue Angaben über Lage und Art von Nahrungsquellen an ihre Stockgenossinnen weitergeben können.

Der Rundtanz (links) für kleine Distanzen und der Schwänzeltanz (Mitte und rechts) für größere geben die Lage der Nahrungsquelle an.

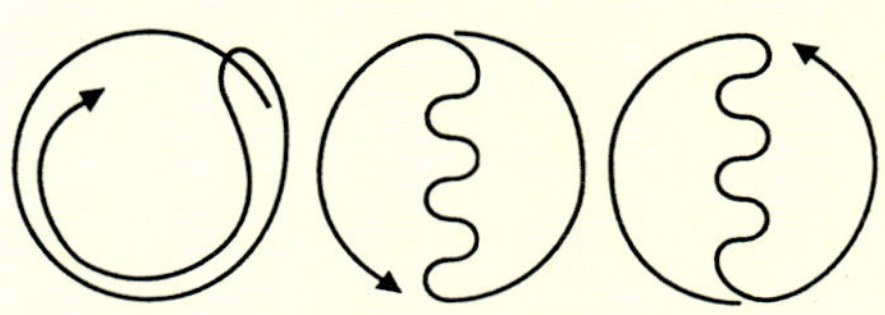

Eine Kundschafterin, die eine reiche Pollen- und Nektarquelle ausgemacht hat, kehrt zu ihrem Volk zurück. Im Bienenstock zeigt sie nun ein sonderbares Verhalten: sie läuft umher und erregt so die Aufmerksamkeit anderer Arbeiterinnen, die sich um sie scharen und sie mit ihren Fühlern betasten. Dann führt die Biene ihren Tanz vor. Dieser ist recht einfach, wenn sich die Nahrung in der Nähe befindet; in diesem Fall zeigt die Biene einen „Rundtanz", bei dem sie sich im Kreis erst in der einen, dann in umgekehrter Richtung über die senkrechte Oberfläche der Wabe bewegt. Von der Intensität des Tanzes läßt sich auf die Ergiebigkeit der Futterquelle schließen.

Die Ausrichtung des Tanzes weist darauf hin, in welchem Winkel zur Sonne das Futter liegt.

Liegen die Blüten in weiterer Entfernung, ist der Tanz komplizierter. Wieder läuft die Sammlerin über die Wabe, aber diesmal in einem bestimmten Winkel zur Senkrechten, während sie mit dem Hinterleib wackelt – sie „schwänzelt". Nach dieser Phase läuft sie im Halbkreis zu ihrem Ausgangspunkt zurück, schwänzelt erneut und beschreibt anschließend einen Halbkreis in die andere Richtung. Dieser sogenannte Schwänzeltanz erweckt, ebenso wie der Rundtanz, das Interesse zahlreicher Arbeiterinnen, die jede Bewegung der Tänzerin genau verfolgen.

Das wichtigste Tanzelement ist der Schwänzelteil. Der Winkel zwischen der Senkrechten und der Laufrichtung der Biene entspricht dem Winkel zwischen Sonnenstand und Nahrungsquelle. Die Länge des geraden Tanzes und die Anzahl der Schwänzelbewegungen, die mit akustischen Signalen verbunden sind, verraten die Entfernung des Futters.

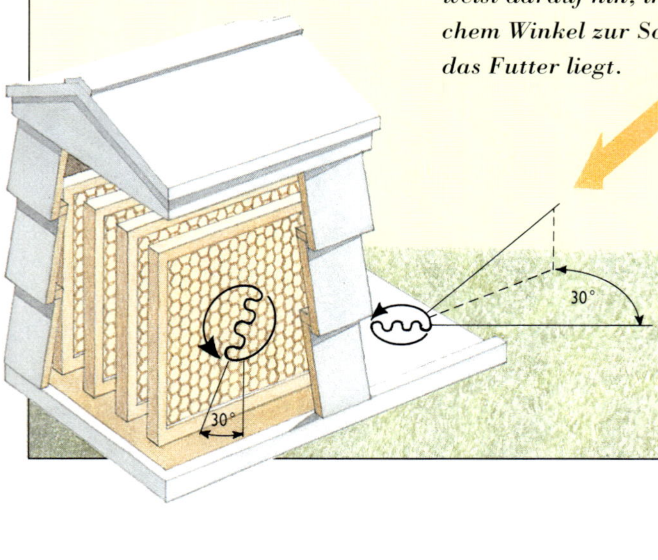

Auf der senkrechten Wabe geben die Arbeiterinnen die waagrechten Koordinaten der Blüten wieder.

Standardmelodien, Improvisationen und Eigenkompositionen zeichnen den Gesang des Sumpfammermännchens aus.

und trifft danach trotz langer Pause auf Anhieb den richtigen Ton – eine ganz außerordentliche Leistung.

Ein komplizierter Lernprozeß

Nicht alle Vögel lernen das Singen jedoch ausschließlich innerhalb der ersten Lebenswochen. So ähnelt der Gesang des Kohlmeisenmännchens weniger dem seines Vaters als dem der Artgenossen, die in dem Jahr seine Nachbarn waren, als es zum ersten Mal selbst ein Revier besetzte. Allerdings finden sich in den Melodien auch Elemente von Vögeln, die in der Nähe des Nestes lebten, in dem die Meise schlüpfte. Das deutet auf zwei Lernphasen hin – eine im Nest und eine zweite nach dem Flüggewerden. Noch länger dauert die sensible Periode beim nordamerikanischen Rotschulterstärling: Er lernt sein ganzes Leben lang dazu. Das gleiche gilt für die Zuchtform des Kanarienvogels. Jedes Jahr ersetzt dieser ausgezeichnete Sänger große Teile seines Liedes durch neue Strophen.

Neben den Männchen, die als erwachsene Tiere selbst singen, müssen auch die Weibchen den arteigenen Gesang erlernen, damit sie später einen passenden Partner wählen können. Sie müssen jedoch nicht nur in der Lage sein, Männchen der eigenen Art von anderen zu unterscheiden, sondern auch, den Gesang ihres Vaters zu erkennen; da sich Inzucht meist negativ auf die Nachkommen auswirkt, dürfen sie sich nicht mit diesem paaren. Die Weibchen bevorzugen Partner, deren Gesang dem des Vaters nicht völlig ähnelt, aber auch nicht zu stark von ihm abweicht.

Fachleute nehmen an, daß sich Vögel ihre Gesänge in kleinen Abschnitten einprägen, die als „Phoneme" bezeichnet werden. Sie entsprechen den Silben in unserer Sprache und enthalten wie diese verschiedene Laute. Die Stückchen ihrer Lieder fügen die Tiere später, wenn sie selbst zu singen beginnen, wieder zusammen. Auf diese Weise wahren sie die Melodie, die sie erworben haben, können jedoch der endgültigen Version eine individuelle Note verleihen. Manche Silben übernehmen die Vögel unverändert, andere werden so lange abgewandelt und umgestellt, bis sie immer weniger der Urfassung gleichen.

So enthält der schlichte zwölfsilbige Gesang der Sumpfammer fünf bis sechs Silben, die dem Vorbild entsprechen, ein bis zwei improvisierte Variationen davon sowie fünf oder sechs Eigenkompositionen. Die erfundenen und improvisierten Silben sind meist komplizierter als die kopierten, was Wissenschaftler zu dem Schluß brachte, daß sich Singvögel tatsächlich schöpferisch betätigen können.

Bislang wurde in erster Linie der Gesang von Vogelarten untersucht, deren Lieder recht einfach sind. Wesentlich schwieriger ist beispielsweise die Erforschung der Melodien der amerikanischen Spottdrosseln, die die Rufe anderer Vögel sowie die verschiedensten Geräusche nachahmen. In diese Familie gehört der Sangesmeister der gefiederten Welt: die Rotbraune Spottdrossel. Ihr Vortrag ist einer der kompliziertesten im Vogelreich, da er sogar vierstimmige Passagen enthält. Wie dem Vogel dies gelingt, weiß noch niemand.

Varianten des Gesangsmusters von Dachsammerfinken an verschiedenen Stellen in der Umgebung von San Francisco (rot eingezeichnet)

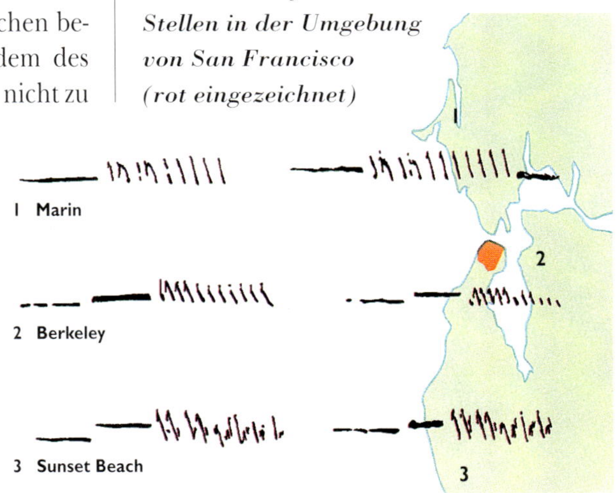

JENSEITS DES MENSCHLICHEN GEHÖRS

Viele Tiere senden akustische Signale aus, die außerhalb unseres Hörbereiches liegen. Elefanten verständigen sich beispielsweise mit sehr tiefen Tönen. Extrem hohe Frequenzen benutzen Wale – durch Ultraschall finden sie ihre Beute und stellen den Kontakt zu Artgenossen her.

Die Massai bemerkten immer wieder, wenn sie ihre Viehherden durch die ostafrikanische Savanne führten, daß Elefanten auf rätselhafte Weise ihre Artgenossen über diese Störungen benachrichtigten. Selbst Tiere, die sich in einer Entfernung von mehreren hundert Metern aufhielten, beendeten ihre Tätigkeiten – Staubbaden, Schlafen, Fressen oder Trinken – und trotteten davon. Die Menschen hörten in solchen Situationen weder ein lautes Trompeten noch andere Lautäußerungen oder Geräusche.

Aufgrund dieser Beobachtungen nahmen die Massai an, daß sich die Rüsseltiere auf geheimnisvolle Weise untereinander verständigen können. Diese alte Vermutung wurde durch neuere Forschung bestätigt: Die Tiere sind tatsächlich in der Lage, Kontakt mit ihren Artgenossen zu halten, ohne daß andere Lebewesen etwas davon bemerken.

Elefanten verfügen über ein vielfältiges Lautrepertoire. Cynthia Moss, die die Dickhäuter seit vielen Jahren in Kenia beobachtet, beschrieb 25 verschiedene Rufe in ganz bestimmten Situationen. Zu diesen Lauten zählen auch die geheimnisvollen „unhörbaren" Signale; dabei handelt es sich um Töne, die unterhalb des Hörspektrums der meisten Lebewesen liegen. Ein gesunder Mensch mit normalem Gehör nimmt Frequenzen von 20–20000 Hz wahr, aber bereits bei einem 30-Hz-Ton ist dazu eine hohe Lautstärke erforderlich. Der Bereich unter 20 Hz, in dem die Elefanten sich verständigen, wird als „Infraschall" bezeichnet.

Die Geheimnisse der Elefantensprache

Entdeckt wurden die tiefen Rufe der Elefanten von der Zoologin Katherine Payne, die auch die Gesänge der Buckelwale erforschte (siehe Seite 99), bei einem Zoobesuch. Sie stand vor dem Gehege der Indischen Elefanten, als sie bemerkte, wie ein leichtes Beben durch ihren Körper lief. Diese Empfindung erinnerte sie an das Gefühl, das sie hatte, wenn sie in der Kirche neben der größten und tiefsten Orgelpfeife stand. Sie beschloß, der Sache nachzugehen, und kehrte mit einem Tonbandgerät bewaffnet zurück, um die Elefanten aufzunehmen.

Während der Aufnahmen bemerkte Katherine Payne, daß zugleich mit dem Beben, das sie fühlte, ein Zittern über die Stirn der Elefanten lief. Häufig nahm sie dabei ein tiefes Grollen wahr. Alle diese Beobachtungen wurden protokolliert, während das Tonband lief. Danach erstellte die Forscherin von den Aufnahmen Sonagramme, die die Frequenzverteilung der Laute optisch darstellten. Überraschenderweise machten die gerade noch hörbaren Töne weniger als ein Drittel der aufgezeichneten Laute, die als „Kollern" bezeichnet werden, aus. Die von der Wissenschaftlerin unbemerkten Rufe bewegten sich in einem Frequenzbereich von 14–24 Hz.

Infraschall kann wesentlich weitere Strecken zurücklegen als ebenso laute Töne höherer Frequenz. Das Kollern von Artgenossen nehmen Elefanten noch aus vielen Kilometern Entfernung wahr. Dadurch können beispielsweise Tiere, die bei der Wanderung oder der Nahrungsaufnahme den Anschluß an ihre Gruppe verloren haben, wieder zurückfinden. Eine besonders wichtige Rolle spielt das Kollern jedoch bei der Fortpflanzung.

Mit einem Infraschallruf, dem sogenannten Kollern, teilt die Leitkuh den anderen Gruppenmitgliedern mit, daß sie die Wasserstelle verlassen und weiterziehen will.

Elefantenherden bestehen in der Regel aus erwachsenen weiblichen Tieren und Kälbern. Sie werden von einer alten, erfahrenen Kuh geleitet. Die ausgewachsenen Bullen dagegen leben einzelgängerisch und durchstreifen ständig die Aufenthaltsgebiete mehrerer Herden, immer auf der Suche nach einem brünstigen Weibchen.

Leider sind die Chancen, eine empfängnisbereite Partnerin zu finden, sehr gering, da eine Kuh nur etwa alle 5 Jahre wenige Tage lang brünstig ist. Die Tragzeit der Elefanten dauert fast 2 Jahre, und daran schließt sich noch eine mindestens ebenso lange Säugephase an. Um während ihrer kurzen Brunst einen Bullen zu finden, macht die Kuh deshalb ihre Paarungsbereitschaft im weiten Umkreis bekannt – mit Infraschall. Sie ruft mit einer charakteristischen Folge von sehr tiefen Tönen nach einem Partner. Besonders intensiv sind ihre Signale, wenn sie die Duftspur eines Bullen wittert, der vor nicht allzu langer Zeit vorübergezogen ist. Manchmal singen auch die anderen Weibchen der Herde im Chor mit, um ihr Gruppenmitglied bei der Partnersuche zu unterstützen.

Vergebliche Liebesmühe

Brünstige Elefantenkühe stoßen ein lautes Kollern aus, das bei geschlechtsreifen Bullen großes Interesse hervorruft. Um festzustellen, wie weit diese (für Menschen unhörbaren) Laute tragen, spielte das Team von Cynthia Moss in Kenia die Rufe vom Tonband ab. Aus bis zu 400 m Entfernung eilten daraufhin die Elefantenmännchen herbei, darunter auch ein besonders imposanter und aggressiver Bulle. Er blieb stehen und stürmte dann direkt auf den Landrover der Zoologen zu; das Fahrzeug ignorierte er, während er überall nach der „Dame" suchte, die ihn herbeigerufen hatte.

Afrikanische Elefanten, die sich durch die Savanne bewegen, halten ständig mit tiefen Rufen Kontakt. Fachleute vermuten, daß diese Laute bis zu 10 km weit reichen und dadurch auch entfernte Tiere wieder zu ihrer Herde führen.

Auf dieses Signal hin kommen von allen Seiten Elefantenbullen heran, vor allem solche, die gerade in Musth sind. In diesem Zustand, der mit einem hohen Spiegel des Sexualhormons Testosteron verknüpft ist, sind die Tiere sehr aggressiv und bereit, alle Nebenbuhler von einer brünstigen Kuh zu vertreiben. Sie lassen in dieser Situation häufig das sogenannte Musthrumpeln hören. Wenn mehrere etwa gleich große und gleich starke Musthbullen zur selben Zeit am Ort des Geschehens eintreffen, kämpfen sie darum, welcher von ihnen sich mit der empfängnisbereiten Kuh paaren darf.

Doch nicht nur bei der Fortpflanzung spielt das sehr vielgestaltige Kollern eine wichtige Rolle. Elefanten setzen es in verschiedenen Situationen ein, etwa bei der Begrüßung und bei der Kontaktaufnahme. Wenn die Herde grast, trinkt oder ein Schlammbad nimmt, mahnt die Leitkuh schließlich mit einem bestimmten Laut zum Aufbruch. Auch die Kälber stoßen bereits häufig ein typisches Kollern aus, mit dem sie beispielsweise die Zitze der Mutter fordern.

Rätselhafte Klänge aus dem Meer

Noch lauter als das Kollern der Elefanten sind die tiefen Rufe, die durch unsere Ozeane hallen. Sie haben eine recht konstante Frequenz von etwa 20 Hz und eine erstaunliche Lautstärke, die die Fachwelt früher zu der Ansicht brachte, sie könnten unmöglich von einem Lebewesen stammen.

Als die Wissenschaftler diese mysteriösen 20-Hz-Töne aufzeichneten, bemerkten sie, daß zwischen zwei Impulsreihen, die jeweils rund 15 Minuten dauerten, eine Pause von 2,5 Minuten Länge lag. Dieser Rhythmus stimmte mit dem Atemzyklus eines großen Bartenwales überein. Um das Phänomen genauer zu erforschen, bauten amerikanische Wissenschaftler mehrere Hydrophone (Unterwassermikrophone) am Meeresboden auf, mit denen sie ein dreidimensionales akustisches Bild des darüberliegenden Wassers erhalten wollten. So konnten sie nicht nur alle Geräusche aufnehmen, sondern auch genau bestimmen, welche Tiere sie erzeugten. Auf diese Weise fanden sie heraus, daß das 20-Hz-Signal von Finnwalen stammte, den zweitgrößten Bartenwalen. In ruhigem Wasser kann ein solcher Laut nach Berechnungen von Forschern mehrere hundert Kilometer weit reichen.

Mit lautem Stöhnen, das aufgrund seiner niedrigen Frequenz sehr weit zu hören ist, halten Finnwale Kontakt zu entfernt schwimmenden Artgenossen.

Häufig trifft man Finnwale allein oder zu zweit an. Damit sie von Artgenossen gehört werden können, muß ihr Stöhnen im Wasser noch in großer Entfernung vernehmbar sein; dies trifft besonders auf niedrigfrequente Töne zu. Um die Verständigung dieser Tiere zu erforschen, beobachteten Zoologen ein Pärchen, das in einem Abstand von mehreren Kilometern parallel schwamm. Einer der beiden Wale rief etwa 3 Stunden lang, worauf das andere Tier, das sich 5 km weiter östlich befand, antwortete. So-

Fleckendelphine stoßen Klicklaute im Ultraschallbereich aus, mit denen sie ihre Beute orten. Zur Verständigung mit Artgenossen verwenden sie tiefere Töne, die auch Menschen wahrnehmen können.

fort änderte der erste Wal seine Richtung und näherte sich dem Gefährten. Möglicherweise leben Finnwale nicht allein, sondern in großen, weit verstreuten Verbänden, die durch tiefe Töne in Kontakt bleiben. Bislang gibt es allerdings keinen Beweis für diese Annahme.

DELPHINE: MIT DEN OHREN SEHEN

Ähnlich wie Fledermäuse orten Delphine ihre Beutetiere mit Ultraschall. Sie erzeugen diese Klicklaute, indem sie Luft aus einer Aussackung in die Lunge pressen, wobei ein zischendes Geräusch entsteht. Die Melone, ein spezielles Organ unter der Stirn, bündelt die Laute wie eine akustische Linse. Treffen die Schallwellen auf ein Objekt, dessen Dichte sich von der des Wassers unterscheidet, etwa die Schwimmblase eines Fisches, werden sie reflektiert und kehren als Echo zu den Delphinen zurück. Vom Unterkiefer aufgefangen, gelangen sie durch einen ölgefüllten Kanal zum Trommelfell.

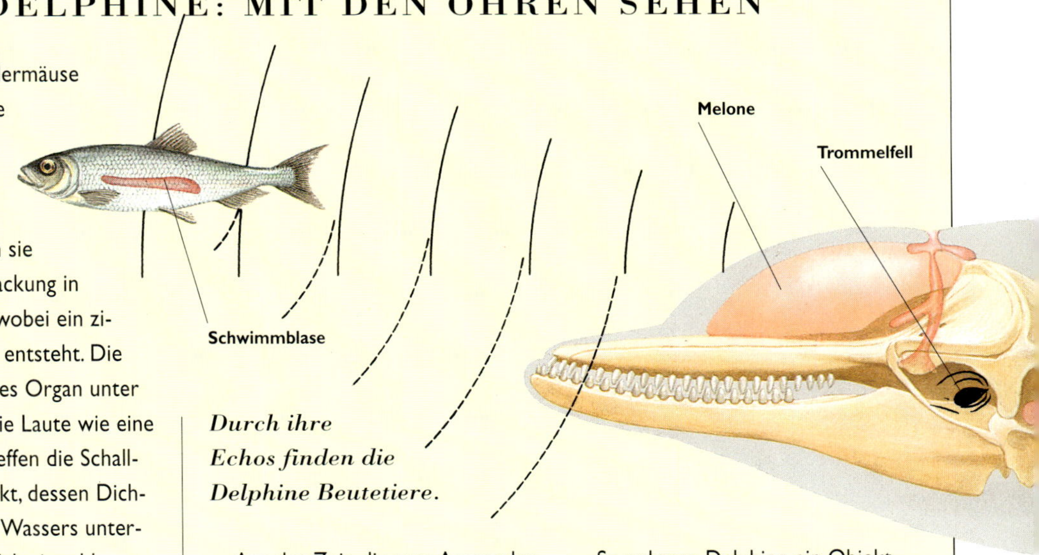

Durch ihre Echos finden die Delphine Beutetiere.

Aus der Zeit, die vom Aussenden des Schalles bis zur Ankunft des Echos vergeht, schätzen die Tiere die Entfernung der Beute. Je höher die Frequenz der Klicktöne ist, desto genauer orten sie ihr Opfer.

So nehmen Delphine ein Objekt von Mandarinengröße noch in 120 m Entfernung wahr. Sie können erkennen, ob es lebendig oder tot, massiv oder hohl ist und aus welchem Material es besteht.

Mit Klicks auf Beutesuche

Während sich Infraschall über große Entfernungen ausbreiten kann, reicht Ultraschall, der höher als die menschliche Hörgrenze liegt, nur über verhältnismäßig kurze Distanzen. Er läßt sich allerdings zu einem engen Strahl bündeln, der um so schmaler wird, je höher die Tonfrequenz steigt.

Diese Eigenschaft des Ultraschalls machen sich die Zahnwale, zu denen beispielsweise die Delphine und Orkas gehören, zunutze. Wie die Fledermäuse in der Luft, finden die Delphine im Wasser ihre Beutetiere mit kurzen Ultraschallsignalen, den sogenannten Klicks. Entfernung, Größe, Form und Beschaffenheit von Objekten können die Tiere erstaunlich genau an den Echos ablesen, die sie empfangen (siehe Kasten oben). Wenn sie etwa einen Fisch ausgemacht haben, nähern sie sich ihm und senden gleichzeitig in immer kürzeren Abständen Klicks aus, um die Beute ganz exakt zu orten. Ihre Augen benötigen sie dabei nicht. Die sehr aufwendige Verarbeitung dieser Signale erfolgt im Gehirn, das bei den Delphinen wie bei allen Walen ungewöhnlich groß und kompliziert gebaut ist. Das mächtige Gehirn befähigt die Tiere auch zu erstaunlichen Gedächtnisleistungen. So speichern die Wale, die jedes Jahr weite Wanderungen unternehmen, viele Jahre lang alle Informationen über die riesigen Gebiete, in denen sie sich bewegen. Alle diese Fähigkeiten, zusammen mit der Verständigung und dem Sozialverhalten, machen die Intelligenz der Delphine aus – eine Intelligenz, die Menschen nicht begreifen können (siehe auch Seite 151–152). Über Sprache oder Kultur im menschlichen Sinn verfügen diese hochentwickelten Tiere nach den bisherigen Erkenntnissen der Fachleute nicht.

Einige Wissenschaftler nehmen an, daß Delphine mit ihren Ultraschallauten Beutetiere nicht nur lokalisieren, sondern auch betäuben oder sogar töten können. Dazu sollen sie laute Schallstöße einsetzen, die den Gleichgewichtssinn der Fische betäuben. Daß Delphine solche intensiven Impulse erzeugen, wurde bereits nachgewiesen; ob sie sie tatsächlich zur Jagd einsetzen, ist allerdings noch nicht gesichert.

Walgesänge

Die meisten Wale verständigen sich akustisch, da sie im trüben Wasser häufig nur wenige Meter weit sehen können. Zu den stimmfreudigsten Arten gehört der Beluga oder Weißwal aus der Arktis, dessen Verbände mehrere tausend Tiere umfassen können. Seine sehr variablen Zirp- und Heullaute hallten einst durch die hölzernen Rümpfe der Segelschiffe, deren Matrosen den Wal „Kanarienvogel des Meeres" tauften. Seine Gesänge tragen weit, und selbst in einer großen Gruppe können einzelne Tiere miteinander kommunizieren. Bei Alarm tauchen alle singend in tiefe Gewässer ab.

Gruppenleben in lichtloser Tiefe

Pottwale, die ebenfalls zu den Zahnwalen gehören, sind zwar fast ebenso groß wie Finnwale, haben jedoch ein völlig anderes Lautrepertoire als diese; sie erzeugen keine besonders tiefen Töne, sondern Klicks, die innerhalb unseres Hörspektrums sowie im

Pottwale erkennen sich an individuellen „Klickmelodien" im Ultraschallbereich.

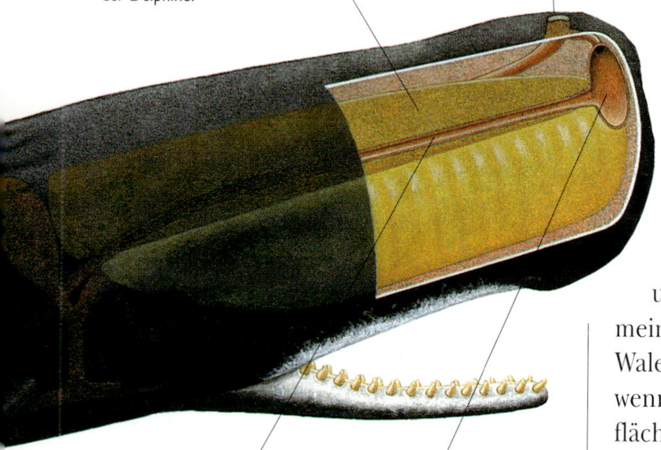

DIE RUFE DES POTTWALES

Ultraschallbereich liegen. Die Wale orientieren sich nicht nur mit diesen Lauten, sondern verständigen sich auf diesem Weg auch untereinander, da sie sich vorwiegend in großen Tiefen aufhalten, wo sie sich aufgrund der Finsternis nicht sehen.

Jede Pottwalgruppe hat ihre ganz individuelle, unverwechselbare Ausprägung von Klicks, die man als „Coda" bezeichnet. Damit wissen die Tiere jederzeit, wo sich die einzelnen Mitglieder ihrer Gruppe aufhalten, etwa nach einem Tauchgang in große Tiefe. Der Verband, der aus weiblichen und jungen Tieren besteht, taucht gemeinsam hinab. Dabei verteilen sich die Wale, um einzeln nach Nahrung zu suchen; wenn sie anschließend wieder zur Oberfläche aufsteigen, orten sie sich mit ihren Lauten und erkennen sich wahrscheinlich auf diese Weise auch persönlich. Außerdem tauschen sie damit Warnsignale aus, die die ganze Gruppe zusammenrufen.

Ultraschall eignet sich nicht sehr gut dazu, Botschaften über weite Strecken unter

Pottwale leben in Weibchengruppen, deren Mitglieder in der dunklen Tiefsee nur mit Lauten in Verbindung bleiben können.

Wasser zu übertragen. Um dieses Manko wettzumachen, „schreien" die Pottwale. Dadurch sind ihre Laute noch in mindestens 10 km Entfernung zu hören, wahrscheinlich sogar wesentlich weiter.

Beim Tauchen klicken die Tiere fast pausenlos. Da sie in den nachtschwarzen Tiefen des Meeres ihre Beute kaum sehen können – mit Ausnahme solcher Arten, die Leuchtorgane tragen –, müssen sie sie mit Schall aufspüren. Dies tun Pottwale, ebenso wie die Delphine, durch Echoortung. Gelegentlich stoßen sie jedoch einzelne sehr laute Klicks aus; bei diesen handelt es sich nach Ansicht einiger Wissenschaftler um Impulse, mit denen Fische betäubt oder gar getötet werden. Allerdings konnte noch niemand diese Art des Beutefanges nachweisen.

Die Klicktöne der Pottwale werden vermutlich im Nasengang und in den Luftsäcken im Kopf erzeugt. Wie alle Zahnwale besitzen die Tiere nur eine Nasenöffnung, das Blasloch, zu dem der linke Nasengang führt. Der rechte Nasengang dagegen mündet nicht nach außen, sondern führt über ein Ventil in eine dehnbare Aussackung, den vorderen Nasensack (siehe Abbildung links). Ein weiterer Nasensack, ebenfalls mit dem rechten Nasengang verbunden, liegt am hinteren Ende des Kopfes. Vermutlich versetzen Muskeln die Wände dieses luftgefüllten Komplexes in Vibration, so daß Töne entstehen. Diese werden dann vom Spermaceti-Kissen, das den größten Teil des mächtigen Kopfes einnimmt, zu einem gerichteten Strahl gebündelt. Dabei verhindern wahrscheinlich die Schädelknochen, daß der Schall nach hinten, ins Ohr des Pottwales, gelangt. Der ausgesandte Schall wird von Objekten wie Fischen oder Kraken reflektiert, und die zurückgeworfenen Echos liefern den Walen Angaben über Art, Geschwindigkeit und Bewegungsrichtung der Opfer.

Mit ihren Ultraschallauten können die Pottwale wahrscheinlich nicht nur Informationen über Beutetiere sammeln, sondern auch über andere Pottwale, denen sie unterwegs begegnen. Die Meeresriesen sind in der Lage, einen nahenden Artgenossen mit ihrem Echolot abzutasten, wobei sie sowohl die Form und Größe der Tiere als auch deren Absicht wahrnehmen. Manche Wissenschaftler vermuten gar, daß die Meeressäuger die Stimmung eines anderen Wales per „Fernabfrage" seiner Herzfrequenz zu beurteilen vermögen. Wenn ein Wal erregt ist, schlägt sein Herz schneller, in entspannter Stimmung dagegen langsamer.

Der französische Meeresforscher Jacques-Yves Cousteau und sein Team folgten einmal einer Pottwalgruppe, die von einem Bullen begleitet wurde. Anfangs fingen die Hydrophone, die Cousteaus Mannschaft ins Wasser hinabließ, die Laute mehrerer Tiere ein, doch als das Schiff dichter herankam, war nur noch ein lautes Klicken zu hören. Es kam eindeutig von dem erwachsenen Männchen. Dann schwamm der Bulle auf das Schiff zu und atmete heftig aus. Offensichtlich wollte er die Forscher gezielt von den Weibchen und deren Jungen weglocken, die unterdessen lautlos in die Gegenrichtung davonzogen.

HÖRBARE FAMILIENBANDE

Orkas, auch Schwertwale genannt, sind die größten Delphine; wie ihre kleineren Verwandten orientieren sie sich mit Ultraschall-Klicks und finden ihre Beute mit diesen Lauten. Um sich mit ihren Artgenossen zu verständigen, verfügen sie darüber hinaus noch über eine breite Palette von Schreien, Rülps- und Pfeiflauten, die im menschlichen Hörbereich liegen.

Besonders gut untersucht sind die Orkas, die in der Umgebung von Vancouver Island und im Puget Sound an der nordamerikanischen Pazifikküste leben. Einzelrufe, von denen es etwa ein Dutzend Varianten gibt, sind vor allem zu hören, wenn sich die Gruppe verteilt, um auf Nahrungssuche zu gehen. Jedes Tier gibt die gleichen Laute ab und wiederholt sie ständig, gleichgültig, womit es sich gerade beschäftigt.

Interessanterweise hat jeder Schwertwalverband seinen eigenen „Dialekt", der sich viele Jahre lang kaum verändert. In der Region Vancouver haben mehrere Gruppen sehr ähnliche Dialekte – ein Hinweis darauf, daß sie von einer gemeinsamen Familie abstammen, die zu groß wurde und schließlich in kleinere Gruppen zerfiel. Verbände mit ähnlichen Dialekten werden von den Forschern zu „Clans" zusammengefaßt; man geht davon aus, daß diese Tiere in mehr oder weniger regelmäßigem Kontakt stehen, indem sie sich beispielsweise zur Fortpflanzung treffen.

Die Vielfalt der Dialekte bei den Orkas deutet darauf hin, daß sie ihre Lautäußerungen erlernen müssen. Solche unterschiedliche Akzente in den Lautäußerungen sind für Säugetiere sehr ungewöhnlich; bisher wurden sie ansonsten nur noch beim Menschen nachgewiesen.

Orkas verständigen sich in ihrer Gruppe durch verschiedene Rufe, jede Familie mit einem eigenen Dialekt.

ZEICHENSPRACHE

Arten, die sich mit den Augen orientieren, zeigen ihre Stimmungen durch auffallende Bewegungen und Haltungen oder präsentieren speziell für diesen Zweck umgestaltete Körperteile. Manche Tiere können ihre Absichten auch ganz subtil durch ihre Mimik ausdrücken.

An einem Korallenriff im Pazifik bewegt sich ein Taucher langsam auf einen Grauen Riffhai zu. In aller Regel meidet dieser Jäger Menschen, doch wenn sich diese nicht um seine Warnungen kümmern, wird es ungemütlich. Der Graue Riffhai besetzt nämlich ein Revier, das er vehement gegen Eindringlinge verteidigt – und zwar nicht nur gegen Artgenossen, sondern auch gegen menschliche Taucher.

Nähert sich ein vermeintlicher Konkurrent, versucht der Hai zunächst, der Konfrontation auszuweichen. Kommt der Taucher noch näher heran, macht er einen Buckel, senkt seine Brustflossen, hebt die Schnauze und schwimmt steif und unbeholfen herum. Nun muß der Eindringling den Rückzug antreten; wenn er es nicht tut, schießt der Fisch auf ihn zu, prallt mit aufgerissenem Rachen gegen den Arm des Tauchers und entfernt sich danach rasch.

Haie sind wie viele andere Fische stumm und haben keine grellbunten Körperteile als auffällige Signalgeber (mit Ausnahme von Tiefsee-Arten, die Leuchtorgane besitzen). Um ihr Revier zu kennzeichnen, können sie keine Duftmarken setzen, wie es beispielsweise Landraubtiere tun, und auch nicht singen, wie die Vögel, sondern sie markieren ihr Gebiet mit dem ganzen Körper. Die eben beschriebene Haltung des Grauen Riffhais ist eine Drohung, die dem Rivalen sagen soll: „Komm nicht näher, oder ich greife an!" Seine Absichten zeigt er unmißverständlich – nicht mit Geräuschen oder Düften, sondern mit Körpersprache.

Bei zahlreichen Tieren hat diese Verständigungsweise eine wichtige Funktion übernommen. Durch bestimmte Haltungen und Bewegungen können etwa Rangverhältnisse geklärt und lebensgefährliche Auseinandersetzungen vermieden werden. Solche Botschaften gewinnen um so mehr an Bedeutung, je mehr Tiere miteinander in Kontakt stehen. In Gruppen mit einer festen Sozialstruktur sind Signale zur Aufrechterhaltung der Ordnung besonders wichtig, z. B. bei den Hammerhaien. Während die meisten ihrer Verwandten Einzelgänger sind, versammeln sich diese Haie oft in großer Zahl, vor allem zur Fortpflanzung. Im Ostpazifik etwa treffen sich diese Tiere, die in der Nacht allein auf Jagd gehen, tagsüber an bestimmten Orten. Dort schwimmen sie offenbar ziellos in Formation auf und ab – die älteren oben, die jüngeren unten. Bei diesen täglichen Promenaden zeigen die

Viele Haie, hier ein Ammenhai, verständigen sich mit ihren Artgenossen durch Körpersprache.

Tiere recht sonderbare Schwimmbewegungen. Von Zeit zu Zeit dreht ein Hai den Kopf, schwimmt seitlich weg, dreht sich korkenzieherartig um 360° und stößt dabei seinen Nachbarn. Was diese Form der Körpersprache ausdrückt, ist bislang nicht bekannt, doch sicherlich dient sie dem Gruppenzusammenhalt.

Viele Menschen halten Haie für „hirnlose“ Tötungsmaschinen, doch in Wirklichkeit sind sie außerordentlich hoch entwikkelte Tiere. Manche Arten besitzen sogar ein im Verhältnis zur Körpergröße recht voluminöses Gehirn, allerdings dient wahrscheinlich ein beträchtlicher Teil von dessen Kapazität der Verarbeitung von Sinneseindrücken, vor allem des Geruchssinnes, während der Jagd.

In Laborversuchen zeigten Haie, daß sie die Lösung mancher Aufgaben genau so schnell beherrschen können wie einige Vögel oder Nagetiere. Zitronenhaie, deren Fähigkeiten vor der Küste Floridas getestet wurden, lernten beispielsweise ebenso rasch wie Kaninchen, den Weg durch ein Labyrinth zu finden.

Andere Tests ergaben, daß Haie ihr Verhalten veränderten Bedingungen anpassen können. Zitronenhaie, die in zahlreichen Experimenten eingesetzt wurden, lernten, an einer bestimmten Stelle einen Zielpunkt mit der Schnauze zu drücken, eine Glocke zu läuten und dann ihre Belohnung an einem anderen Ort abzuholen. Auf einem kalifornischen Marinestützpunkt, wo Robben, Delphine, Schwert- und Grindwale für militärische Zwecke abgerichtet werden, dressierte man zwei Ammenhaie auf ähnliche Aufgaben, wie sie Delphine in Shows vorführen. Das bedeutet nicht unbedingt, daß Haie so intelligent sind wie Wale; allerdings deuten neuere Forschungsergebnisse darauf hin, daß diese Fische durch ihre Körpersprache, die die Verhaltensforscher erst jetzt genauer zu untersuchen beginnen, komplizierte Botschaften untereinander austauschen können.

Bei männlichen Winkerkrabben (rechts im Bild) entwickelt sich eine Schere zu einem mächtigen Signalorgan, mit dem die Tiere Weibchen anlocken.

Winksignale mit Armen und Beinen

Die Verständigung durch Gesten ist im Tierreich weit verbreitet, vor allem unter den Wirbellosen. Meist beherrschen diese Arten keine Gebärden„sprache“ im menschlichen Sinn, sondern nur ganz wenige Bewegungen – häufig mit speziell dafür umgebildeten Gliedmaßen –, die sie bei bestimmten Gelegenheiten zeigen. Bei den Winkerkrabben, die bei Ebbe tropische Strände und Mangroven bevölkern, winken die Männchen mit ihren leuchtendbunten, gewaltig vergrößerten Scheren, um Geschlechtspartnerinnen anzulocken. Diese Winkbewegungen sind der zentrale Bestandteil ihres auffallenden Balztanzes. Jede Winkerkrabbenart zeigt übrigens andere Tanzschritte und ein eigenes Scherenbewegungsmuster; begleitend äußert sie ganz besondere Laute, um Verwechslungen zu vermeiden.

Zum Anlocken von Weibchen haben sich im Tierreich verschiedenste, oft skurrile Signale entwickelt. Unweit der über den Mangrovenschlamm tanzenden Winkerkrabben machen seltsame Fische, die mehr an Land als im Wasser leben, auf sich aufmerksam: Schlammspringer. Eifrig spreizen die Männchen ihre Rückenflosse ab und recken sich auf ihrem Schwanz empor, um die Blicke vorbeikommender Weibchen auf sich zu lenken. Laubfrösche werben zwar gewöhnlich mit ihrer lauten Stimme, doch in den Wäldern Neuguineas, wo ihr Quaken vielerorts vom Tosen naher Wasserfälle übertönt wird, rufen die Tiere nicht mehr, sondern locken ihre Partner durch „Beinschlenkern" an. Dabei strecken die unauffällig dunkelgrün gefärbten Frösche die Beine und lassen ihre hellblauen Füße vorschnellen.

Wenn sich eine Partnerin eingefunden hat, sind für manche Werber die Bemühungen allerdings noch nicht beendet. So müssen Wolfsspinnenmännchen das Weibchen vor der Paarung besänftigen, indem sie ihre Vorderbeine und Kiefertaster in einer ganz bestimmten Weise schwenken. Bei der Tarantelart *Lycosa rabida* beugt das Männchen die Vorderbeine und läßt die Kiefertaster kreisen. Nach mehreren Drehungen hebt es ein Bein und streckt es aus, während es mit dem Hinterleib zittert und mit den Kiefertastern trommelt. Wenn der Umworbenen seine Signale genehm sind, antwortet sie durch Beinbewegungen – andernfalls muß sich das Männchen aus dem Staub machen, sonst riskiert es, von ihr verspeist zu werden.

Springspinnen, die sich besonders stark mit den Augen orientieren, halten noch dramatischere Werbezeremonien ab. Auffällig gefärbte Männchen präsentieren ihre bunten Körperstellen mit arttypischen Bewegungen: Sie wiegen sich hin und her oder hüpfen seitlich vor das Weibchen, wo sie ihre Beine und Beintaster in einer ganz bestimmten Weise schwenken. So winkt das Männchen der im Mittelmeergebiet lebenden Art *Saitis barbipes* mit seinem behaarten, leuchtendbunten dritten Beinpaar.

Doch die Partnerwerbung ist bei vielen Insekten und Spinnen nicht die einzige Gelegenheit für den Einsatz optischer Signale. Männliche Wolfsspinnen, die oft in großen Gruppen zusammenleben, legen mit Gesten ihre Rangordnung fest. Dominante Männchen geben sich durch Beinbewegungen zu erkennen, und untergeordnete Tiere zeigen Demutshaltungen, wenn sie angegriffen werden.

Eine nordamerikanische Sattelschrecke verwirrt einen Freßfeind, indem sie diesem ihren kontrastreich gezeichneten Bauch präsentiert.

Viele Tiere, darunter auch einige Heuschreckenarten, benutzen auffallende Körperhaltungen, um Feinde abzuschrecken. Die Riesen-Weta-Schrecke aus Neuseeland beispielsweise reckt zu diesem Zweck ihre gewaltigen Hinterbeine hoch über den Körper, und nordamerikanische Sattelschrekken der Gattung *Neobarrettia* spreizen die Flügel, stemmen sich auf ihrem zweiten Beinpaar hoch und heben ihre Vorderbeine über den Kopf. So wirken sie wesentlich größer, als sie tatsächlich sind.

Kopfarbeit

Arme und Beine sind nicht die einzigen Körperteile, die bei der Kommunikation mit Zeichensprache zum Einsatz kommen können. Mit dem Kopf verständigen sich viele Reptilien, etwa die Meerechse der Galapagosinseln und der Nashornleguan von den Antillen. Sie nicken heftig mit dem Kopf, um ihre Rivalen einzuschüchtern, und tragen sogar regelrechte „Turniere" aus, bei denen sich die Männchen mit ihrem Nicken

Viele Spinnen, wie diese südafrikanische Art, drohen durch Anheben der Kiefertaster und des vordersten Beinpaares.

Mit Liegestützen bemüht sich der Gelbkopf-Halsbandleguan aus Nordamerika, Weibchen zu beeindrucken und Rivalen einzuschüchtern.

gegenseitig zu überbieten versuchen. Auch viele Landschildkröten zeigen beim Liebeswerben oder bei aggressiven Auseinandersetzungen mit Rivalen solche Auf-und-Ab-Bewegungen des Kopfes. Nicht senkrecht, sondern waagrecht bewegt die Arizona-Krokodilschleiche ihren Kopf. Diese Verhaltensweisen sind den Tieren sicher angeboren und müssen nicht erlernt werden, denn die Echsen beherrschen das Imponiergehabe bereits sofort nach dem Schlüpfen aus dem Ei.

Mehr Schein als Sein

Wenn sich ihm ein Geschlechtsgenosse drohend nähert, hebt und senkt der männliche Halsbandleguan seinen Körper so wild, daß er gelegentlich sogar vom Boden abhebt. Bei Gefahr richtet sich die Echse auf die Hinterbeine auf, hebt den Schwanz und läuft, so schnell die Füße sie tragen; dabei sieht sie aus wie ein kleiner Dinosaurier. Auf andere Weise versucht ein Chuckwalla, der sich bedroht fühlt, seinen Gegner abzuschrecken: er drückt sich entweder flach auf den Boden oder bläst sich auf, um besonders groß zu wirken. Ebenfalls größer zu erscheinen, als er tatsächlich ist, versucht Goulds Waran aus Australien, wenn er sich hocherhobenen Hauptes mit aufgesperrtem Maul auf die Hinterbeine stellt.

Trotz ihres scheinbar trägen Charakters gebärden sich Chamäleons gegenüber Rivalen mitunter höchst aggressiv und verfügen über ein großes Repertoire an Signalen, mit denen sie ihre Absichten äußern. Wenn sich zwei Männchen begegnen, stellen sie sich Kopf an Kopf auf, pumpen Luft in ihren Körper und nehmen ihre buntesten Farben an, um ihre Qualitäten besonders zur Geltung zu bringen. Bedächtig wiegen sie sich hin und her, das Maul weit aufgerissen, damit der leuchtendbunte Rachen gut zu sehen ist. Da sich die Gegner bei einer ernsthaften Beißerei schwer, ja sogar tödlich verletzen können, versuchen die Tiere Kämpfe zu vermeiden; durch das Imponiergehabe können sie die Größe ihres Gegenübers einschätzen und sich noch rechtzeitig zurückziehen.

Ein besonderes Merkmal zur Unterstreichung ihrer Drohgebärden besitzen die Männchen der in der Neuen Welt lebenden Anolis-Echsen: eine meist leuchtend gefärbte Kehlwamme, die sie bei Bedarf aufrichten können (siehe Foto Seite 112). Während diese Spezialbildung in Normalhaltung kaum zu sehen ist, übertrifft ihre Größe im abgespreizten Zustand bei manchen Arten sogar die des Kopfes. Das auffällige Signal dient gleichermaßen der Abwehr von Rivalen und Feinden sowie dem Anlocken von Weibchen. Das Männchen des Rotkehl-Anolis beginnt sein Balzritual mit Kopfnicken und dem Aufrichten der Kehlwamme. Dann stolziert es steifbeinig auf das Weibchen zu.

Während die Anolis ihre Kehlwamme sowohl bei der Partnerwerbung als auch bei der Feindabwehr einsetzen, nutzen andere Echsen optische Signale nur zur Abschreckung, etwa die in Australien lebende Kragenechse. Den großen Hautlappen, der ihren Kopf umgibt und gewöhnlich eng am

Durch heftiges Kopfnicken bedrohen sich die Männchen der nordamerikanischen Gopherschildkröte.

Der australische Blauzungenskink verjagt Feinde, indem er seine große blaue Zunge vorschnellen läßt.

Hals anliegt, kann sie blitzartig wie einen Schirm abspreizen. Der ebenfalls in Australien beheimatete Blauzungenskink kann seine mächtige blaue Zunge zur Abschreckung von Feinden weit ausstrecken.

Optische Signale sind in der Regel nur auf kurze Distanzen wirksam. Wenn sich der Empfänger in größerer Entfernung befindet oder Pflanzen die Sicht behindern, kommen sie oft überhaupt nicht zur Geltung. Manche Tiere haben deshalb Methoden entwickelt, mit denen sie die Auffälligkeit ihrer Zeichen verstärken können.

Berauschende Farben

Zu den Vögeln mit dem schönsten Federkleid gehören zweifellos die Paradiesvögel Neuguineas und Australiens. Ihre Farbenpracht wird noch durch kraftvolle Tänze, ungewöhnliche Haltungen und lautstarke Gesänge betont. Eine der eindrucksvollsten Werbezeremonien veranstalten die Männchen von Raggis Großem Paradiesvogel. Sie versammeln sich in großer Zahl in den Wipfeln bestimmter Bäume, wo sie den Weibchen ihre Gemeinschaftsbalz darbieten. Um die Zuschauerinnen zu beeindrucken, tragen die Männchen Gelb am Oberkopf und Smaragdgrün an der Kehle, lange fadenförmige Anhänge am Schwanz sowie orangerote, filigrane Schmuckfedern, die von ihrem Rücken nach hinten fallen, so daß eine lange, buschige Schleppe entsteht. Jedes Jahr nach der Mauser wachsen den Tieren noch längere Federn, so daß ihre Chancen, eine Partnerin zu erobern, mit zunehmendem Alter steigen.

Die große Vorstellung beginnt bei Tagesanbruch, wenn die schrillen Rufe der Vögel, die sich bereits auf dem Balzbaum eingefunden haben, die recht unscheinbaren Weibchen sowie weitere Männchen anziehen. Einzeln hätten die Tiere nur geringe Erfolgsaussichten, so daß sie gemeinsam um die Gunst der Hennen werben müssen. Sobald das erste Weibchen auftaucht, bricht ein gewaltiger Radau los – die Bewerber rufen aufgeregt durcheinander, plustern sich auf, verbeugen sich, schlagen mit den Flügeln und werfen ihre langen Schmuckfedern nach oben. Mit steigender Erregung gehen ihre Rufe in ein hohes Gurren über. Schließlich trifft die Henne ihre Wahl, indem sie sich zu einem der Männchen gesellt, das sich daraufhin beruhigt. Kopfunter an einem Ast hängend, bietet es seiner Partnerin einen Hochzeitstanz dar. Entrückt wiegt sich der Vogel hin und her, wirft seine Schmuckfedern über den Kopf und läßt sie dort erzittern. Endlich paaren sich die beiden, die Henne verläßt ihren Partner und zieht die gemeinsamen Nachkommen allein auf.

Durch Abspreizen seiner leuchtenden Kehlwamme versucht ein Anolismännchen aus dem Regenwald Costa Ricas, die Aufmerksamkeit eines Weibchens zu erringen.

Zu den faszinierendsten Balzzeremonien gehören die von Raggis Großem Paradiesvogel (rechts). Hier ist es einem Männchen gelungen, mit seinem farbenprächtigen Schleiertanz ein Weibchen für sich zu gewinnen.

Vorsichtige Annäherung

Aufwendige Balzzeremonien sind vor allem bei den Tierarten notwendig, die als Einzelgänger leben und den Kontakt mit Artgenossen meiden, da sie mit ihnen um Lebensraum und Nahrung konkurrieren. Auffallende Bewegungen sollen die Scheu der künftigen Partner voreinander überwinden helfen und ihre Angriffslust dämpfen. So wendet ein Baßtölpelweibchen bei der Werbung den Kopf ab, wenn das Männchen sich nähert. Häufig reagiert dieses zunächst aggressiv, so daß seine Partnerin es mit einer Demutshaltung beschwichtigen muß.

Werbende Haubentaucher vollführen einen „Pinguintanz", bei dem sie hoch aufgerichtet auf dem Wasser zu stehen scheinen.

Vögel zeigen bei der Balz häufig Verhaltensweisen, die sonst in völlig anderen Situationen auftauchen, etwa Gefiederputzen, Fressen und Trinken. So werfen einige Entenarten den Kopf in den Nacken, als ob sie ihre Federn einölen wollten. Die eigentliche Funktion dieser Bewegung ist verlorengegangen; das Putzverhalten wurde „ritualisiert". Es soll den Partner beschwichtigen.

Übertriebene Reize

Eine eindrucksvolle Balz bieten die Männchen der Widavögel Afrikas. Dabei spielt ihr Schwanz, der bei einigen Arten viermal so lang ist wie der übrige Körper, eine Hauptrolle. In der Fortpflanzungszeit präsentieren die Männchen im langsamen Tiefflug mit ruckartigen Flügelschlägen ihren wehenden Schweif. In einem Experiment verlängerten Wissenschaftler den Schwanz einiger Tiere durch Ankleben zusätzlicher Teile. Diese ungewöhnlich langen Federn brachten ihren Besitzern klare Vorteile: Sie lockten zweimal so viele Weibchen in ihre Reviere wie die Konkurrenz.

Bei einigen Vogelarten wird die Wirkung dieser ritualisierten Bewegung noch durch auffallend gefärbte Gefiederpartien gesteigert, die beim Putzen besonders gut zu sehen sind. Der Stockerpel beispielsweise präsentiert beim Heben des Flügels einen Fleck schillernder Federn. An den unterschiedlichsten Körperstellen können Vögel auffallende Farben tragen. Blaufußtölpel haben große blaue Füße, mit denen sie ihrer Partnerin bei der Balz zuwinken, männliche Fregattvögel blasen einen gewaltigen roten Kehlsack auf, um die Weibchen zu beeindrucken. Gelbhauben-Kakadus stellen einen schwefelgelben Federschopf auf, während Pfauen und Argusfasane ihre prächtigen Schmuckfedern zu einem großen Rad aufrichten.

Beschwichtigend wirken auch Verhaltensweisen, die für Jungvögel typisch sind, etwa das Betteln. Möwenpaare trippeln deshalb in der Balz schnabelsperrend nebeneinander her. Manche Vogelarten kombinieren Gesten, die sonst in völlig unterschiedlichen Situationen vorkommen, zu einer komplizierten Werbezeremonie, um einen Partner anzulocken und zu besänftigen, beispielsweise der Haubentaucher. Zunächst schütteln die Partner mit gesträubter Haube und gesenktem Schnabel ihre Köpfe, wobei das Wegdrehen des Kopfes beschwichtigt. Danach folgen verschiedene beruhigende Gesten wie Scheinputzen und Präsentieren von Wasserpflanzen als Geschenk. Dazwischen taucht zuweilen einer der beiden Vögel, während der andere seine Flügel rechtwinklig nach der Seite abstellt, die Kopffedern abspreizt und den Kopf zwischen die Schultern zieht. Schließlich richten sich die zwei Vögel im sogenannten Pinguintanz Brust an Brust voreinander auf, wobei sie häufig Pflanzen im Schnabel tragen, die sie am Seegrund abgerissen haben. Sie steigen fast senkrecht aus dem Wasser auf und scheinen auf der Oberfläche zu stehen, während sie durch rasches Paddeln die Balance halten.

Signale, die die Aggression von Artgenossen dämpfen sollen, sind natürlich nicht auf Vögel beschränkt. Bei gesellig lebenden Tieren gehören sie zum alltäglichen Verhalten. Viele Säugetiere, beispielsweise Wölfe, zeigen ranghöheren Gruppenmitgliedern bei Streitigkeiten ihren empfindlichsten Körperteil, wobei eine angeborene Hemmung verhindert, daß die Überlegenen zubeißen. Affen nähern sich dominanteren Tieren häufig, indem sie wie bei einer Paarungsaufforderung ihr Hinterteil präsentieren; auch dieses Verhalten wirkt besänftigend.

Seine auffallenden blauen Füße setzt das Blaufußtölpelmännchen bei der Partnerwerbung ein.

STIMMUNGEN INS GESICHT GESCHRIEBEN

Vor mehr als 100 Jahren veröffentlichte Charles Darwin seine Abhandlung *Der Ausdruck der Gemütsbewegungen bei dem Menschen und den Tieren*, in der er die Verständigungsweisen der Tiere beschrieb. Er stellte fest, daß Affen viele Stimmungen sehr ähnlich ausdrücken wie der Mensch und daß die Mimik dabei eine ganz besondere Rolle spielt. Nur manche Säugetiere sind allerdings in der Lage, sich auf diese Weise zu verständigen, da sie die dazu notwendigen Muskeln besitzen. Diese starke Beweglichkeit von Lippen, Mundwinkeln, Augen, Lidern, Brauen und Stirnhaut findet sich insbesondere bei Raubtieren und Primaten.

Darwins Überzeugung, daß die Ausdrucksformen von Affen und Menschen auf die gleichen Wurzeln zurückgehen, wurde inzwischen in zahlreichen wissenschaftlichen Arbeiten bestätigt. Indem die Verhaltensforscher Gesichtsausdrücke verschiedener Affen und Menschen analysierten, konnten sie zeigen, wie sich die Mimik im Lauf der Stammesgeschichte entwickelt hat. Unsere nächsten Verwandten sind uns auch in ihren Gesichtsausdrücken am ähnlichsten.

Manche Stimmungen drücken Menschenaffen und Menschen in der gleichen Weise aus. Junge Gorillas und Schimpansen beispielsweise schmollen ähnlich wie Kinder, wenn sie sich verlassen fühlen oder nicht bekommen, was sie wollen: Sie schieben die Lippen zu einer Schnute vor. Ebenfalls zwischen den Arten verstanden wird das Spielgesicht mit entspanntem, mehr oder weniger weit geöffnetem Mund. Häufig ist dieser Ausdruck noch von bestimmten Lauten begleitet – bei Menschenaffen von heftigem rhythmischem Keuchen, beim Menschen von lautem Lachen.

Auch unter Erwachsenen sind einige Stimmungen „universell" verständlich. Ein intensives Anstarren bedeutet in der Regel eine Drohung; aus diesem Grund sollte man auch einem ausgewachsenen Gorilla nicht direkt in die Augen sehen, da dies für ihn eine Provokation darstellt.

In einigen Fällen unterscheiden sich die Gesichtsausdrücke der einzelnen Arten jedoch deutlich. So setzen Schimpansen das „Grinsen", bei dem sie die Zähne zeigen, zur Beschwichtigung aggressiver Artgenossen ein, während Gorillas dies nicht tun. Beim Menschen hat sich aus dem Grinsen der Schimpansen das Lächeln entwickelt, das ebenfalls der Besänftigung dient. Diese Parallele weist deutlich darauf hin, daß die Schimpansen näher mit uns verwandt sind als die Gorillas.

Versonnen blickt dieser Gorilla in die Ferne; ebenso wie bei Menschen lassen sich an seinem Gesicht viele Stimmungen ablesen.

Mißtrauen spricht aus den Augen dieses jungen Schimpansen.

Beim Grimassenschneiden zeigen Schimpansen, wie beweglich ihr Gesicht ist.

Entspannt beobachtet ein dominantes Gorillamännchen seine Umgebung.

Gorillas gähnen nicht nur bei Müdigkeit, sondern auch bei Unsicherheit.

BERÜHRUNGEN, DÜFTE UND ELEKTRISCHE SIGNALE

Neben optischen Signalen und Lauten nutzen Tiere noch weitere Methoden zur Verständigung mit ihren Artgenossen. Durch Berührungen beschwichtigen sie und festigen ihre Beziehungen, und durch Duftstoffe können sie mit Tieren in vielen Kilometern Entfernung kommunizieren.

Sieht ein umherstreifender Schakal einen Artgenossen, dann nähert er sich diesem schräg von der Seite und nimmt Körperkontakt mit ihm auf. Das andere Tier erwidert die Begrüßung, indem es sich setzt, eine Pfote hebt und den Partner damit an der Schulter berührt. Mit dieser Geste versichert es sich, daß der andere freundlich gesinnt ist. Als Antwort dreht sich das erste Tier um, drückt sein Hinterteil gegen den anderen und schlägt ihm leicht mit der Pfote auf den Rücken. Mit dieser Begrüßungszeremonie vermeiden die Schakale ernsthafte Auseinandersetzungen. Der erste Schakal, ein dominantes Tier, zeigt dem Rangniederen seinen höheren Status durch Körperkontakt und wird darin von seinem Gegenüber durch beschwichtigende Gesten bestätigt.

Wie alle Hundeartige verfügen auch Schabrackenschakale über einen ausgezeichneten Geruchssinn, mit dem sie sehr viel über ihre Artgenossen erfahren.

Keine Angst vor Körperkontakt

Wie die meisten höheren Tiere nutzen Schakale nicht nur einen Sinn, um sich untereinander zu verständigen. Ihr lautes Heulen, Bellen und Kläffen sind weithin hörbar, und mit den Duftmarken, die sie in ihrem Revier anbringen, verteilen sie lang haftende Visitenkarten. Daneben setzen sie optische Signale wie Mimik, Fellsträuben und Schwanzwedeln ein, um den anderen Tieren ihre Stimmung mitzuteilen. Besonders intensive Beziehungen festigen die Tiere jedoch durch Körperkontakte. Mit Berührungen an den empfindlichsten Stellen – Schnauze und Leistengegend – signalisieren sich die Schakale gegenseitig ihre freundliche Absicht.

Körperkontakte sind eine Form der Verständigung in unmittelbarer Nähe. Meist tauschen die Tiere sie am Ende der Balz aus, wenn die Partner sich nach verschiedenen anderen Arten der Kommunikation über größere Entfernungen einig geworden sind. Frosch- oder Krötenmännchen etwa rufen zuerst nach einer Partnerin und locken sie dadurch an. Wenn das Weibchen sich für einen Bewerber entschieden hat, sucht es diesen auf; er stürzt sich sogleich auf seine Eroberung und klammert sich mit aller Kraft an ihr fest. Diese intensive Berührung veranlaßt das Weibchen, seine Eier abzulegen, die das Männchen sofort besamt.

Fast erdrückt wird hier ein unscheinbar gefärbtes Krötenweibchen von vielen in attraktives Orange gekleideten Männchen, die sich um seine Gunst bemühen (rechts).

Vor der Paarung tauschen Galapagos-Seelöwen Zärtlichkeiten aus und halten innigen Körperkontakt.

Bei den Tayras, südamerikanischen Verwandten der Marder, umwerben die Weibchen ihre Männchen, indem sie diesen das Fell pflegen, die Ohren lecken und sie mit den Vorderpfoten am Kopf kratzen. Von einzelgängerischen Tieren werden solche Annäherungen allerdings nicht immer akzeptiert; ein Iltisweibchen, das nicht brünstig ist, weist einen aufdringlichen Rüden mit Bissen ab.

Höhere Tiere, die in Gruppen leben, nehmen meist nicht nur im Rahmen der Fortpflanzung Kontakt zu Artgenossen auf, sondern auch, um sich gegenseitig zu beruhigen und ihre Bindung zu stärken. Berührungen spielen für das Wohlbefinden von Walen und Delphinen eine große Rolle. Wenn sie aneinander vorbeischwimmen, streifen sie mit ihren Flossen den Körper des Artgenossen, reiben sich an ihm und drücken ihre Geschlechtsorgane gegen seinen Leib, selbst wenn dieser als Sexualpartner nicht in Frage kommt. Ebenso wichtig ist der Tastsinn für die Seekühe der tropischen Küstengewässer. Sie besitzen an der Oberlippe sehr empfindliche Tasthaare, mit denen sie nicht nur Nahrung finden, sondern auch andere Tiere untersuchen. Häufig „beschnuppern" sie sich gegenseitig und legen sich die Flossen auf den Rücken. Auch Robben berühren sich mit ihren Flossen, um Kontakt zueinander aufzunehmen.

Gut gepflegt

Kommunikation durch Berührungen ist bei Primaten, zu denen Halbaffen, Affen und Menschenaffen gehören, besonders hoch entwickelt. In der ersten Phase ihres Lebens sind die Jungen in der Regel immer in Kontakt mit der Mutter; sie werden von ihr ständig am Körper getragen. Nur wenn die Kleinen in solcher Weise aufwachsen, können sie sich später mit ihren Artgenossen verständigen. Auch zwischen Erwachsenen stellen Berührungen eine wichtige Form der Kommunikation dar, doch wie sie eingesetzt werden können, müssen die Jungtiere erst nach und nach lernen. Im Lauf der Jahre sammeln sie Erfahrungen, die ihnen deutlich machen, daß ihre Signale je nach Situation oder Partner ganz unterschiedliche Botschaften vermitteln können. Ein ausgewachsener Bärenmakak etwa fordert Tiere, die ihm im Weg stehen, mit einem kräftigen Stoß auf, sich zu entfernen, während die gleiche Geste als Spiel interpretiert wird, wenn sie ein Jungtier ausführt.

Einfacher Körperkontakt ist bei manchen Affen alltäglich. So drängen sich in Südamerika Krallenaffen und Nachtaffen in Baumlöchern zusammen, um sich gegenseitig zu wärmen und die Gruppenbindung zu stärken. Bei manchen Arten schlingen Tiere, die eine besonders enge Beziehung pfle-

Auch bei den Fleckendelphinen (rechts) spielen Berührungen eine wichtige Rolle für die sozialen Beziehungen.

Rangniedere Hulmans lausen häufig dominante Artgenossen, um diese freundlich zu stimmen.

Erwachsene Paviane pflegen das Fell von Jungtieren und festigen damit deren Bindung an die Gruppe.

Durch vorsichtiges, rhythmisches Zupfen an den Fäden des Netzes versucht das kleine Spinnenmännchen die Gunst des Weibchens zu erringen.

gen, ihre Schwänze umeinander. Aggressive Stimmungen dämpfen sie häufig durch Umarmungen. Eine der wichtigsten Formen des Kontaktes ist die soziale Fellpflege, die bei jeder Affenart anders aussieht. Weibchen widmen sich häufiger und intensiver dem Lausen als Männchen, doch bei vielen Arten, etwa Pavianen und Makaken, spielt die soziale Körperpflege eine entscheidende Rolle in den Beziehungen zwischen den erwachsenen männlichen Gruppenmitgliedern. Mit diesen Kontakten lösen die Affen Spannungen, festigen ihre Beziehungen und schmeicheln Ranghöheren, um sich deren Unterstützung zu sichern.

Paviane pflegen sich in Ostafrika nach einem Kampf gegenseitig das Fell, und in Westafrika greifen hochrangige Zwergmeerkatzenweibchen bei einer Auseinandersetzung zwischen erwachsenen Männchen ein, indem sie das dominante Tier zu lausen beginnen, um es zu besänftigen. Wenn eine junge Zwergmeerkatze zu übermütig wird, lenkt die Mutter ihr Kind durch intensive Körperpflege ab. Männchen dieser Affenart bedanken sich auf ungewöhnliche Weise bei Artgenossen, die ihnen das Fell pflegen: sie versetzen diesen einen Schlag und lassen ihnen damit eine symbolische, ziemlich rüde Form des Lausens angedeihen.

Magische Schwingungen

Webspinnen haben eine Form der Kommunikation entwickelt, die man als „Berührung auf Distanz“ bezeichnen könnte. Für ein Männchen ist es nicht ungefährlich, zur Fortpflanzung das Netz eines Weibchens zu erklimmen, da die Partnerin bei jeder Bewegung ihrer Signalfäden eine Beute vermutet, die sie schnellstmöglich töten muß. Um eine solche Reaktion zu verhindern, unterbreitet das Kreuzspinnenmännchen der Auserwählten seinen Antrag, indem es in unmißverständlicher Weise an bestimmten Fäden ihres Netzes zupft. Anders als beim unregelmäßigen Zappeln einer Beute werden diese Schwingungen in einem festen Muster übertragen. Die „Melodie“ richtig zu „spielen“, ist für das kleine Männchen lebenswichtig, denn sobald es einen Fuß falsch setzt, wird es verspeist.

Hinter den rhythmischen Zupfsignalen, die das Spinnenweibchen wahrnimmt, steht aber nicht immer ein werbendes Männchen; manchmal lauert auch ein Feind. Eine Spinne aus der Familie der Spinnenfresser, die Art *Ero furcata*, ist in der Lage, die Zupfmuster bestimmter Webspinnenmännchen zu imitieren. Dadurch kann sie sich dem ahnungslosen Weibchen nähern, ihm ihr Gift einspritzen und es aussaugen.

Mit Erschütterungen auf der Oberfläche von Teichen übertragen die Wasserläufer ihre Botschaften. Sie wehren dadurch Rivalen ab und teilen bei der Balz den Weibchen ihre Anwesenheit mit. Zu diesem Ereignis versammeln sich beide Geschlechter an ei-

PHEROMONE: EINMALIGE DUFTSTOFFE

Das Leben vieler Schmetterlinge, wie das des Kleinen Nachtpfauenauges, dauert nach dem Schlüpfen nur wenige Tage. In dieser kurzen Zeit ist die Fortpflanzung ihre wichtigste Aufgabe. Die meisten Faltermännchen finden ihre Partnerinnen durch Sexualduftstoffe, sogenannte Pheromone. Sie sind für jede Tierart charakteristisch und können häufig nur von Vertretern dieser Art wahrgenommen werden. Pheromone gibt es bei den verschiedensten Tieren sowie beim Menschen; sie werden mit speziellen Sinnesorganen aufgenommen und führen in erster Linie die Geschlechtspartner zusammen.

Am besten untersucht ist diese Form der Kommunikation beim Seidenspinner. Die Weibchen erzeugen die Sexuallockstoffe in besonderen Drüsen am Hinterleib, die sie ausstülpen können. Dabei flattern sie mit den Flügeln, um die Substanz auf den Weg zu bringen; der Wind übernimmt die weitere Verbreitung. Wenn diese Duftwolke bei einem Männchen ankommt, kann sie schon beträchtlich verdünnt sein, doch das Tier kann bereits ein einzelnes Molekül registrieren, das auf seine gefiederten Fühler trifft.

Die Fühler des Männchens sind mit ca. 60 000 Sinneszellen besetzt, von denen mehr als 75 % ausschließlich das Pheromon des Weibchens wahrnehmen. Dabei handelt es sich um eine Verbindung mit dem komplizierten Namen „trans-10-cis-12-Hexacadien-1-ol", besser bekannt unter der Bezeichnung „Bombykol". Obwohl die Geruchssinneszellen schon auf ein einziges Bombykol-Molekül reagieren, müssen rund 200 Moleküle auf den Fühlern des Männchens landen, bevor es sich in die Richtung, aus der der Lockstoff kommt, in Bewegung setzt. Nun steuert es die Duftquelle an – immer dorthin, wo die Konzentration der Substanz ansteigt.

Wie findet das Tier jedoch ein bestimmtes Weibchen, wenn gleichzeitig auch viele andere ihre Pheromone abgeben? Jedes Falterweibchen setzt seinen Duftstoff in kleinen Portionen in regelmäßigen Abständen frei. Dadurch stellt es sicher, daß das Männchen genügend Informationen erhält, um zu ihm zu gelangen.

Kleine Nachtpfauenaugen finden zueinander, indem das Männchen (links) dem vom Weibchen verströmten Lockstoff folgt.

Männliche Nachtfalter sind meist an ihren stark gefiederten Fühlern zu erkennen. Auf ihnen sitzen Tausende von Geruchssinneszellen, die zum großen Teil ausschließlich auf den Sexualduftstoff ihrer weiblichen Artgenossen ansprechen.

nem „Turnierplatz", wo die Männchen geeignete Posten, etwa kleine Zweige, erklimmen. Dann erzeugen sie mit einem Beinpaar unterschiedliche Wellen. Aggressive Signale breiten sich mit einer Frequenz von 85–90 Schwingungen pro Sekunde aus, das Balzsignal mit nur 22 Schwingungen. Die Weibchen erkennen diese Signale sehr genau; sie können Frequenzunterschiede von 1,5 Schwingungen pro Sekunde noch in einer Distanz von 40–60 cm wahrnehmen.

Blindmulle, kleine Nager, die in Bauen unter der afrikanischen Savanne leben, verständigen sich ebenfalls durch Erschütterungen. Sie sind Einzelgänger und dulden deshalb außerhalb der Fortpflanzungszeit keine Artgenossen in ihrer Nähe. Um Auseinandersetzungen zu vermeiden, halten die Tiere durch Klopfzeichen ständig Kontakt mit Konkurrenten, die sich in der Nähe aufhalten. Sie erzeugen diese Signale auf ungewöhnliche Art: sie schlagen mit dem Kopf gegen die Decke ihres Baues – viermal in einer halben Sekunde. Diese Klopffolge wiederholen sie mehrmals. Dann legen sie den Kopf an die Wand des Ganges und lauschen, ob ein anderer Blindmull darauf antwortet. Auf diese Weise bestimmen sie die Aufenthaltsorte ihrer Nachbarn und vermeiden ein Zusammentreffen.

In einer Nacktmullgruppe pflanzt sich nur ein Weibchen fort; ein Duftstoff, den diese Königin absondert, unterdrückt den Eisprung bei den anderen Tieren (siehe Kasten Seite 124).

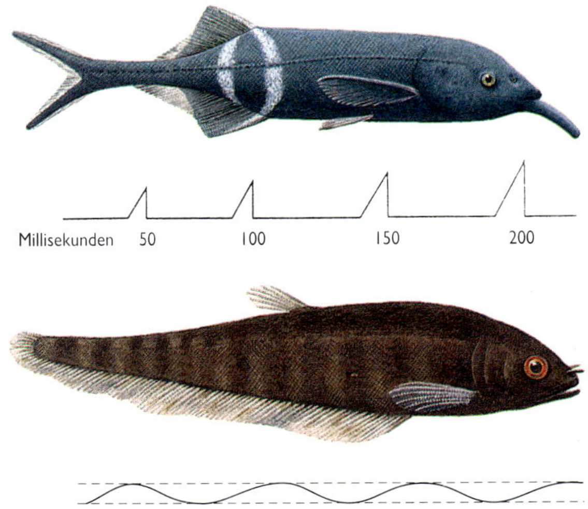

Während Elefanten-Nilhechte (ganz oben) in regelmäßigen Abständen kurze Stromstöße abgeben, erzeugen Messeraale sinusförmige Wellen, die denen unseres Wechselstromnetzes ähneln.

Neben den Kommunikationswegen, die wir Menschen kennen, verfügen manche Tiere über weitere Möglichkeiten. Könnten wir etwa elektromagnetische Felder wahrnehmen, würde die Welt für uns völlig anders aussehen. Einige Lebewesen besitzen diese Fähigkeit und nutzen sie auch zur Verständigung untereinander.

Immer unter Strom

Da Wasser Elektrizität wesentlich besser leitet als Luft, finden sich die Tiere, die Strom zur Verständigung nutzen, im nassen Element. Manche Fische, vor allem Haie und Rochen, können sogar die elektrischen Felder wahrnehmen, die der Herzschlag ihrer Opfer erzeugt, selbst wenn diese sich im Sand vergraben haben. Andere, wie Zitterrochen, Zitterwels und Zitteraal, erzeugen in umgebildeten Muskeln Potentiale von bis zu 500 Volt, mit denen sie ihre Beute betäuben können.

Besonders interessant sind die Fische, die mit Strom „sprechen". So orientieren sich manche Arten, z. B. der Elefanten-Nilhecht aus Afrika, in trüben Gewässern mit Elektrizität. Sie umgeben sich mit einem schwachen Feld elektromagnetischer Wellen; wenn diese auf ein Hindernis treffen, entstehen Interferenzen, an denen das Tier den Gegenstand lokalisieren kann. Jede Art der elektrischen Fische hat eine unverwechselbare Frequenz. Es gibt zwei Signaltypen: Manche Fische wie die Elefanten-Nilhechte produzieren starke, niederfrequente Entladungen, während die Messeraale schwächere, hochfrequente Dauerentladungen von bis zu 2000 Hz abgeben. Durch beide Signalformen können sich die Fische verständigen.

Blauhaie (links) orientieren sich mit ihren elektrischen Sinnesorganen am Erdmagnetfeld.

Zur Orientierung wie zur Verständigung nutzen Elefanten-Nilhechte (unten) ihr schwaches elektrisches Feld.

Mit ihren Sinnesorganen erkennen die Tiere nicht nur die Interferenzen der eigenen Stromstöße, sondern auch die Signale anderer elektrischer Fische. Sie können die einzelnen Arten unterscheiden sowie Geschlecht, Entwicklungsstufe und Alter des anderen Tieres wahrnehmen; durch den Austausch und die Abwandlung der Entladungen finden sie ihre Geschlechtspartner, grenzen ihr Revier ab und vermeiden Konflikte mit überlegenen Rivalen.

Schwachstromfische verfügen für viele Zwecke über besondere Entladungsmuster. Beim afrikanischen Messeraal senden die Geschlechter auf verschiedenen Frequenzen – Männchen mit 50–90 Hz, Weibchen mit 100–150 Hz. Die Jungen im Nest stehen auf einer Frequenz von 80 Hz in Kontakt zu ihren Eltern, die draußen Wache halten. Wenn sich zwei paarungsbereite Fische oder zwei Rivalen begegnen, steigt die Frequenz sprunghaft an. Ein sehr aggressiver Messeraal schweigt zunächst, produziert dann aber heftige Angriffssignale.

Um sich durch elektrische Botschaften verständigen zu können, müssen die Fische allerdings einige Regeln beachten. Wenn sie rücksichtslos senden, entstehen so starke Interferenzen, daß sie nichts mehr erkennen können. Deshalb ändern sie ihre Entladungsfrequenz geringfügig, sobald sich ein Artgenosse nähert.

Duftbotschaften

Die meisten Signale wirken nur, solange sie ausgesendet werden. Wenn eine Botschaft von Dauer sein soll, müssen die Tiere Duftmarken hinterlassen; dies hat den Vorteil, daß sie ihren Artgenossen etwas mitteilen können, ohne auf eine Begegnung warten zu müssen. Oft werden so Reviergrenzen markiert oder Streifgebiete gekennzeichnet. Honigbienen verteilen ihr Duftdrüsensekret am Eingang des Stockes und in der Nähe reichhaltiger Futterquellen. Die festen Flugbahnen von Hummeln sind mit bestimmten Substanzen markiert, ebenso wie die Wege, auf denen sich Ameisen bewegen.

Durch Zertrampeln des eben abgesetzten Kotes „imprägniert“ das Spitzmaulnashorn seine Fußsohlen mit dem eigenen Geruch.

Am ausgiebigsten wurde jedoch die geruchliche Kommunikation bei Säugetieren untersucht. Um sein Revier zu kennzeichnen, setzt das Wildkaninchen täglich 800 Kotkügelchen an bestimmten Stellen ab. Ein Flußpferdbulle verteilt zu diesem Zweck mit schnellen Schwanzschlägen seine Ausscheidungen in den Gewässern, wo er den Tag verbringt, und an den Landgrenzen seines Territoriums. Nicht nur in seinem Gebiet, sondern auch an sich selbst hinterläßt das Spitzmaulnashorn seinen Eigengeruch; es deponiert an wichtigen Punkten Kothaufen und zertrampelt diese, so daß der Duft an seinen Fußsohlen haften bleibt und beim Umherlaufen verbreitet wird. Auch einige Primaten verteilen ihren individuellen Geruch auf ihrem Körper: Loris, Lemuren und manche Neuweltaffen urinieren auf ihre Handflächen und geben beim Klettern Spuren des Duftes an die Äste ab.

Die meisten Säugetiere besitzen spezielle Duftdrüsen, deren Sekret sie an verschiedenen Stellen anbringen. So haben die Zwergmangusten Afterdrüsen, mit denen sie ihr Revier markieren. Dazu machen sie einen regelrechten Kopfstand, um die Substanz so hoch wie möglich an Büsche und Felsen zu schmieren. Hamster und Rennmäuse reiben ihre Körperseiten bzw. ihren Bauch, da sich bei ihnen dort Drüsen befinden, an Steinen und Baumstämmen.

Besonders bekannt für ihren ausgezeichneten Geruchssinn sind die Hunde, die wie alle Raubtiere mit ihrem Duft markieren. Der Wolf, von dem alle Haushunde abstammen, kennzeichnet sein Revier durch eine Grenzlinie aus Urin-„Stoppzeichen“. Sie sollen fremden Rudeln mitteilen, daß das Gebiet besetzt ist, doch auch die Mitglieder derselben Gruppe können so Informationen austauschen. So scheidet die dominante Wölfin in der Fortpflanzungszeit im Urin Pheromone aus, die dem Rüden ihre Paarungsbereitschaft signalisieren. Das gemeinsame Urinieren an den Grenzen des Territoriums fördert außerdem den Gruppenzusammenhalt.

Das Geheimnis der Riechleistungen der Hundeartigen, zu denen etwa Wölfe, Füchse, Rothunde, Dingos und Afrikanische Wildhunde gehören, liegt in ihren Nasengängen. Beim Menschen besteht das Geruchsorgan aus dem Riechepithel, das mit Schleim bedeckt ist und rund 5 Mio. Sinneszellen enthält. Beim Hund erreicht dieses Organ durch komplizierte Faltung etwa die

An Ästen in ihrem Gebiet setzen die geselligen Kattas, die zu den Lemuren gehören, Kot, Urin sowie die Sekrete ihrer Drüsen an After und Armen ab. Danach kommen andere Gruppenmitglieder herbei, beriechen die Stelle und markieren sie ebenfalls.

50fache Ausdehnung, und auf dieser Fläche liegen mehr als 220 Mio. Sinneszellen für die Wahrnehmung von Gerüchen.

Mit den Duftstoffen, die Hunde abgeben, informieren sie Artgenossen über ihr Geschlecht und ihr Alter; außerdem markieren sie damit Partner und Revier. Dasselbe gilt für andere Raubtiere, die sich ebenfalls mit Gerüchen verständigen. So verfügen die Tüpfelhyänen über eine besondere Drüse im Afterbereich, die sie Artgenossen, denen sie begegnen, präsentieren. Dabei heben sie ein Hinterbein, damit der andere ihren Genitalbereich beschnuppern und belekken kann. Die Drüse sondert eine zähe, stechend riechende Substanz ab, die die Tiere zur Revierkennzeichnung auf Nasenhöhe an Gräsern absetzen.

Eine recht ungewöhnliche Art der Markierung zeigen die afrikanischen Böckchen, zu denen etwa das Oribi und die Dikdiks gehören. Sie leben in stabilen Gruppen mit einem Männchen und mehreren Weibchen, die ein festes Territorium besetzen. Um dessen Grenzen deutlich zu machen, kennzeichnen sie diese mit ihren Duftdrüsen, die sich an verschiedenen Stellen ihres Körpers befinden. Die zähen Abscheidungen der Voraugendrüsen werden an Grasstengeln und Zweigen abgesetzt, und mit den Zwischenzehendrüsen markieren die Tiere den Boden.

Staatenbildende Säugetiere

Nicht nur bei den Insekten, sondern auch bei den Säugern gibt es einige Arten mit verschiedenen Kasten. Dazu gehören die ostafrikanischen Nacktmulle, die in großen Kolonien unter der Erde leben. In jeder Gruppe gibt es eine Königin, die sich als einziges Weibchen fortpflanzt. Sie gibt, ähnlich wie Bienenköniginnen, ein Pheromon ab, das den Zyklus der anderen Tiere unterdrückt. Diese sind als Arbeiter für Erweiterung und Instandhaltung des Baues, Futterbeschaffung, Verteidigung und Jungenbetreuung zuständig. Wenn die Königin stirbt, wird sie durch eine ranghohe Arbeiterin ersetzt.

Mit seiner Voraugendrüse markiert hier ein afrikanischer Klippspringer einen niedrigen Zweig.

Neue Forschungsergebnisse weisen darauf hin, daß auch beim Menschen Pheromone eine wichtige Rolle spielen. Besonders stark entwickelt sind beim Menschen die Duftdrüsen in der Achselhöhle, deren Sekrete vermutlich vor allem der Partnerfindung dienen.

Flußpferde verquirlen ihren Kot zur Revierkennzeichnung mit dem Wasser, in dem sie sich aufhalten.

5 Tiere und Menschen

Alle Versuche, Menschenaffen das Sprechen beizubringen, scheiterten kläglich.

Ob im Zirkus oder Zoo, auf der Bühne oder der Leinwand – Menschen setzen Tiere schon seit Jahrtausenden zu ihrer Unterhaltung und Belustigung ein. Als Hausgenossen und treue Gefährten ersetzen sie vielen Personen den fehlenden Kontakt mit Freunden. Häufig werden Tiere verschiedenster Arten aufgrund ihrer außerordentlichen Fähigkeiten für Aufgaben eingesetzt, die Menschen nicht ausführen können oder die mit großen Risiken verbunden sind; so suchen Hunde nach Verschütteten, und Delphine arbeiten für das Militär. Andere Tiere fristen ihr Dasein in Laboratorien, wo sich Wissenschaftler bemühen, ihre Gedanken zu ergründen oder sich sogar mit ihnen zu unterhalten. Wenn auch die Erfolge oft fraglich sind, erweiterten diese Versuche unser Wissen erheblich.

Seit Jahrtausenden müssen Tiere für Menschen arbeiten.

ZUM DIENEN ABGERICHTET

Sich das Leben zu erleichtern, ist ein wichtiges Bedürfnis des Menschen. Dazu nutzt er jedes Mittel – auch Tiere, die ihm Arbeit abnehmen, Leckerbissen beschaffen oder in Not geratenen Mitmenschen helfen. Häufig werden diese Helfer allerdings nur als Werkzeuge betrachtet.

Zahlreiche Tiere verfügen über Fähigkeiten, die dem Menschen in diesem Maße fehlen. Um sie nutzen zu können, fing er von jeher die Tiere ein und richtete sie für seine Zwecke ab. Einige Arten hielt er in seiner Nähe und verstärkte durch gezielte Zuchtwahl die gewünschten Eigenschaften. Überall auf der Welt setzen Menschen Wild- und Nutztiere für ihre eigenen Bedürfnisse ein. Manchmal dienen diese sogar als „Ersatzmenschen" bei gefährlichen Versuchen.

1959 verließen erstmals zwei Affen die Erde – Able und Baker, ein Rhesus- und ein Totenkopfaffe. Sie wurden von der US-Raumfahrtbehörde NASA mit 16000 km/h Geschwindigkeit 480 km weit ins All geschossen, wobei sie dem 38fachen der irdischen Schwerkraft ausgesetzt waren. Ähnliche Versuche hatte die NASA zuvor mit vielen anderen Tieren unternommen, doch Able und Baker kehrten als erste lebend zurück. Mit diesen Experimenten wurde „am Tiermodell" getestet, ob höhere Lebewesen die extreme Belastung eines Raumfluges aushalten können, bevor die ersten Astronauten ins All starten durften. Durch solche Versuche prüften Wissenschaftler zunächst nur die körperliche Belastbarkeit, später auch die geistige.

Ein Affe als Astronaut

Während seine Vorgänger völlig passiv blieben, mußte der Schimpanse Ham im Lauf

In Thailand werden Schweinsaffen als Helfer bei der Kokosnußernte eingesetzt.

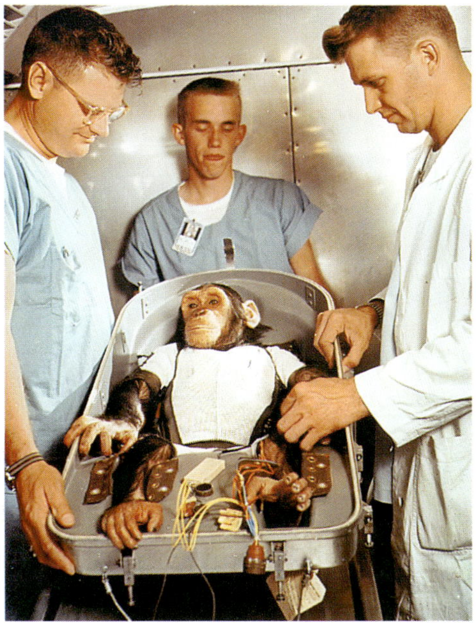

Zahlreiche Affen wurden zur Vorbereitung der bemannten Raumfahrt ins All geschickt, meist Rhesusaffen (oben), aber auch der Schimpanse Ham (links).

des Raumfluges seine Intelligenz unter Beweis stellen. Bis zu seinem Start ins All am 31. Januar 1961 wurde Ham darauf trainiert, bestimmte Knöpfe zu drücken, wenn die zugehörigen Lämpchen aufleuchteten. Während er in seiner Mercury-Kapsel in rund 250 km Höhe die Erde mit etwa 9300 km/h umkreiste, mußte er die gleichen Aufgaben lösen wie im Labor der NASA. Gelang ihm dies nicht, erhielt er einen leichten Stromschlag. Ham machte auf dem gesamten Flug nur drei Fehler, obwohl er beim Start einer Beschleunigung ausgesetzt war, die ihn mit dem 17fachen seines Körpergewichtes in den Sitz drückte, und obwohl der Sauerstoff unterwegs knapp wurde. Der schlaue Schimpanse im Weltraum wurde bald zu einer Berühmtheit.

Nicht nur in der Raumfahrt, sondern auch in vielen anderen Fällen benützen Wissenschaftler Affen als Ersatz für Menschen, da sie uns sowohl im Körperbau als auch in der Gehirnentwicklung am nächsten stehen. In den Laboratorien der Pharmaindustrie, bei Crashtests und in der militärischen Forschung werden jedes Jahr ungezählte Primaten „verbraucht". Ihre Verwandtschaft zum Menschen stellt eine ernste Bedrohung für die sensiblen Tiere dar, die vielfach aufgrund der großen Nachfrage in ihrem natürlichen Verbreitungsgebiet sehr selten geworden sind.

Geschickte Helfer

Doch nicht nur in Versuchen nutzen Menschen die Fähigkeiten der Primaten. Im späten 19. Jahrhundert war bereits bekannt, daß Affen über ein beträchtliches Maß an Intelligenz verfügen und schwierige Aufgaben lösen können. Dies wußte auch der südafrikanische Bahnarbeiter James Wide, der bei einem Zugunglück beide Beine verloren hatte. Trotz seiner Behinderung wurde er von der Bahn als Stellwerkarbeiter weiterbeschäftigt. Zwar konnte er auf seinen Holzprothesen laufen, war aber auf Hilfe angewiesen. Diese erhielt er von einem Pavian, den er „Jack" taufte.

James Wide trainierte das Tier, bis es die Signalhebel ziehen und die richtigen Schlüssel holen konnte, wenn es das Pfeifen eines nahenden Zuges vernahm. Außerdem vermochte der Affe Wasser aus einem Brunnen zu pumpen, etwas Gartenarbeit zu erledigen und seinen Besitzer auf einer eigens umgebauten Draisine, die Jack zweimal täglich auf die Gleise schob, zur Arbeit und wieder zurück zu fahren. Er galt als sehr intelligent, und ihm unterlief nie ein Fehler. Jack arbeitete so zuverlässig, daß ihn die Eisenbahngesellschaft auf ihre Lohnliste setzte. Er erhielt jede Woche etwas Geld und samstags eine halbe Flasche Bier.

Bereits am Ende des 19. Jahrhunderts verrichteten mitunter Affen Tätigkeiten für Behinderte. So stellt hier der Pavian Jack die Zugsignale für seinen Besitzer.

Ein Kapuzineraffe wischt einer behinderten Frau das Gesicht ab.

Ähnliches Geschick bewies in den 70er Jahren ein Rhesusaffe namens Johnnie, der das Traktorfahren lernte, auf einer Farm bei Balmoral in Australien. Er reagierte korrekt auf Lenkkommandos des Bauern, der auf dem Anhänger stand und Heu für das Vieh ablud.

Dank ihres feinen Geruchssinnes sind Hunde in der Lage, unter Lawinen oder Trümmern Menschen aufzuspüren, die anders nicht gefunden werden könnten.

In Südostasien werden Affen darauf abgerichtet, auf Kokospalmen zu klettern und die reifen Früchte zu ernten. In anderen Ländern trainiert man sie zu Helfern für Behinderte. So kann in Rhode Island, USA, ein querschnittsgelähmtes Unfallopfer mit Hilfe eines südamerikanischen Kapuzineraffen ein einfacheres Leben führen. Dieser Affe wuchs von klein auf in einer Menschenfamilie heran, in der er lernte, seinem menschlichen Gefährten beim Umblättern von Buchseiten, bei der Suche nach Gegenständen und beim Einnehmen der Mahlzeiten zu helfen.

Der treueste Freund des Menschen

Weit häufiger als Affen werden allerdings Hunde zur Betreuung von Behinderten ausgebildet. Ihre Geduld und Friedfertigkeit machen manche Rassen, etwa den Labrador, zu idealen Begleitern für blinde Menschen. Diese Hunde müssen ein umfassendes Trainingsprogramm absolvieren, in dem schwierige Aufgaben wie das Überqueren einer stark befahrenen Straße geübt werden. Da Hunde sehr lernfähig sind, kann man ihnen leicht beibringen, auf verschiedene eindeutige Signale mit bestimmten Handlungen zu reagieren.

Die große Bereitschaft des Hundes, sich dem Menschen anzuschließen, ergibt sich einerseits aus seiner natürlichen Geselligkeit und ist andererseits der Erfolg gezielter Zuchtbemühungen. Außerdem bedient man sich noch weiterer Fähigkeiten des Wolfes, von dem der Haushund abstammt, indem man sie bei der Zucht der einzelnen Rassen verstärkt. So nutzen Schäfer die Fähigkeit des Räubers, seine Opfer an der Flucht zu hindern, und seine Aggressivität gegenüber Eindringlingen macht ihn zum idealen Wächter. Sein hervorragender Geruchssinn ist beim Aufspüren vermißter Personen, bei der Suche nach Verschütteten sowie beim Erschnüffeln von Drogen oder anderen Stoffen eine unschätzbare Hilfe. Für die hier beschriebenen Aufgaben wird der Hund seit 10000 Jahren, möglicherweise sogar schon viel länger, gezüchtet.

Dagegen diente das Schwein zunächst fast ausschließlich als Fleischlieferant. Später stellte man jedoch fest, daß sein Geruchssinn dem des Hundes fast ebenbürtig ist, und in einigen Gebieten Frankreichs wird dies bei der Trüffelsuche genutzt. Da das Schwein sich zum Teil von Wurzeln, Knollen und Pilzen ernährt, entspricht das Wühlen nach diesen Delikatessen seinem natürlichen Verhalten.

In Südfrankreich läßt man Schweine nach den kostbaren Trüffeln suchen, in Italien werden Hunde darauf trainiert.

Der Fischfang mit Kormoranen ist in einigen Regionen Chinas auch heute noch verbreitet.

Während Schweine recht eigenwillig und nicht einfach zu dressieren sind, zeigen Pferde, ähnlich wie Hunde, eine große Begabung zum Erlernen von Zeichen und Kommandos. Deshalb werden sie vielfach als Reittiere eingesetzt und vor Karren und Pflug gespannt. Noch schwerere Arbeiten müssen in Südostasien Elefanten verrichten. Eine ihrer wichtigsten Aufgaben ist der Transport von Baumstämmen. Dabei kann ein erwachsenes Tier bis zu 2 t Holz ziehen. Geführt wird es von einem sogenannten Mahut, der ein sehr guter Elefantenkenner sein muß. Von ihm lernt der Dickhäuter die Befehle, mit denen er im Lauf eines Arbeitstages bis zu 40 verschiedene Handlungen ausführt.

Ebenso wie Indische Elefanten werden auch viele andere Tiere als Junge eingefangen und von Menschen trainiert. Dazu gehören beispielsweise Kormorane, die in Ostasien als Helfer beim Fischfang dienen. Die Fischer fahren mit den Vögeln, die sie an einer Leine festgebunden haben, in einem Boot hinaus und lassen sie ins Wasser. Dabei umschließt ein Lederring den Hals der Kormorane, so daß sie ihre Beute nicht schlucken können. Wenn sie zum Boot zurückkehren, drückt ihnen ihr Besitzer den Fisch aus der Kehle, worauf der hungrige Vogel wieder auf Beutefang geht. Nur jeden achten Fisch darf er selbst verzehren.

Ungewöhnliche Partner

Die engsten Beziehungen gehen Menschen mit den Tieren ein, mit denen sie zusammenleben und deren Eigenschaften sie teilweise bei der Zucht nach ihren Bedürfnissen geformt haben. Daneben gibt es jedoch

Die Abrichtung Indischer Elefanten erfordert Durchsetzungsfähigkeit und Einfühlungsvermögen.

GEFIEDERTE JAGDGEHILFEN

Seit rund 4000 Jahren richten Menschen Greifvögel ab, um mit ihnen zu jagen. Der Ursprung dieses „Sports" liegt in Asien, wo sich die Bewohner karger Landschaften mit Hilfe ihrer Vögel gelegentlich etwas Fleisch besorgten. Im 5. Jahrhundert brachten die Hunnen die Falknerei nach Europa, wo sie sich im Lauf des Mittelalters vor allem an den Höfen als Freizeitbeschäftigung der Adligen verbreitete.

Der Falkner läßt seinen Schützling bevorzugt an solchen Stellen fliegen, wo die Chance auf Beute besonders groß ist. Wenn der Vogel erfolgreich war, nimmt ihm sein Besitzer die Nahrung weg, denn ein Greifvogel geht nur auf die Jagd, wenn er Hunger hat. Er erhält nur so viel zu fressen, wie er zum Leben braucht – aber erst, nachdem er genügend Beute geschlagen hat.

Früher wurden die Vögel in Zentralasien im Herbst gefangen und abgerichtet, so daß man sie im Winter, wenn Fleisch knapp war, zur Jagd einsetzen konnte. Zu Beginn des Frühlings ließen die Falkner ihre Tiere wieder frei. In Europa ist diese Praxis allerdings nicht üblich.

Greifvögel, die in der Falknerei eingesetzt werden sollen, müssen möglichst früh aus dem Nest geholt und bereits als Küken an Menschen gewöhnt werden. Dadurch werden sie auf den Menschen geprägt und bleiben ihr Leben lang an ihn gebunden (siehe auch Seite 18). Sobald die Tiere fliegen können, beginnt die Ausbildung, in deren Verlauf sie lernen, immer wieder zu ihrem Herrn zurückzukommen, da sie von ihm Nahrung erhalten. Schließlich läßt der Falkner die Vögel wegfliegen und unter seiner Aufsicht jagen.

Heute dürfen in Deutschland nur Wanderfalken, Habichte und Steinadler für die Beizjagd gehalten werden. Da alle diese Arten in ihrem natürlichen Lebensraum bedroht sind, kaufen Falkner, denen etwas an der Erhaltung der Vögel liegt, nur noch in Gefangenschaft nachgezüchtete Exemplare.

Seit mehreren Jahrtausenden werden Falken zur Jagd für den Menschen abgerichtet.

auch viele Wildtiere, deren Fähigkeiten für verschiedene Zwecke genutzt werden. Eine interessante Zusammenarbeit zwischen freilebenden Tieren und Menschen entwickelte sich in der Twofold Bay im australischen New South Wales.

Jeden Winter fand sich eine Schule von Orkas in dieser Bucht ein, darunter ein großes Männchen, das scherzhaft Old Tom genannt wurde. Sobald diese Tiere auftauchten, gingen die Walfänger mit ihnen auf die Jagd nach Buckel- und Finnwalen, die alljährlich in diese Region zogen. Ein Opfer wurde dicht ans Ufer getrieben, wo die Orkas es an der Schwanzflosse und anderen empfindlichen Körperteilen festhielten, bis es ermüdete und von den menschlichen Jägern mit Lanzen und Harpunen getötet werden konnte. Zunächst bedienten sich die Schwertwale an der gemeinsam erlegten Beute, dann die Walfänger.

Besonders erstaunlich war, daß Old Toms Gruppe die Menschen gezielt auf die Beute aufmerksam machte. Wenn Buckelwale erschienen, wurden sie von einigen Orkas verfolgt, während andere zu den Walfängern schwammen und dort mit ihren Brust- und Schwanzflossen heftig auf die Wasseroberfläche schlugen, um die Aufmerksamkeit der Menschen zu erregen. Anschließend führten sie diese zu der Stelle, wo ihre Gruppengenossen das Opfer gestellt hatten.

Auch an zahlreichen anderen Orten gehen Menschen zusammen mit Delphinen auf Beutefang. Bereits der römische Historiker Plinius d. Ä. (23–79) berichtete von Delphinen, die Fischern halfen, indem sie ihnen Fischschwärme in die Netze trieben. Ähnlich wird noch heute in einem Dorf an der Küste Mauretaniens gearbeitet. Dort verlassen sich die Menschen beim Fischfang schon seit Jahrhunderten auf die Delphine.

Im September halten die Dorfbewohner nach den Meerbarben Ausschau, die um diese Jahreszeit nach Süden ziehen. Sobald sich die ersten Schwärme im Flachwasser zeigen, schlagen die Kinder mit Stöcken auf die Wasseroberfläche, um die Delphine herbeizulocken. Nach einiger Zeit nähert sich eine Schule der Meeressäuger mit bis zu 100 Tieren, die im Abstand von 20–30 m parallel zur Küste schwimmen und die Barben vor sich hertreiben. Wenn sie die Rükkenflossen der Delphine sehen, waten die Fischer mit ihren Netzen ins Wasser und schneiden den Fischen damit den Fluchtweg ab. Diese geraten nun in Panik, und viele bleiben in den Netzen hängen, während die Delphine zwischen den Männern umherschwimmen und sich ihren Anteil an der Beute holen.

Bei Laguna im Süden Brasiliens fischen fast täglich 30–40 Männer mit Delphinen nach einer Methode, die erstmals 1847 beschrieben wurde. Die Männer, von denen jeder ein rundes Netz trägt, waten hinaus und stellen sich in einer Reihe parallel zum Ufer auf. Da das Wasser trübe ist, müssen sie sich auf die Delphine verlassen, um zu wissen, wo sie ihre Netze auswerfen sollen. Langsam schwimmen die Tiere auf die Fischer zu, bis ein Delphin direkt vor einem der Männer auftaucht und sich auf die Seite dreht. Dadurch signalisiert er ihm, das Netz auszuwerfen. Bei einem erfolgreichen Fischzug erbeuten die Helfer 10–12 kg Meerbarben, die sie im Getümmel zwischen den Netzen mühelos fangen können.

Retter in der Not

Delphine helfen Menschen nicht nur beim Fischfang. Zahlreiche Mythen und Legenden erzählen davon, daß Delphine Ertrinkenden das Leben retteten. So soll etwa 700 v. Chr. der griechische Dichter Arion von Delphinen in Sicherheit gebracht worden sein, nachdem er auf der Flucht vor Seeräubern ins Meer gesprungen war. Daß die Tiere tatsächlich dazu in der Lage sind, zeigte ein Vorfall, der sich im Januar 1989 in New South Wales, Australien, zutrug.

Damals bewegten sich drei Jungen inmitten einer Gruppe von Delphinen auf ihren Surfbrettern. Irgendwann wurden die Tiere unruhig, und plötzlich schoß in einer gewaltigen Gischtwolke ein großer Hai aus dem Wasser, biß ein Stück aus einem der Surfbretter und verletzte ein Kind. Blut floß ins Wasser, und der Junge schlug um sich, um den Hai abzuwehren. In diesem Augenblick begannen die Delphine, den Hai heftig mit ihren Schnauzen zu stoßen, bis sie ihn vertrieben hatten, während sich die Jungen mit ihrem verletzten Gefährten, der gerade noch dem Tod entronnen war, ans Ufer retteten.

Auch bei Delagoa Bay in Mosambik halfen Delphine einem in Not geratenen Menschen. Das Opfer war eine 20jährige Südafrikanerin, die bei einem Bootsunfall eine Schnittwunde am Fuß erlitten hatte. Das Blut im Wasser lockte mehrere Haie an. Ganz unvermittelt tauchten jedoch zwei neugierige Delphine auf. Sie vertrieben nicht nur die aggressiven Jäger, sondern stützten die junge Frau auch, als sie eine Boje zu erreichen versuchte. Da sie völlig erschöpft war, gelang es ihr zunächst nicht, auf diese hinaufzuklettern; die Delphine wichen nicht von ihrer Seite, bis sie sich aus eigener Kraft aus dem Wasser ziehen konnte. Schließlich wurde die Frau von einem vorbeifahrenden Öltanker aus entdeckt, und ein Rettungsboot brachte sie an Land.

Daß Delphine ihre verletzten Artgenossen stützen, ist schon lange bekannt, und offenbar zeigen sie das gleiche Verhalten auch Menschen gegenüber, wenn diese Hilfe brauchen. Allerdings gibt es keine Hinweise darauf, daß die Tiere dies bewußt tun. Wahrscheinlich liegt solchen Aktionen ein tief verwurzelter Instinkt zugrunde, denn die Delphine verhalten sich bei anderen Tierarten, etwa Leopardhaien, ebenso. Da Meeressäuger ersticken, wenn sie nicht zum Atemholen an die Oberfläche gelangen, können bewußtlose Tiere ohne Unterstützung nicht überleben. Das Verhalten ist also eine Anpassung an ihr Leben im Wasser.

Bei Laguna an der brasilianischen Küste geben Delphine den Fischern Hinweise, wo sie ihre Netze auswerfen müssen. Wie diese Zusammenarbeit entstand, ist nicht überliefert.

KÄMPFER, SHOWSTARS, GEFÄHRTEN

Zahlreiche Menschen bewundern die Vorführungen dressierter Showstars, und viele finden großes Vergnügen daran, wenn sich Tiere gegenseitig bekämpfen und verletzen oder gar töten. Was diese dabei empfinden, spielt für die meisten Zuschauer keine Rolle.

Bereits im Altertum unterhielten sich Menschen auf Kosten von Tieren, und überall auf der Welt ist dies auch heute noch üblich – bei „Sport"jagden ebenso wie im Zirkus, Delphinarium, Zoo oder auf Jahrmärkten. Bei Veranstaltungen wie Pferderennen und Dressurwettbewerben begeistern sich die Zuschauer für die erstaunlichen Leistungen der Wettkämpfer. Besonders groß ist das Interesse des Publikums an Tieren, die mit ihren Fähigkeiten den Erfindungsreichtum des Menschen herausfordern, da sie nicht einfach zu fangen sind, großartige Kunststücke erlernen oder außergewöhnliche Geschicklichkeit beweisen.

Nutztiere für den Zeitvertreib

Hunderassen wurden zu ganz verschiedenen Zwecken gezüchtet. Ursprünglich waren die Tiere sicher Helfer, die dem Menschen die Arbeit erleichterten, wie Schäferhunde, die ihrem Herrchen helfen, die Herde zu führen und zusammenzuhalten. Doch auch sie dienen gelegentlich der Unterhaltung; beim Schäferlauf im schwäbischen Markgröningen etwa gibt es ein Schauhüten. In Großbritannien werden Wettbewerbe abgehalten, bei denen die Hunde die perfekte Zusammenarbeit mit ihrem Schäfer unter Beweis stellen müssen.

In einer Arena in Thailand müssen Stiere gegeneinander antreten.

Hahnenkämpfe sind in vielen Regionen Asiens und Lateinamerikas noch heute sehr beliebt. In der Antike und im Mittelalter waren sie auch in Europa weit verbreitet.

Im Kampf gegen die Uhr gilt es, eine kleine Schafherde zu sammeln, sie um bestimmte Hindernisse zu führen und in einen Pferch zu treiben. Die Schäfer dirigieren ihre Hunde dabei mit Kommandos und Pfiffen.

Zahlreiche Hunderassen wurden speziell zu Kampfzwecken herangezogen. So setzte man Doggen, vor allem die Bulldoggen, vom 13. bis zum 19. Jahrhundert in England gegen Stiere ein. In Europa und in Asien wurden verschiedene Kampfhunde gezüchtet und zu besonderer Angriffsbereitschaft erzogen, etwa Bullterrier und Molosser. Ihre wichtigste Aufgabe war, möglichst viele Gegner zu zerfleischen. Windhunde, die heute häufig in Rennen gegeneinander antreten, dienten ursprünglich als Jagdhelfer, ebenso wie zahllose andere Rassen.

Jagd mit einer großen Meute

Die Jäger setzen Hunde auf vielfältige Weise ein. Manche Formen wurden zur Verfolgung ganz bestimmter Beutetiere gezüchtet, z. B. Airedale-Terrier für Otter, Beagles für Hasen, Karelische Bärenhunde für Bären und Jämthunde für Elche. Manchmal wird das Wild auch von einer ganzen Meute gejagt; bei dieser Methode nutzt man die natürliche Sozialstruktur der Hunde. Die Rolle des Rudelführers übernimmt allerdings ein Jäger auf einem Pferd. Besonders bei der Fuchsjagd kommen solche großen Hundegruppen zum Einsatz.

Vor allem in Großbritannien und Irland ist die Treibjagd auf Füchse sehr beliebt. Dabei fällt den Hunden die Aufgabe zu, das Opfer zu überwältigen. Vermutlich reicht diese Jagdmethode in Europa bis ins 15. Jahrhundert zurück; zum „Sport“ wurde sie aber erst im 17. Jahrhundert, als man besondere Hunderassen, die ausschließlich für die Jagd geeignet waren, zu halten begann. Heute werden in vielen europäischen Ländern Füchse mit Hundemeuten verfolgt.

Wie bei einem jagenden Wolfsrudel ist die Verständigung in der Jagdgemeinschaft entscheidend für den Erfolg. Die einzelnen Teilnehmer halten akustischen Kontakt miteinander: durch die Rufe des Jägers und die Signale des Jagdhornes. Die Jagd beginnt, wenn die Hunde losgelassen werden, um die Umgebung nach einem Fuchs abzusuchen. Sobald sie eine Beute aufgestöbert haben, setzen die Reiter ihren Tieren nach, und die Meute verfolgt das Opfer, bis es völlig erschöpft ist, um es dann zu töten. Wenn die Jagd beendet ist, erhalten die Hunde den Kadaver als Belohnung.

Auch andere Tiere, z. B. Rothirsche, werden mit Rudeln eigens dafür gezüchteter Hunde zur Unterhaltung einiger Menschen gejagt. Bei der Hasenhatz werden Afghanen, Salukis und Greyhounds eingesetzt, die zu den ältesten Jagdhundrassen gehören. In früheren Jahrhunderten verfolgten die Perser Gazellen mit Salukis zum sportlichen Vergnügen, und mit russischen Adligen gingen Barsois, die wie die anderen eben genannten Rassen zu den Windhunden zählen, auf die Jagd nach Wölfen – ihren eigenen Artgenossen.

Kämpfe mit tödlichen Sporen

Eine weitere Möglichkeit, sich am Leiden von Tieren zu vergnügen, hat ihren Ursprung in Asien: der Hahnenkampf. Hierbei werden eigens gezüchtete Kampfhähne in einer Arena mit etwa 6 m Durchmesser aufeinandergehetzt, nachdem die Zuschauer Wetten auf den Gewinner abgeschlossen haben. Die aggressiven Tiere greifen sich sofort mit Schnäbeln und Füßen an. Doch das genügt dem Publikum nicht.

Wie das indische Bankivahuhn, von dem die Vögel wahrscheinlich abstammen, besit-

Blutiges Schauspiel

Im alten Rom verloren jedes Jahr Tausende von Tieren bei Zirkusvorführungen unter den Augen einer begeisterten Menschenmenge ihr Leben. Gladiatoren kämpften gegen Löwen und andere gefährliche Gegner, und dem Tod geweihte Märtyrer starben in der Arena. An einem Tag beobachteten 50 000 Zuschauer im Kolosseum, wie 230 wehrhafte Tiere einander zerfleischten. Sie wurden durch die tobende Menge in Panik versetzt, so daß sie mit unnatürlich starker Aggression auf ihre Gegner reagierten. Je mehr Blut dabei floß, desto zufriedener war das Publikum.

Am 3. November, dem Tag des heiligen Hubertus, brechen vielerorts Jagdgesellschaften mit Hundemeuten zur Fuchsjagd auf. Vor allem in Großbritannien ist dieser „Sport“ sehr beliebt.

Je gefährlicher die Tiere sind, die im Zirkus auftreten, desto begeisterter ist das Publikum. Dies galt im alten Rom ebenso wie heute.

zen die Männchen der Kampfhähne an der Rückseite ihres Laufes einen Sporn, mit dem sie sich verletzen können. Vor einem Kampf jedoch erhalten sie zusätzlich künstliche Sporen aus Knochen oder Metall, die mehr als 5 cm lang sein können. Wenn sie mit diesen gefährlichen Waffen ihren Gegner angreifen, können sie ihm schwere Verletzungen beibringen. Solche Beschädigungskämpfe gehören nicht zum natürlichen Verhalten der Hähne; bei „normalen" Tieren dauert die Auseinandersetzung nur so lange, bis einer der Rivalen aufgibt – manchmal mit geringen Verletzungen –, doch bei Hahnenkämpfen werden möglichst aggressive Vögel eingesetzt, die bis zum bitteren Ende streiten. In ihrer natürlichen Umgebung würden die Rivalen zunächst versuchen, einen Kampf zu verhindern, aber in der Arena haben die Vögel keine Möglichkeit dazu. Sie können dem Gewinner nie aus den Augen gehen, so daß sie diesen allein durch ihre ständige Anwesenheit zu immer neuen Angriffen herausfordern. Heute werden die Tiere oft getrennt, bevor die Auseinandersetzung eskaliert, doch in manchen Regionen der Welt lassen die Besitzer nach wie vor ihre Vögel so lange gegeneinander kämpfen, bis nur noch einer am Leben ist.

Verschiedene Tiere werden ähnlich wie die Hähne zum Kampf gegen Artgenossen oder gegen andere Arten gezwungen. Besonders grausam war das sogenannte Bärenbeißen, das im 16.–18. Jahrhundert in England großes Interesse fand. Dabei ließen die Veranstalter eine aggressive Hundemeute auf einen angeketteten Bären los, der bei lebendigem Leib zerrissen wurde.

Zu den beliebtesten Kampftieren gehören in vielen Teilen der Welt die Stiere. So werden in Südostasien Büffelbullen zu Duellen angestachelt. Wohl die bekannteste

Nicht nur in Spanien, sondern auch in Südfrankreich und, wie auf diesem Bild, in Lateinamerika treten Toreros in der Arena gegen Stiere an.

TIERSTARS AUF DER LEINWAND

Einige Tiere haben als Hollywoodstars Berühmtheit erlangt. Bevor sie den Sprung auf die Bühne, ins Kino oder ins Fernsehen schaffen, müssen sie jedoch intensiv trainiert werden. Haushunde, zu Helfern des Menschen herangezüchtet, sind besonders gelehrige Schüler und lassen sich häufig recht knifflige Tricks beibringen.

Einer der meistbeschäftigten Hundestars war Rin-Tin-Tin, ein Deutscher Schäferhund, den ein amerikanischer Soldat im Jahr 1918, nach dem Ersten Weltkrieg, aus Europa mitbrachte und dressierte. In seiner neuen kalifornischen Heimat trat Rin-Tin-Tin zunächst bei Hundeshows auf. Schon bald wurde er jedoch für die Leinwand entdeckt, und bis zu seinem Tod spielte er in 40 Filmen mit. Dabei verdiente er mehr als 1 Mio. US-$, und sein großer Erfolg trug zur Rettung des angeschlagenen Filmstudios Warner Brothers bei. Mit seinen unglaublichen Fähigkeiten eroberte er die Herzen der Kinobesucher: Er kletterte über hohe Mauern (allerdings mit Hilfe verborgener Stufen), lief durchs Feuer (sein Fell war natürlich unentflammbar gemacht worden) und sprang durch Glasscheiben (aus Zucker). Außerdem konnte er auf rührende Weise verschiedene Stimmungen von Trauer bis zu Freude ausdrücken.

Ein Collie spielte die Hauptrolle in der Verfilmung von Eric Knights Buchklassiker *Lassie, die Geschichte eines treuen Hundes*. Er übertraf Rin-Tin-Tin noch in der Gunst des Publikums und trat sogar in einer eigenen Radiosendung auf.

Doch auch Wildtiere erlangten großen Ruhm, etwa die Schimpansin Judy, die in *Clarence, der schielende Löwe* und im danach gedrehten TV-Dauerbrenner *Daktari* mitspielte. Judy verstand mehr als 75 Regieanweisungen. Es gab sogar ein Zeichen für „Mittagspause". Ihr Gedächtnis war so gut, daß sie bei einer Unterbrechung der Dreharbeiten ihren Platz wieder an genau der gleichen Stelle einnahm. Judys Starkollege Clarence war so zahm, daß er die Schimpansin auf seinem Rücken reiten ließ. Ebenso berühmt wurde der Tümmler Mitzi, der den Flipper spielte. Dieses Tier arbeitete als erster dressierter Delphin mit Menschen im Wasser. Leider mußte die Rolle mehrmals neu besetzt werden, da die Darsteller nach einiger Zeit starben.

Doch nicht alle Stars waren so routiniert wie Lassie, Judy und Flipper. Bei der Produktion des Filmes *Tarzans größtes Abenteuer* 1959 in Kenia sollten zwei dressierte Schimpansen aus England abwechselnd Tarzans Gefährtin Cheetah spielen. Allerdings versetzten die ungewohnten Geräusche der Wildnis sie so in Panik, daß sie nur kurz in einer einzigen Szene auftreten konnten.

Neben einigen anderen Tieren trat in dem Film Tarzan and the Valley of Gold *ein Löwe auf.*

Veranstaltung dieser Art, ähnlich den römischen Zirkusspielen, ist jedoch der Stierkampf in Spanien. Mit großer Begeisterung wohnte ihnen der amerikanische Schriftsteller Ernest Hemingway bei, der über den Kampf des Toreros gegen den wütenden Stier sagte, er sei „die einzige Kunst, bei der der Künstler dem Tod ins Auge blickt".

Mann gegen Tier

Vermutlich entstand der Stierkampf vor einigen tausend Jahren in der spanischen Provinz Andalusien. Im Jahr 228 v. Chr., als die Karthager und die Römer das Mittelmeergebiet unter sich aufteilten, wurde bekannt, daß sich auf der Iberischen Halbinsel Männer mit Tierhäuten oder Tüchern wilden Stieren entgegenstellten und sie dann allein mit einer Axt oder Lanze töteten.

Heute leben die Stiere nicht mehr wild, sondern werden in speziellen Zuchtfarmen gehalten. Die Kandidaten für die Arena werden nicht nur nach ihrer Aggressivität und Stärke ausgewählt, sondern auch nach ihrer „Intelligenz". Gesundheit und Körperkraft sind nicht das einzige, was einen erfolgreichen Kämpfer ausmacht – er muß seine Energie in einer Weise einsetzen, die den Zuschauern besonderen Reiz bietet. Schon früh werden die Jungbullen auf Wachsamkeit und Kampfbereitschaft getestet, und nur wenn sie sich bewähren, steht ihnen der Einsatz in der Arena bevor, oder sie dürfen als Zuchtbullen für Nachwuchs sorgen.

Der Stierkampf beruht vermutlich auf dem natürlichen Instinkt des männlichen Rindes, jeden Rivalen zu bekämpfen, der es bedroht, um Anspruch auf sein Territorium oder seine Weibchen zu erheben. Bei der Zucht wird seine Kampfbereitschaft noch erhöht. Entgegen einer weit verbreiteten Ansicht werden die Bullen nicht durch die leuchtende Farbe des Tuches gereizt, das der Torero schwenkt. Rinder sind farbenblind und können nur verschiedene Grauwerte erkennen. Deshalb sind Kampfstiere darauf trainiert, Menschen anzugreifen, die sie mit großen Tüchern reizen. Deren Bewegungen und die bewußt provozierenden Haltungen ihres Gegners erhöhen die ohnehin durch die Zucht gesteigerte Aggressivität der Bullen.

In Spanien gehen die Stiere – trotz des großen Aufwandes, mit dem sie herangezogen wurden – nur ein einziges Mal in die Arena. Nachdem der Matador ihnen mit seinem Degen den Todesstoß zwischen die Schulterblätter versetzt hat, werden sie vom Kampfplatz zum Metzger geschleift. Einem Tier blieb dieses unrühmliche Schicksal jedoch erspart: Gitanito.

Gitanito, zu deutsch „Kleiner Zigeuner", war 1993 der erste Stier, der lebendig aus der Arena spazieren durfte, nachdem mehr als ein Jahrzehnt lang alle seine Artgenossen nach dem Kampf getötet worden waren. Im Juli dieses Jahres traf Gitanito in Valencia auf den großen Matador Damaso González, gegen den er sich außerordentlich tapfer behauptete. Schließlich rief das Publikum „Töte ihn nicht!" und schwenkte weiße Taschentücher, das traditionelle Zeichen, das Leben des Stieres zu verschonen. Der Jubel war groß, als auch der Präsident der Veranstaltung sein Taschentuch hob. Daraufhin täuschte der Torero, um den Regeln zu genügen, einen Todesstoß vor und rammte seinen Degen in den Sand. Gitanito sollte nie wieder kämpfen. Der Grund dafür war nicht die Hochachtung vor dem Tier, sondern die Erfahrung: Stiere haben offenbar ein erstaunliches Gedächtnis und würden, wenn sie nochmals gegen einen Menschen antreten müßten, wesentlich schneller angreifen, da sie gelernt haben, daß nicht das Tuch, sondern der Mann dahinter ihr Gegner ist. Gitanito wird deshalb für den Rest seiner Tage zur Zucht eingesetzt.

Pferdeverstand

Weniger grausam als der Stierkampf ist der Brauch, Tiere wie Frösche, Schnecken, Käfer, Kamele und natürlich vor allem Pferde in Rennen gegeneinander kämpfen zu lassen. Wildpferde können stundenlang mit vollem Tempo über schwieriges Gelände galoppieren. Dies kommt ihnen vor allem auf der Flucht vor Wölfen und anderen Freßfeinden zugute.

Da die Huftiere ständig auf der Hut vor Feinden sein müssen, legen sie auch in menschlicher Obhut ihr Mißtrauen nicht ab. So kann beispielsweise ein weißer Papierfetzen, der an einem Strauch hängt, Pferde in Angst versetzen. Der Grund für dieses Verhalten liegt darin, daß in ihrer natürlichen Umgebung flatternde weiße Gegenstände in Sträuchern nicht vorkommen. Während Affen und Delphine solche ungewohnten Objekte nach einiger Zeit neugierig untersuchen, bleiben Pferde immer vorsichtig und meiden sie.

Die geistigen Stärken dieser Tiere liegen auf anderem Gebiet. So können sie Kreise, Vierecke, Punkte, Halbkreise sowie Dreiecke unterscheiden und verfügen über ein

Wie ihre kleinen Vettern, die Tümmler, sind die mächtigen Orkas sehr verspielt und lernen deshalb in Delphinarien mit Leichtigkeit Übungen, die die Zuschauer verblüffen.

TIERE IN GEFANGENSCHAFT: IM ZOO ZUR SCHAU GESTELLT

Anders als bei Shows oder im Zirkus, wo Tiere Kunststücke vorführen müssen, werden sie im Zoo gewöhnlich nicht dressiert. Viele Besucher erwarten eher, exotische Tiere aus nächster Nähe zu sehen, ohne eine Weltreise in fremde Länder unternehmen zu müssen.

Dokumente über Zoos reichen weit zurück. Schon 1150 v. Chr. ließ

Damit sich Löwen in Gefangenschaft nicht zu stark vermehren, erhalten sie häufig Verhütungsmittel.

die chinesische Kaiserin Tanki ein Marmorhaus errichten, in dem sie Hirsche hielt, und um 930 v. Chr. besaß König Salomo einen Tiergarten. Heute sind Zoos und Safariparks beliebte Freizeiteinrichtungen für jung und alt, doch wächst seit einigen Jahren die Kritik von Tierschützern, die die Haltung wilder Tiere in Gefangenschaft verbieten lassen wollen.

Ihren großen Bewegungsdrang reagieren die Tiger im Zoo ab, indem sie in ihrem Käfig auf und ab laufen.

Trotz der künstlichen Umgebung zeigen manche Arten ein sehr ähnliches Verhalten wie in der Freiheit. Löwen etwa liegen in der Savanne fast den ganzen Tag untätig im Schatten und bewegen sich nur, um Nahrung zu suchen. In Zoos dösen sie ebenfalls die meiste Zeit, wenig beeindruckt von den lärmenden Besuchern. Auch die Fortpflanzung in Gefangenschaft klappt bei diesen Großkatzen meist sehr gut; inzwischen erhalten die meisten Löwinnen sogar Verhütungsmittel, da die Zoos ihre Jungen nicht mehr unterbringen können.

Andere Tierarten, etwa Eisbären und viele Affen, lassen sich nur sehr schwer halten. Einige leiden unter dem Klima oder der veränderten Nahrung, andere stehen wegen der Besucher oder der Partner, mit denen sie zusammenleben müssen, unter ständigem Streß. Wenn Tiere in Gruppen gehalten werden, benötigen sie oft große Anlagen, um sich aus dem Weg gehen zu können.

Langeweile ist insbesondere für intelligente Arten oft ein Problem. In manchen Zoos werden etwa die Menschenaffen deshalb mit verschiedenen Aufgaben beschäftigt. So müssen sie für ihre Nahrung arbeiten. Schimpansen erhalten häufig künstliche Termitennester, in denen die Pfleger Honig, Rosinen oder andere Leckerbissen verstecken, die die Affen mit selbstgemachten Werkzeugen herausfischen müssen.

Die warmen Sommer der gemäßigten Breiten machen den Eisbären, die an die Kälte der Arktis angepaßt sind, häufig zu schaffen.

Gute Zoos bemühen sich heute, die Lebensbedingungen ihrer Tiere zu verbessern. Manche Arten zeigen in Gefangenschaft sogar neue Verhaltensweisen; so hat man beobachtet, daß Eisbären gern klettern, obwohl in ihrer arktischen Heimat keine Bäume stehen.

ausgezeichnetes Gedächtnis. Pferde, die in einem Experiment auf das Unterscheiden von Formen trainiert wurden, erzielten ein Jahr danach noch gleich gute Resultate. Aufgrund dieser Fähigkeit entwickelte sich auch eine eigene Sportart, das Dressurreiten, wie es etwa in der Spanischen Hofreitschule in Wien gezeigt wird.

Zirkus im Wasser

Einer der talentiertesten Showkünstler im Tierreich ist der Große Tümmler. Den Delphinen, die immer zu lächeln scheinen, macht es offenbar großen Spaß, dem Publikum Kunststücke vorzuführen – so empfinden es jedenfalls die Zuschauer. Die Tiere heben sich in Formation aus dem Wasser, spielen Basketball, schwimmen auf dem

Rücken, springen durch Feuerreifen und bewegen sich nur mit Schwanzbewegungen aufrecht auf der Wasseroberfläche vorwärts. Für ihre Vorführungen erhalten sie einen Fisch als Belohnung, doch dies ist nicht der einzige Anreiz; bei der Show leben sie auch ihren natürlichen Spieltrieb aus. Viele der Übungen entstammen dem natürlichen Verhalten der Tiere. Tümmler springen beispielsweise oft aus dem Wasser, um zu sehen, was darüber geschieht. Um neue Kunststücke einzustudieren, greifen die Dompteure solche Fähigkeiten auf und ergänzen sie um publikumswirksame Effekte.

Interessant dabei ist, daß sich Delphine, von denen immer wieder die gleichen Tricks gefordert werden, bald langweilen, die Mitarbeit verweigern und sich zurückziehen. Sie brauchen ständig neue Reize, ähnlich wie Menschen, um nicht geistig zu verkümmern. Neben den Primaten sind die Wale, zu denen auch die Delphine gehören, wahrscheinlich die einzigen Tiere, die ihre kindliche Neugier ein ganzes Leben lang bewahren und ständig Neues in der Welt entdecken und erforschen wollen.

Da Katzen sich gern streicheln lassen, zählen sie zu den beliebtesten Haustieren in Europa und Nordamerika.

Tiere als Lebensgefährten

Menschen halten aus ganz unterschiedlichen Gründen Haustiere, doch in den Industrieländern ist wahrscheinlich die Einsamkeit vieler Menschen einer der wichtigsten. Sie reden mit ihren Katzen, Hunden, Papageien, Wellensittichen, Hamstern, Kaninchen oder Meerschweinchen, verwöhnen sie und versuchen dadurch, ihre Zuneigung zu gewinnen. Da sich die Tiere meist nicht an Artgenossen wenden können, achten sie auf die Bemühungen der Menschen, selbst wenn sie nicht begreifen, was von ihnen erwartet wird. Neun von zehn Haustierbesitzern meinen, daß ihre Lieblinge ihre Stimmungen wahrnehmen.

Daß manche Tiere auf menschliche Stimmungsschwankungen reagieren, wurde in wissenschaftlichen Untersuchungen nachgewiesen. Am Klang der Stimme können Hunde oder Katzen bereits erkennen, ob sie freundlich oder wütend angesprochen werden. Den Signalen, die regelmäßig in Verbindung mit bestimmten Handlungen auftreten, können sie entnehmen, was anschließend geschehen wird. Ein Schritt in Richtung Leine sagt jedem aufgeweckten Hund, daß es Zeit zum Gassigehen ist. Außerdem haben die meisten Tiere ein bemerkenswertes Zeitgefühl, und ihre innere Uhr sagt ihnen, wann bestimmte Aktivitäten an der Reihe sind.

Angezüchtete Anhänglichkeit

In mehr als der Hälfte der Haushalte Europas und Nordamerikas lebt mindestens ein Haustier. Katzen stehen an der Spitze, in Deutschland schätzt man ihre Zahl auf 5,5 Mio. Exemplare. Vermutlich werden diese Tiere vor allem wegen ihres Wesens geliebt; sie sind unabhängig und anschmiegsam zugleich. Allerdings sind manche Katzen wesentlich zutraulicher als andere. Die Bereitschaft, sich Menschen anzuschließen, ist den Tieren angeboren. Bei der Zucht wurden anhängliche Individuen bevorzugt, so daß sie nach und nach die Scheu der einzelgängerischen Wildkatzen verloren.

Die Fähigkeiten von Haustieren sind verblüffend, doch sollte man sie nicht mit denen des Menschen vergleichen. Obwohl sie häufig ihr Leben lang in sehr engem Kontakt zu ihren Besitzern stehen, können sie diesen die Freundschaft zu anderen Menschen nicht ersetzen. Ihr Empfinden unterscheidet sich deutlich von dem unsrigen, auch wenn durch gezielte Zuchtwahl ihr Bedürfnis, sich dem Menschen anzuschließen, verstärkt wurde. Manchmal beruht die Anhänglichkeit von Tieren nur darauf, daß sie als Junge auf Menschen geprägt wurden, so daß ihnen die eigenen Artgenossen ein Leben lang völlig fremd bleiben.

Einige Personen glauben nicht nur, daß Tiere die Bedeutung der menschlichen Sprache verstehen, sondern daß sie durch Telepathie unausgesprochene Gedanken lesen können. Wissenschaftliche Beweise dafür fehlen allerdings, was nahelegt, daß es sich dabei eher um Wunschdenken als um Wirklichkeit handelt. Doch selbst wenn Tiere keine übernatürlichen Kräfte besitzen, vollbringen sie unglaubliche Leistungen.

Übernatürliche Fähigkeiten oder Anpassung?

Besonders fremd muten die Fähigkeiten von Insekten und anderen wirbellosen Tieren an. Die Honigbiene beispielsweise fliegt

Aufgrund ihrer Geselligkeit und ihrer Fähigkeit, sich einem dominanten Leittier unterzuordnen, sind Hunde als treue Begleiter besonders geeignet. Ihren Besitzer akzeptieren sie anstelle eines Artgenossen als Rudelführer.

die einzelnen Pflanzenarten zu bestimmten Tageszeiten an, um ihren Besuch auf die zeitlich versetzten Höhepunkte der Nektarproduktion einzustellen.

Viele Tiere verfügen über wesentlich bessere Sinne als wir, teilweise sogar über zusätzliche. So können Arten, die elektromagnetische Wellen wahrnehmen, möglicherweise den körperlichen und den seelischen Zustand eines Menschen an seinem Feld erkennen. Von jedem Lebewesen geht nämlich ein elektrisches Feld aus, hervorgerufen vor allem durch die Aktivität seiner Muskeln. Es ist durchaus möglich, daß Tiere noch weitere Sinne einsetzen, von denen die Wissenschaft bisher nichts weiß.

Wesentlich leichter können wir dagegen Signale von Lebewesen verstehen, die ähnlich kommunizieren wie wir selbst. Tiere, die sich wie der Mensch vorwiegend optisch orientieren, achten besonders auf Gesten und Körperhaltungen – nicht nur bei Artgenossen, sondern auch bei anderen Arten. Deshalb achten beispielsweise Hunde sehr genau auf die Haltung ihres Besitzers. Manche Tiere verstehen bestimmte Aspekte der menschlichen Körpersprache fast so gut wie Menschen. Ein Beispiel dafür ist ein einfacher Reflex: die (nicht willentlich steuerbare) Erweiterung der Pupille, sobald wir etwas Interessantes erblicken. Katzen zeigen diesen Reflex ebenfalls und nehmen ihn bei Artgenossen vermutlich ebenso wahr wie bei Menschen.

Die Fähigkeit, Körpersprache und ähnliche Signale richtig zu deuten, ist keineswegs auf Haustiere beschränkt. Da alle Tiere, selbst die Einzelgänger, gelegentlich mit Artgenossen umgehen müssen, ist es für sie lebensnotwendig, deren Botschaften richtig zu deuten. Unter den Säugern gibt es einige Grundmuster, die universell verstanden werden; so zeigt ein geducktes Tier seine Unterwürfigkeit, ein hoch aufgerichtetes dagegen seine Überlegenheit. Daß der Mensch aufgrund der zweibeinigen Fortbewegungsweise aufrecht steht, deuten einige Tiere als Drohung. Dies wurde schon manchem Wanderer, der plötzlich einem Wildtier gegenüberstand, zum Verhängnis.

DER INTELLIGENZ AUF DER SPUR

Mit den verschiedensten Experimenten versuchen Wissenschaftler herauszufinden, auf welche Weise Tiere Informationen verarbeiten und die ihnen gestellten Aufgaben lösen. Dabei hoffen die Forscher auch mehr über die Grundlagen der menschlichen Intelligenz zu erfahren.

Nach einer Sage der Griechen hauste der Minotaurus, der zur einen Hälfte Mensch, zur anderen Stier war, in einem Labyrinth – einem komplizierten System verwinkelter, zusammenhängender Gänge. Dieser Komplex auf der Insel Kreta war so angelegt, daß sich jeder, der ihn betrat, hoffnungslos verirrte. Obwohl kein Mensch die Wege des Labyrinths durchschaute, fand sich der Minotaurus perfekt darin zurecht. Er war intelligent genug, in seiner verschlungenen Welt die sieben Jünglinge und sieben Jungfrauen, die ihm die Athener regelmäßig schicken mußten, aufzuspüren und zu vertilgen.

Das Labyrinth des Minotaurus stellte die Klugheit der Menschen auf die Probe; heute werden ähnliche Konstruktionen von Verhaltensforschern gebaut, um die Intelligenz von Tieren zu testen. Regenwürmer, Ameisen, Haie, Tauben, Kaninchen, Mäuse, Ratten und viele andere wurden bereits in solche Labyrinthe gesetzt und beobachtet. Dabei stellte sich heraus, daß auch einfache Tiere lernen, sich in den Gängen zurechtzufinden. Die Zeit, die sie dafür benötigen, weist auf ihre Erinnerungs- und Denkfähigkeit hin.

Einige Tiere sind sogar wahre Orientierungskünstler, wie David Olton nachwies. Er baute ein einfaches Labyrinth mit acht Röhren, die sternförmig von der Mitte ausgingen. Der Winkel zwischen ihnen betrug jeweils 45°. An ihrem Ende wurde etwas Futter ausgelegt, das das Versuchstier, eine hungrige Laborratte, finden sollte.

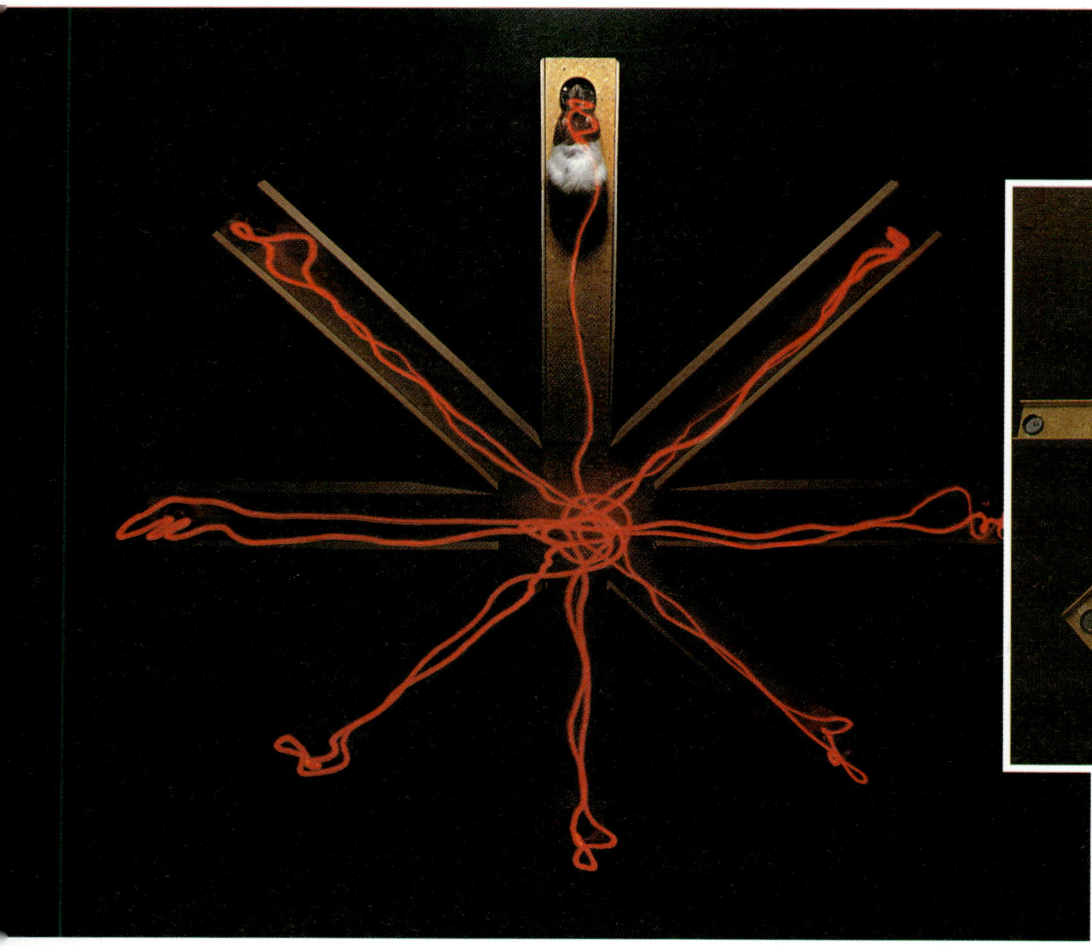

In einem sternförmigen Labyrinth betritt die Ratte jeden Gang nur einmal, um das an seinem Ende ausgelegte Futter aufzunehmen.

In seinem Forschungszentrum in Florida begann Robert M. Yerkes in den 20er Jahren, die geistigen Fähigkeiten von Menschenaffen zu untersuchen. Hier bemüht sich die Schimpansin Devina, mit einer Stange einen Gegenstand aus einer langen Kiste zu schieben.

Schon bald untersuchte die Ratte die erste Röhre und fand den Leckerbissen, danach fraß sie die Nahrung am Ende der übrigen Gänge. Erstaunlich war jedoch, wie das Tier dabei vorging: es betrat die Röhren nach keiner bestimmten Reihenfolge und leerte dennoch alle Futterschälchen, ohne einen Gang zweimal zu passieren. Zuerst besuchte die Ratte die Röhren nach dem Schema 7 – 8 – 4 – 1 – 5 – 3 – 6 – 2, und beim nächsten Mal lautete die Reihenfolge 4 – 2 – 3 – 7 – 5 – 1 – 8 – 6. Welche Route das Tier nehmen würde, war also nicht vorhersagbar. Der Forscher untersuchte deshalb, woher die Ratte wußte, welche Röhren sie schon besucht hatte und welche nicht.

Zunächst vermutete er, daß sie am Eingang jeder Röhre, die sie betrat, eine Duftmarke hinterließ. Diese Annahme bestätigte sich allerdings nicht. Die Lösung fand David Olton, als er das Labyrinth um 90° drehte. Wie sich herausstellte, benutzte die Ratte zu ihrer Orientierung optische Anhaltspunkte außerhalb des Labyrinths, z. B. ein Fenster oder eine Lampe. Als das Labyrinth bewegt wurde, lief sie in Röhren, die ihr schon bekannt waren, weil sich deren Position in bezug zur Laboreinrichtung verändert hatte. Dieser Test zeigte, daß sich die Ratte in ihrem Gedächtnis ein Bild ihrer Umgebung machte, eine sogenannte mentale Landkarte. Sie bewies damit ein sehr gutes räumliches Vorstellungsvermögen, das dem des Menschen ähnelt. Wenn wir beispielsweise jemandem den Weg zum Bahnhof erklären wollen, rufen wir genau wie die Ratte eine solche mentale Landkarte, die wir aufgrund von markanten Punkten und Erfahrungen erstellt haben, aus dem Gedächtnis ab.

Ebenso erstaunlich waren die Leistungen von Tauben in den Labors der Verhaltensforscher. Die Tiere wurden allerdings nicht in ein Labyrinth, sondern in eine Skinner-Box gesetzt. Diese Versuchsanordnung, entwickelt von dem amerikanischen Psychologen Burrhus Frederic Skinner, besteht aus einem Käfig, der einen Futterspende-Mechanismus sowie ein Feld mit bis zu drei Pickscheiben in Kopfhöhe der Taube enthält. Bei einem Experiment muß ein unerfahrener Vogel zunächst lernen, Nahrung mit Licht zu assoziieren. Dazu wird jede Futtergabe durch das Aufleuchten einer Lampe angezeigt. Sehr schnell merkt die Taube, daß dieses Licht mit Nahrung in Verbindung steht. Danach wird die Futtergabe von einem bestimmten Verhalten des Vogels abhängig gemacht. Im allgemeinen muß er gegen die Scheibe picken, um eine Belohnung zu erhalten. Wenn die Taube dies gelernt hat, können auf der Pickscheibe verschiedene Bilder gezeigt werden. Nun wird das Tier nur noch für das Auswählen bestimmter Motive belohnt. Bei einem recht einfachen Test wechselte die Scheibenfarbe in zufälliger Folge zwischen Grün und Blau. Futter gab es nur bei Grün, und bald lernte der Vogel, bei dieser Farbe an die Scheibe zu picken.

Die Fähigkeit, Formen zu erkennen

In einem Experiment wurden Affen Bildpaare gezeigt, die sie betrachten und durch Tastendruck als „gleich" oder „verschieden" einordnen sollten. Sie erkannten zwei gleiche Bilder selbst dann noch, wenn diese

In einer Skinner-Box wird die Lernfähigkeit einer Türkentaube getestet. Wenn der Vogel an der richtigen Stelle pickt, erhält er etwas Futter.

durch 20 oder mehr andere Fotos getrennt waren. Doch auch Tauben, die Forscher bei solchen Versuchen sehr häufig einsetzen, können Formen erkennen. In einer Skinner-Box wurden ihnen Farbfotos gezeigt, und bei jedem Bild, auf dem ein Baum zu sehen war, erhielten sie eine Belohnung, wenn sie an die Scheibe pickten. Schon bald lernten die Tauben, Bäume von Laternenpfählen, Kletterpflanzen, Telefonmasten, Selleriestangen und anderen länglichen senkrechten Gegenständen zu unterscheiden.

Wenn die Tauben „Bilder mit Bäumen" von „Bildern ohne Bäume" unterscheiden konnten, wurden den Tieren neue Bilder gezeigt, die ebenfalls teilweise Bäume enthielten. Die Ergebnisse zeigten, daß die Tauben auch diese Bilder, die sie noch nie gesehen hatten, korrekt einordneten. Dieser Versuch beweist, daß sie Objekte auf Bildern tatsächlich erkennen; sie lernen keineswegs jedes Bild auswendig, sondern zeigen, daß sie in der Lage sind, Informationen zu abstrahieren.

Die Tauben konnten sogar einzelne Gesichter von Menschen und deren Mimik unterscheiden. Man präsentierte ihnen Fotos von vier Personen, die folgende Stimmungen zeigten: „Glück" mit strahlendem Lächeln, „Ärger" mit finsterer Miene, „Erstaunen" mit offenem Mund und weit geöffneten Augen sowie „Abscheu" mit verzogenem Mund. Nach einer Lernphase bestanden die Tauben ihren Test; sie konnten sogar einen gewohnten Gesichtsausdruck auf einem anderen Bild wiedererkennen.

Können Affen reden?

Was geht in unseren nächsten Verwandten, den Menschenaffen, vor, wenn sie eine Aufgabe lösen? Machen sie sich Gedanken über sich und die Welt, ähnlich wie Menschen es tun? Um solche Fragen beantworten zu können, versuchten Psychologen bereits zu Beginn unseres Jahrhunderts, mit diesen Tieren zu kommunizieren. Sie wollten die Affen dazu bringen, ihnen direkt mitzuteilen,

Mit einem Handzeichen, das der amerikanischen Gehörlosensprache ASL entstammt, bittet ein Schimpanse seinen Lehrer um ein Getränk.

wie sie ihre Umgebung wahrnehmen und was in ihnen vorgeht. Allerdings merkten die Forscher bald, daß dies kein leichtes Unterfangen ist.

Zunächst versuchten die Wissenschaftler, den Menschenaffen menschliche Sprache beizubringen. Diese Versuche scheiterten daran, daß die Tiere die anatomischen Voraussetzungen zur Bildung von Worten nicht besaßen (siehe kleiner Kasten auf dieser Seite). Es gibt außer der Lautsprache aber noch weitere Möglichkeiten der Verständigung unter Menschen.

Zeichensprachen sind in den verschiedensten Kulturen wahrscheinlich schon seit Jahrtausenden bekannt. Vor allem bei einer gemeinsamen Jagd, wenn jedes Geräusch vermieden werden muß, da es das Wild warnen würde, müssen sich die Mitglieder der Gruppe mit Gesten verständigen. Dies tun beispielsweise die nordamerikanischen Prärieindianer, deren Zeichensprache gut dokumentiert ist, die Buschleute der Kalahari und die australischen Aborigines. Doch auch in unserer Gesellschaft sind in manchen Bereichen optische Signale üblich: Fluglotsen weisen auf diese Art ankommende Flugzeuge ein, und in vielen Sportarten greifen Schiedsrichter auf Handzeichen zurück. Im Unterschied zu diesen sehr einfachen „Sprachen“, die nur wenige Zeichen enthalten, sind die Gehörlosensprachen hoch entwickelt. Taubstumme „reden“ mit den Händen und können auf diese Weise das gleiche ausdrücken wie mit gesprochenen Worten. Diese Gebärdensprachen brachte man zahlreichen Menschenaffen bei und hoffte, auf diese Weise tiefer in die Geheimnisse ihrer Psyche vorzudringen.

KOKO, EIN TIEFSINNIGER GORILLA?

Nachdem bereits mehreren Schimpansen erfolgreich eine Gebärdensprache beigebracht worden war, begann die Forscherin Francine Patterson das Gorillaweibchen Koko zu unterrichten. Koko war 1971 im Zoo von San Francisco geboren worden und kam im Alter von einem halben Jahr zu ihrer Lehrerin; seitdem waren die beiden kaum getrennt.

Koko lernte die Gehörlosensprache ASL ebenso leicht wie die Schimpansen, die darin unterrichtet worden waren. Nach 10 Jahren wandte sie rund 500 Zeichen routiniert an, und etwa 1000 hatte sie mindestens einmal korrekt gezeigt.

Daneben überraschte sie ihre Lehrerin immer wieder durch bemerkenswerte Erfindungen. Eine ihrer ersten Wortschöpfungen entstand, als in der Nähe ein Specht klopfte. Kokos Lehrerin machte die Zeichen „Koko, höre den Vogel“; daraufhin griff Koko die Geste für „Vogel“ auf und gab dem Specht ihren eigenen Namen: „Hör-Vogel“.

Koko spielte auch Streiche. Einmal sollte sie „Trinken“ zeigen und führte verschiedene ähnliche Wörter vor, die sie kannte, weigerte sich jedoch stur, das Zeichen für „Trinken“ zu machen. Verärgert ließ die Lehrerin Koko schließlich gewähren, worauf sich diese sichtlich erfreut zurücklehnte und „Trinken“ signalisierte, jedoch so, als ob sie sich das Getränk ins Ohr schütten wollte.

Frau Patterson begann schließlich auch, sich mit Koko über abstrakte Dinge und über Vergangenheit und Zukunft zu unterhalten. Einer dieser Dialoge verlief wie folgt:

Lehrerin: *Wann sterben Gorillas?*
Koko: *Beschwerden, alt.*
Lehrerin: *Wohin gehen Gorillas, wenn sie sterben?*
Koko: *Bequemes Loch, auf Wiedersehen.*
Lehrerin: *Was fühlen Gorillas, wenn sie sterben: Glück, Trauer oder Angst?*
Koko: *Schlafen.*

Kokos Lehrerin ist überzeugt, daß sich Menschenaffen über Dinge äußern können, die sie nie gesehen und erlebt haben. Die meisten Wissenschaftler zweifeln allerdings daran, da ihrer Meinung nach die Äußerungen der Tiere völlig subjektiv interpretiert werden. Francine Patterson gibt selbst zu, daß ihre Dialoge mit Koko Außenstehenden sinnlos erscheinen und zunächst „übersetzt“ werden müssen.

Washoe: Ein vielversprechender Anfang

In den 60er Jahren starteten die Verhaltensforscherin Beatrix T. Gardner und ihr Mann Allen, ein Psychologe, den ersten dieser Versuche. Sie wählten als Schülerin eine junge Schimpansin, die sie „Washoe“ nannten. Diesem Tier wollten sie eine menschliche Gebärdensprache für Taubstumme beibringen – American Sign Language oder ASL.

Washoe wurde ohne Artgenossen aufgezogen, und die Menschen, die sich mit ihr befaßten, benutzten ausschließlich ASL, um sich mit der Schimpansin zu verständigen. Auch wenn sie sich in ihrer Gegenwart miteinander unterhielten, wurde nur ASL „gesprochen“. Innerhalb von 4 Jahren lernte Washoe auf diese Weise 130 Zeichen und konnte sie phantasievoll kombinieren.

Begrenzter Wortschatz

Mehrfach versuchte man, Menschenaffen zum Sprechen zu bringen. Ein Orang-Utan, den 1909 William Furness unterrichtete, konnte trotz größter Bemühungen nur „Papa“ und „cup“ (das englische Wort für „Tasse“) sagen. In den 40er Jahren lernte die Schimpansin Viki in Florida nur wenig mehr: „Mama“, „Papa“, „cup“ und „up“. Diese Mißerfolge, die sich noch in vielen anderen Fällen wiederholten, machten deutlich, daß Tiere, selbst unsere nächsten Verwandten, keine Wörter formen können. Ihnen fehlen dazu die anatomischen Voraussetzungen im Mund- und Rachenbereich.

Zu Beginn führten die Gardners für alltägliche Ereignisse und Aufgaben bestimmte Zeichen ein, die Washoe schnell lernte, weil sie sie regelmäßig sah. Allmählich verknüpfte sie die Gesten mit den entsprechenden Gegenständen oder Handlungen, etwa Zähneputzen, das nach jeder Mahlzeit auf der Tagesordnung stand. Das Zeichen dafür bestand darin, daß sie sich mit dem Zeigefinger über die Zähne strich. Als die Schimpansin einmal ins Badezimmer der Gardners kam, kletterte sie aufs Waschbecken und machte, als sie die Zahnbürsten ihrer Lehrer entdeckte, das Zeichen für „Zähneputzen“. Washoe hatte gewiß nicht die Absicht, sich die Zähne zu putzen, sondern wollte vielleicht nur eine Unterhaltung in Gang bringen.

Je mehr Washoe lernte, desto eindeutiger wurden ihre Bezeichnungen. Wenn sie von einem Duft angelockt wurde, machte sie anfänglich immer das Zeichen für „Blume“, doch mit der Zeit unterschied sie die Gerüche von Speisen und Blüten und verwendete das Zeichen nur noch für Blumen, sowohl für echte als auch für gezeichnete.

Später begann Washoe, zusammengesetzte Wörter zu bilden, wie „Öffnen Essen Trinken", wenn sie sich dem Kühlschrank näherte. Noch interessanter war jedoch, daß sie ganz klar zwischen „ich" und „du" unterscheiden konnte. Aufgrund dieser Ergebnisse, die sich bei anderen Tieren bestätigten, äußerten immer mehr Wissenschaftler die Überzeugung, daß nicht nur Menschen, sondern auch Menschenaffen ein Ich-Bewußtsein besitzen.

In vielen Tests versuchten die Gardners zu beweisen, daß Washoe den Sinn der Zeichen begriff und nicht nur ihre Lehrer kopierte. Sie mußte etwa erklären, was sie auf Farbfotos erkannte. In diesem Test schnitt sie nicht allzu gut ab; die falschen Antworten, die sie gab, sagen allerdings viel darüber aus, wie sie Dinge, die sie sah, einordnete. So signalisierte sie „Hund", wenn auf dem Bild eine Katze zu sehen war, „Bürste" bei einem Kamm und „Futter" bei Fleisch. Auf einen Plastikhund reagierte sie mit dem Zeichen für „Baby", und ebenso betitelte sie das Foto eines Spielzeughundes – beim Bild eines echten Hundes zeigte sie dagegen die Geste „Hund".

Die Beobachtungen, die Washoes Lehrer aufzeichneten, sind faszinierend, bisweilen überraschend und oft amüsant, doch ihre Aussagekraft wurde von vielen anderen Forschern bezweifelt. Die Sätze, die die Schimpansin bildete, waren sehr einfach und wiesen meist die gleiche Struktur auf. Washoe bevorzugte „Du-mir" vor „Ich-dir", und in Dreiwortkombinationen hieß es gewöhnlich „Du-Handlung-mir". Sie verlangte also im allgemeinen, daß die anderen etwas für sie taten oder ihr etwas gaben. Manche Wissenschaftler meinen jedoch, daß Washoe ihre Sätze sehr ähnlich aufgebaut habe wie Menschenkinder, die sprechen lernen. Der Ablauf solcher „Gespräche" zwischen Washoe und ihrem Trainer hatte manchmal erstaunlich viel mit der Unterhaltung zwischen einer Menschenmutter und ihrem Kind gemeinsam. Der Dialog in der Zeichensprache lief etwa wie folgt ab:

Washoe: *Gib mir.*
Lehrer: *Was willst du?*
Washoe: *Essen. Gib mir.*
Lehrer: *Wie heißt das?*
Washoe: *Bitte.*

Schüler mit wechselndem Talent

Washoe gebrauchte als erster Menschenaffe die Zeichensprache, doch sie blieb nicht der einzige. Jeder Schüler verhielt sich anders. Wie Kinder lernten sie nicht gleich schnell und hatten ganz unterschiedliche Begabungen. Eine junge Schimpansin mit enttäuschend schwachem Lernerfolg steigerte beispielsweise ihre Leistung deutlich, wenn sie überschwenglich gelobt wurde.

Weit mehr Talent bewies die Schimpansin Lucy. Berühmt wurde sie wegen ihrer originellen Umschreibungen für Obst und Gemüse. Wassermelonen etwa bezeichnete sie als „Süßigkeit-Getränk" oder als „Getränk-Frucht". Zitrusfrüchte wurden zu „Geruch-Früchten". Interessant war auch Lucys erste Begegnung mit einem Radieschen. Zuerst untersuchte sie das kleine Gemüse vorsichtig und zeigte „Frucht-Nahrung" an. Dennoch zögerte sie, hineinzubeißen. Nach einer Weile überwand sie ihre Vorbehalte und nahm einen Bissen, den sie allerdings sofort wieder ausspuckte und mit „Weinen-Wehtun-Nahrung" quittierte. Diese Neukombination von Zeichen bewies, daß Lucy ihr Vo-

Die Schimpansen und Bonobos, mit denen Sue Savage-Rumbaugh am Yerkes-Primatenzentrum in den USA arbeitet, können mehrere hundert Symbole unterscheiden.

VERSTÄNDIGUNG MIT HANDZEICHEN

Die zahlreichen Versuche, Schimpansen eine künstliche Zeichensprache beizubringen, werden häufig kritisiert – vor allem von Verhaltensforschern, die die Tiere in ihrer natürlichen Umgebung beobachten. Durch eine von Menschen entwickelte Sprache, die den Affen aufgezwungen wird, erfährt man nur wenig über ihre tatsächlichen Fähigkeiten in der Verständigung mit Artgenossen. Deshalb untersuchen die Wissenschaftler heute meist, wie Menschenaffen unter natürlichen Bedingungen miteinander kommunizieren.

Früher konzentrierten sich die Forscher auf recht einfache Formen der Verständigung wie Lautäußerungen oder Gesichtsausdrücke. Inzwischen ist jedoch bekannt, daß Schimpansen und Bonobos, unsere nächsten Verwandten, noch eine weitere Möglichkeit kennen, Artgenossen ihre Absichten und Wünsche kundzutun: Handzeichen.

Schimpansen strecken ihre Hand häufig einem anderen Tier entgegen. Was sie damit ausdrücken wollen, hängt ganz von der jeweiligen Situation ab. Meist bedeutet diese Geste eine Einladung oder Bitte. So fordern die Menschenaffen ihre Artgenossen auf diese Art zur Übergabe von Nahrung, insbesondere Fleisch, auf, und Männchen laden brünstige Weibchen damit zur Paarung ein. Auch als Aufforderung zum Spiel oder zur Versöhnung nach Auseinandersetzungen strecken Schimpansen ihre Hand aus. Wenn erwachsene Männchen drohen, setzen sie ebenfalls Gesten ein; sie schwenken beispielsweise die Arme, während sie hoch aufgerichtet umherstolzieren.

Indem es mit den Fäusten auf den Boden schlägt, fordert ein Schimpansenmännchen einen Artgenossen zum Spielen auf.

Mit vorgestreckter Hand bitten Schimpansen ranghöhere Tiere um begehrte Nahrung (rechts). Durch bestimmte Gesten fordern sie ihre Gefährten zur sozialen Körperpflege auf (unten).

kabular zur Schaffung neuer Begriffe einsetzen konnte, die ihr Verständnis von Dingen beschrieben, die ihr vorgelegt wurden.

Nicht alle Sprachschüler wurden von menschlichen Lehrern ausgebildet: Washoe unterrichtete selbst einige junge Schimpansen in ASL, so auch den kleinen Loulis. Die Menschen, die Loulis versorgten, verwendeten in seiner Gegenwart nur sehr wenige Zeichen, um auszuschließen, daß er zu viel von ihnen lernte. Das Experiment gelang. Im Alter von 6 Jahren beherrschte Loulis 55 Zeichen, die er alle von Washoe übernommen hatte.

Um die Antworten der Tiere so weit als möglich zu standardisieren, wurden schließlich Symbolsprachen entwickelt, die die Gebärdensprache heute weitgehend abgelöst

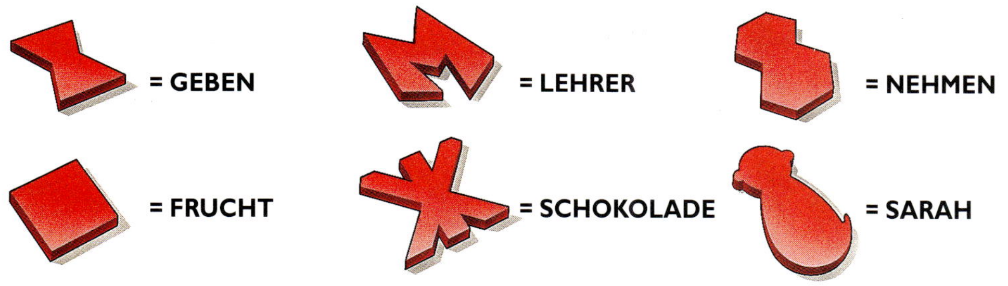

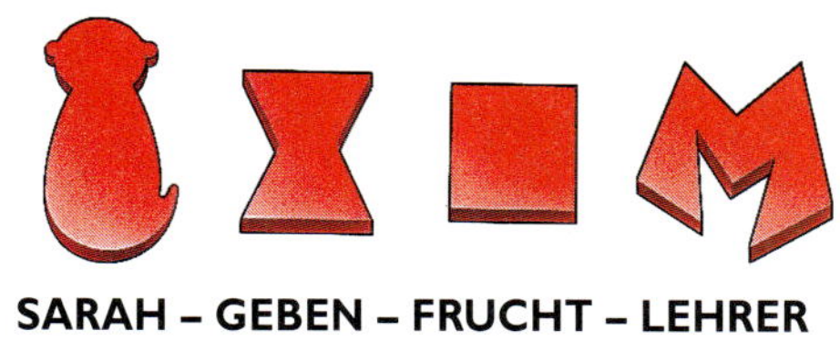

Mit Wortsymbolen aus Plastik, die einen Magneten enthielten und damit auf einer Metallplatte hafteten, lernte die Schimpansin Sarah Sätze zu bilden.

haben. So brachte der amerikanische Psychologe David Premack der sechsjährigen Schimpansin Sarah bei, mit Kunststoffsymbolen, von denen jedes ein Wort darstellte, Sätze zu bilden. Sarah „schrieb" an einer Metalltafel – nicht mit einem Stift, sondern mit Plastikfiguren.

Sarahs Training gestaltete sich schwierig. Nachdem ihr ein Gegenstand präsentiert worden war, mußte sie ihn über eine Reihe einfacher Schritte mit dem entsprechenden Plastikteil assoziieren. Jeder ihrer Lehrer war ebenfalls durch ein Symbol dargestellt, und auch für Sarah selbst existierte eines. Sobald sie einige Hauptwörter beherrschte, lernte sie Verben wie „geben". Um eine Frucht als Belohnung zu erhalten, mußte sie einfache Wortkombinationen basteln, in denen sie das Wort „geben" und etwa den Namen des Trainers verwendete. Schließlich ging sie zu schwierigeren Sätzen über. Mit etwas Schokolade konnte David Premack ihr über die Wortkombination „Sarah – geben – Frucht – Lehrer" ein Stückchen Obst entlocken. Sarahs Wortschatz umfaßte schließlich 130 Wörter, und ihre Leistungen entsprachen nach Ansicht mancher Fachleute denen eines zweijährigen Kindes.

Nim Chimpsky

Seit den ersten Versuchen mit Washoe, Sarah und anderen unterwiesen Psychologen und Verhaltensforscher noch viele andere Schimpansen in Zeichensprache. Vielfach wird heute mit Computern gearbeitet, die die gewählten Worte mittels Sprachsynthesizer auch akustisch wiedergeben. Die große Euphorie der frühen Jahre ist allerdings verflogen – ein Grund dafür sind die Versuche des amerikanischen Psychologen Herbert Terrace, die auf die Projekte mit „sprechenden" Affen wie eine kalte Dusche wirkten.

Der Forscher begann 1973 seine Studien mit einem jungen Schimpansen, den er „Nim Chimpsky" nannte. Im Lauf der Trainingsstunden, die auf Video aufgezeichnet wurden, eignete sich Nim wie seine Vorgänger einen beachtlichen Wortschatz an Symbolen an. Doch nach einer genauen Analyse der Videobänder bezweifelte der Wissenschaftler, daß Nim tatsächlich mit seinem Lehrer „geredet" hatte. In rund 90 % der Fälle wurde die Unterhaltung vom Menschen begonnen, und Nim reagierte nur. Ganz ähnliche Ergebnisse erhielt er, als er die Aufzeichnungen anderer Forscher daraufhin untersuchte.

Herbert Terrace und seine Mitarbeiter verglichen danach die Sprachexperimente an Affen mit Arbeiten über die Entwicklung der Sprache bei Menschenkindern. Sie stellten fest, daß Kinder weit öfter die Unterhaltung beginnen als die getesteten Schimpansen. Zu Beginn kopieren Kinder und Affen ihre Lehrer, doch bei den Menschen nimmt die Imitation später ab; im Alter von 21 Monaten ahmen sie etwa 20 % der elterlichen Lautäußerungen nach, mit 3 Jahren fast keine mehr. Nim indes kopierte mit 2 Jahren seine Lehrer zu 38 % und steigerte dies bis zum Alter von 3 Jahren auf 54 %. Sein Wortschatz wuchs, aber die Zahl der Kombinationen nicht, während die Sätze, die Menschenkinder aus den erlernten Wörtern bilden, mit der Zeit immer länger und komplizierter werden.

Nach diesem enttäuschenden Vergleich kamen die Forscher zu dem Schluß, daß die Menschenaffen nur „sprachen", um am Ende der Sitzung eine Belohnung zu erhalten. Wenn Nim beispielsweise das Zeichen „Katze" zeigte, wollte er immer mit diesem Tier spielen; er verwendete das Symbol fast nie in einem anderen Zusammenhang. So fragte er nicht „Wo ist die Katze?" oder stellte fest „Drüben ist eine weiße Katze". Die Schimpansen stellten vor allem Forderungen; eine richtige Unterhaltung fand nicht statt. Daneben beobachtete Herbert Terrace, daß die Lehrer ihren Schülern während des Dialoges häufig unbewußt Hinweise auf die Antworten gaben, die sie erwarteten. Die Trainer stritten dies zwar ab, doch die Video-Aufzeichnungen zeigten es deutlich.

Bewegte Bilder interessieren Menschenaffen – zumindest einige Zeit. Ob sie tatsächlich erkennen können, was auf dem Bildschirm geschieht, ist aber noch nicht geklärt.

KANZI – EIN UNERREICHTER SCHÜLER

Sue Savage-Rumbaugh begann Mitte der 70er Jahre mit ihrem Sprachunterricht bei Menschenaffen. Sie beschäftigte sich sowohl mit Schimpansen als auch mit Bonobos, deren nächsten Verwandten. Bonobos gelten als die intelligentesten Menschenaffen und sind uns in vielfacher Hinsicht am ähnlichsten. Diese Einschätzung bestätigte sich in den Experimenten, die die Forscherin mit Bonobos und Schimpansen durchführte.

Kanzi, ein männlicher Bonobo, ist ihr berühmtester und begabtester Schüler. Er hat dem Studium der Kommunikation zwischen Menschen und Tieren eine neue Dimension hinzugefügt.

In den Wäldern, die ihr Institut bei der amerikanischen Stadt Atlanta umgeben, zeigt Sue Savage-Rumbaugh ihrem Musterschüler Kanzi einige Bilder.

Eigentlich war Kanzi noch gar nicht für den Sprachunterricht eingeplant, als er die Wissenschaftler zum erstenmal mit seinen unerwarteten Fähigkeiten überraschte. Zunächst versuchte Sue Savage-Rumbaugh, die von ihrem Mann Duane Rumbaugh entwickelte Symbolsprache Kanzis Adoptivmutter Matata beizubringen. Der kleine Kanzi war bei den Sitzungen immer dabei, sah aufmerksam zu und schnappte nebenbei die Bedeutung der Zeichen auf.

Matata, die zu Beginn des Trainings bereits erwachsen war, lernte nur einige der 256 Symbole zu unterscheiden, die ihr auf einer Tafel präsentiert wurden. Dagegen beherrschte Kanzi schon bald mehrere Dutzend Zeichen und begriff, was sie bedeuteten. Seine Betreuer stellten dies erst fest, als er bei einer Trainingsstunde für Matata auf das Symbol für „Fangen“ drückte. Zunächst

Bei diesem Experiment soll sich Kanzi mit Menschenkindern, die ihm hinter einer Glasscheibe gegenübersitzen, durch Handzeichen und Symbole verständigen.

Mit seiner Lehrerin sitzt Kanzi vor dem Computer, dessen Tastatur aus Symbolen besteht, den sogenannten Lexigrammen. Der Bonobo soll durch einen Tastendruck angeben, was er auf dem Bild sieht, das ihm gezeigt wird.

vermuteten die Forscher, daß er ganz zufällig auf die Taste gezeigt hatte, doch dann sahen sie, daß Kanzi sie flehentlich anblickte und weghüpfte, um sie zum Nachlaufen aufzufordern. Nun war klar, daß er die Symbole gelernt hatte. Danach wurde Kanzi der Star des Instituts. Er wählte für zahlreiche Dinge und Tätigkeiten seine eigenen „Wörter" aus und benützte die Tastatur der Symboltafel, um Futter zu erbitten, zu seinen Lieblingsspielen aufzufordern und um anzukündigen, was er vorhatte. Noch erstaunlicher war, daß er die Reihenfolge der Zeichen in seinen Mitteilungen der Situation anpaßte. Wenn Matata ihn spielerisch zwickte, signalisierte er „Matata Beißen", zwickte aber Kanzi das Weibchen, meldete er „Beißen Matata". Wollte Kanzi gejagt und daraufhin neckisch gebissen werden, wählte er die Zeichen genau in dieser Folge. Wenn die Forscher ihn zuerst zu beißen und dann zu jagen versuchten, wurde er ungehalten.

Neben der Tastatur mit den Symbolen setzte Kanzi Handzeichen ein, um sich mit seinen Betreuern zu verständigen. Dabei erfand er sogar seine eigenen Regeln. In einem kombinierten „Satz" schickte er das Symbolzeichen stets der Gebärde voraus. Wenn er beispielsweise einen der Hunde im Forschungszentrum besuchen wollte, drückte er erst auf das Symbol für „Hund", bevor er mit der Hand „Gehen" signalisierte.

Mit seinen außergewöhnlichen Leistungen belebte Kanzi die Debatte über Sinn und Unsinn der Sprachversuche mit Menschenaffen neu. Er bewies, daß er nicht nur einfache grammatikalische Regeln begreifen, sondern auch neue erfinden konnte – Regeln, die ihm kein Mensch beigebracht hatte. Die Fehler früherer Experimente, die Herbert Terrace aufgedeckt hatte (siehe Seite 147), schaltete Sue Savage-Rumbaugh so weit als möglich aus und nahm dadurch Kritikern den Wind aus den Segeln. Sie wertete nur Sitzungen aus, in denen der Bonobo die Symbole völlig selbständig verwendete; der Vorwurf, er würde seine Betreuer nachahmen, traf deshalb nicht zu.

Manche Forscher sind heute davon überzeugt, nicht zuletzt durch Kanzis Fähigkeiten, daß Menschenaffen annähernd die gleichen geistigen Leistungen vollbringen können wie der Urahn des Menschen – obwohl ihre Gehirnmasse nur ein Drittel der menschlichen beträgt. Damit könnte Kanzi nicht nur den Schlüssel zu Ursprung und Entwicklung der menschlichen Sprache liefern, sondern uns auch dazu veranlassen, die Einstellung zu unseren nächsten Verwandten in der Tierwelt zu überdenken. Auch Untersuchungen des Erbmaterials haben gezeigt, daß die afrikanischen Menschenaffen uns näher stehen, als die Fachleute früher dachten. Nach ihren Erkenntnissen spaltete sich der Mensch erst sehr spät vom Stammbaum der Primaten ab.

Da Bonobos und Schimpansen sehr eng mit uns verwandt sind, machen sich Tierschützer, aber auch einige Wissenschaftler seit einigen Jahren Gedanken darüber, ob den Menschenaffen gewisse Rechte eingeräumt werden sollten, die für Menschen bereits seit langer Zeit (zumindest theoretisch) gelten. Persönlichkeiten wie Kanzi haben diese Diskussion um eine neue Ethik im Umgang mit Tieren in Gang gebracht.

Kanzi zeigt Fotos von einem Test, bei dem sein Verständnis für Satzbau mit Spielzeugtieren geprüft wurde.

VERSTAND BEI TIEREN?

Von allen Lebewesen besitzt der Pottwal das größte Gehirn; dennoch ist er nicht das klügste Tier. Viele Faktoren bestimmen die Intelligenz, ganz besonders die Komplexität der Hirnstruktur, an der sich die geistigen Fähigkeiten allerdings nicht erkennen lassen.

Der Wunsch des Menschen, zu erfahren, was Tiere denken, ist schon sehr alt. Wissenschaftler versuchten dies auf verschiedene Weise zu ergründen; die einen brachten ihren Versuchstieren eine Symbolsprache bei, um direkt mit ihnen reden zu können, während andere ihr natürliches Verhalten beobachteten. Freilandforscher analysieren die Signale, mit denen sich die Mitglieder der von ihnen untersuchten Gruppen verständigen. Auf diese Weise hoffen sie zu verstehen, wie Tiere Nachrichten untereinander austauschen. Ob diese dabei eine Sprache in unserem Sinn benutzen, ist fraglich – vermutlich teilen sie sich ihre Informationen auf eine Art mit, die wir nur schwer nachvollziehen können. Die Forscher dürfen sich deshalb bei der Interpretation ihrer Beobachtungen nicht an menschlichem Verhalten orientieren, sondern müssen versuchen, offen für neue Ansätze zu bleiben.

Wir kennen die Bedeutung bestimmter Wörter und Gesten, die wir im Lauf unseres Lebens gelernt haben, und wir beherrschen instinktiv viele Signale, die alle Völker der Erde in gleichen Situationen verwenden. Doch wissen wir wirklich, was Tiere mit ihren Mitteilungen meinen und ob sie sich dessen bewußt sind?

Bei Versuchen, mit anderen Lebewesen zu kommunizieren und deren Wesen zu begreifen, zeigen wir in der Regel wenig Einfühlungsvermögen. Tiere sehen die Welt sicherlich ganz anders als wir Menschen. Deshalb erklären nach Ansicht vieler Fachleute die bislang veröffentlichten Forschungsergebnisse meist weniger die Intelligenz anderer Lebewesen, sondern stellen diese vielmehr als Spiegelbild von uns selbst dar.

Wie Menschen das Verhalten von Tieren mißverstehen können, läßt sich mit einem alten Zirkustrick demonstrieren, dem „Kuß des Todes“. Nachdem eine schöne, spärlich bekleidete Frau auf ein Bett gefesselt wurde, betritt ein großer Bär die Manege und läuft geradewegs auf sie zu. Dem Publikum läuft es eiskalt den Rücken herunter, alle sorgen sich um das Schicksal der Gefesselten, die dem wilden Tier wehrlos ausgeliefert ist. Statt sie anzugreifen, „küßt“ der Bär die Schöne jedoch nur und schlurft dann wieder zu seinem Käfig zurück. Während die gerührten Zuschauer annehmen, daß der Bär der Menschenfrau mit diesem Kuß seine Zuneigung zeigte, interessierte sich das Raubtier nur für ein Stück Möhre, das die Dompteurin im Mund versteckt hielt.

Auch eine Studie über das Verhalten von Polizeihunden in Großbritannien machte deutlich, wie leicht sich die Men-

Häufig fällt es uns schon schwer genug, die Gedanken anderer Menschen zu verstehen – können wir hoffen, jemals andere Lebewesen zu begreifen?

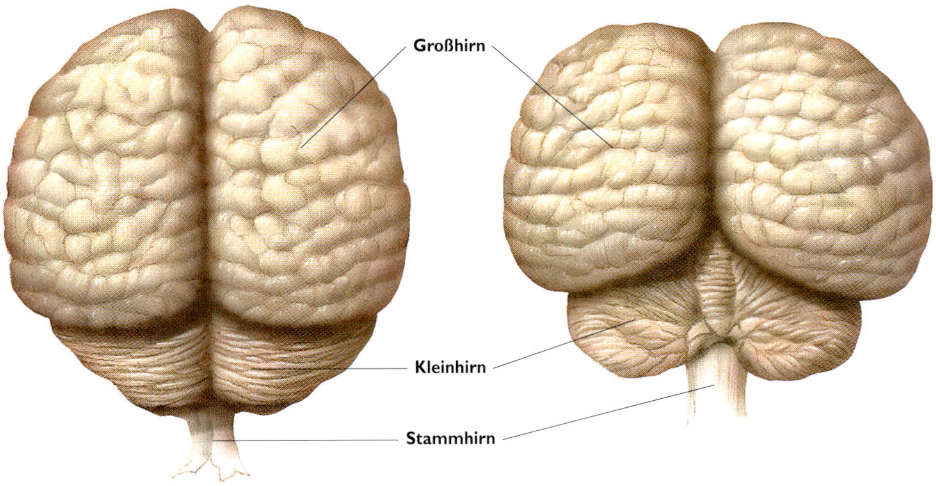

GEHIRN EINES DELPHINS

MENSCHLICHES GEHIRN

Obwohl das Gehirn der Delphine dem des Menschen von außen stark ähnelt, unterscheidet es sich von diesem deutlich in der Struktur: Die Großhirnrinde, der Sitz des Denkvermögens, ist beim Menschen dicker und komplexer gebaut.

schen täuschen lassen. Gemeinhin nimmt man an, daß ein Hund einer Fährte selbständig folgen und seinen Herrn an das gewünschte Ziel führen kann. Bei einer Untersuchung entdeckten Wissenschaftler jedoch, daß die Hundeführer selbst ihre Vermutungen zum Streckenverlauf anstellten und den Tieren subtile Hinweise nach ihrem eigenen Gefühl gaben. Unbewußt lenkten die Menschen die Hunde in die Richtung, die sie anstrebten. Nicht die Hunde führten die Polizisten – die Männer dirigierten die Hunde.

Das Gehirn als Maß der Intelligenz

Im Unterschied zu Verhaltensforschern und Psychologen versuchen viele andere Wissenschaftler, die Intelligenz der Tiere mit der Größe und der Struktur ihres Gehirnes in Verbindung zu bringen. Auf diese Weise hoffen sie, zu eindeutigeren Ergebnissen zu kommen als Wissenschaftler, die ihre Folgerungen aus subjektiven Eindrücken ziehen und deshalb nicht immer vor Fehlinterpretationen und Vermenschlichung gefeit sind. Allerdings stellte es sich als außerordentlich schwierig heraus, allein aufgrund der Gehirnmasse – bzw. aus dem Verhältnis Gehirn- zu Körpermasse – Aussagen über die geistigen Fähigkeiten eines Tieres zu treffen.

Bereits im 19. Jahrhundert begannen Wissenschaftler, Untersuchungen am Delphingehirn vorzunehmen. Sie berechneten den prozentualen Anteil des Volumens dieses Organs am Volumen des ganzen Körpers und stellten fest, daß diese Meeressäuger das proportional größte Gehirn aller Lebewesen ihrer Gewichtsklasse mit Ausnahme des Menschen besitzen. Einige Forscher sahen darin einen Hinweis, daß Delphine außerordentlich intelligent sein mußten – womöglich sogar dem Menschen überlegen. Gelegentlich wurde sogar der Gedanke geäußert, daß die Tiere über eine Weisheit verfügen könnten, mit der sich die Probleme unserer Erde lösen ließen. Allerdings wußten die Zoologen damals noch recht wenig über die Lebensweise der Meeressäuger. Sie interpretierten deren Verhalten einfach aus Sicht der Menschen. Erst nach zahlreichen Studien wurde deutlich, wozu diese Tiere ihr hochentwickeltes Gehirn benötigen.

Das Gehirn der Delphine ist sehr voluminös, und die Großhirnrinde – der Teil, in dem die geistigen Fähigkeiten lokalisiert sind – sehr stark gefaltet, ähnlich wie beim Menschen. Durch diese Vergrößerung der Oberfläche finden wesentlich mehr Nervenzellen Platz. Andere anatomische Fakten sprechen allerdings gegen eine sehr hohe Intelligenz; so ist die Großhirnrinde der Delphine wesentlich dünner und einfacher gebaut als die des Menschen. Im Lauf der Evolution wurde das Delphinhirn demnach größer, aber nicht komplexer. Bei einigen Gruppen von Landsäugern, vor allem bei den Primaten, verlief die Entwicklung anders. Sie erreichte ihren Höhepunkt beim Menschen, dessen Gehirn rund dreimal so groß ist wie das seiner nächsten Verwandten, der Menschenaffen.

Im menschlichen Großhirn sind die Nervenzellen dicht gepackt und über komplizierte Verbindungen miteinander vernetzt. Verschiedene Rindenbereiche übernehmen die Wahrnehmung, Verarbeitung und Speicherung von Informationen. Dieses System ermöglicht das Denken und Fühlen und bleibt ein Leben lang aufnahmefähig. Im Vergleich dazu enthält die Großhirnrinde der Delphine weniger Nervenzellen, die außerdem nicht so stark verknüpft sind. Das bedeutet, daß die Tiere den Menschen in ihrer geistigen Flexibilität nicht erreichen.

Besonders leistungsfähige Gehirne entwickelten sich immer bei solchen Tieren, deren Lebensweise dies erforderte. So vergrößerte sich das Denkorgan des Menschen im Lauf seiner Stammesgeschichte, als er zur zweifüßigen Fortbewegung überging; seine erweiterten geistigen Fähigkeiten ermöglichten ihm beispielsweise, verschiedenste Werkzeuge herzustellen und eine einzigartige Verständigungsweise, die Sprache, zu erfinden. Außerdem lernte er, seine Umgebung nach seinen Wünschen zu verändern.

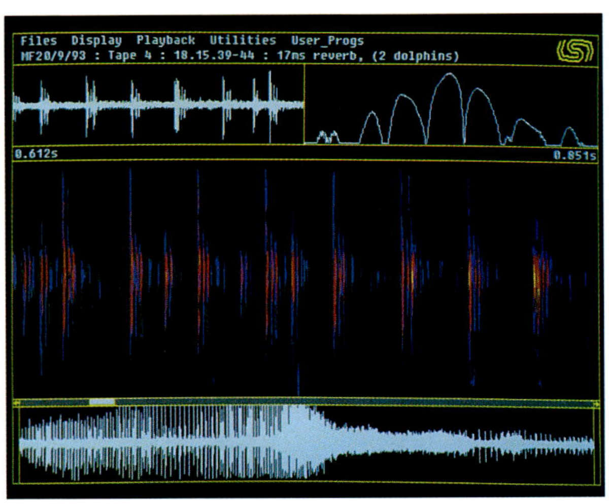

Erst mit Hilfe der modernen Technik, etwa der spektrographischen Analyse der Ultraschallaute, stellten Wissenschaftler fest, wie Delphine ihr Gehirn nutzen.

Ebenso wie in Freiheit lernen Delphine dank ihres komplexen Gehirnes auch in Gefangenschaft ihr ganzes Leben lang.

Das Gehirn der Delphine, die in einer völlig anderen Umgebung leben, muß dagegen ganz andere Anforderungen erfüllen. Zu seinen Aufgaben gehört es etwa, ständig zu prüfen, in welcher Tiefe sich das Tier bewegt, um noch rechtzeitig zum Atemholen zur Oberfläche gelangen zu können, wenn der Luftvorrat zur Neige geht. Damit der Säuger jeden Atemzug bestmöglich nutzen kann, führt das Gehirn unaufhörlich komplizierte Berechnungen durch.

Ihr hochentwickeltes Gehirn benötigen die Delphine aber wahrscheinlich in erster Linie zu anderen Zwecken. Als gesellige Tiere verfügen sie über ein System verschiedener Lautäußerungen, die sie allerdings nicht nur zur Verständigung mit ihren Artgenossen, sondern auch zur Orientierung und zum Beutefang nutzen. Die Verarbeitung der Schallinformationen, die die Delphine aussenden und empfangen, sowie die Reaktionen darauf erfordern ein entsprechend komplexes Nervennetz. Ein großes Gehirn ist deshalb nicht unbedingt ein Indiz für hohe Intelligenz.

Sprechen Sie delphinesisch?

Meeressäuger orientieren sich vor allem mit den Ohren, und in ihren großen Sozialverbänden verständigen sie sich auch durch Laute. Manche Menschen denken, daß Delphine und ihre Verwandten eine eigene hoch entwickelte Sprache besitzen. Zu ihnen gehörte auch der amerikanische Forscher Jarvis Bastian, der versuchte, das „Delphinesisch" zu entschlüsseln. Dazu brachte er im Jahr 1965 ein Tümmlerpaar in zwei nebeneinanderliegende Becken, so daß die Tiere sich zwar nicht sehen, aber hören konnten. Das Weibchen lernte, gegen bestimmte Paddel zu drücken, und erhielt dafür eine Belohnung. Im Becken des Männchens befanden sich ebenfalls solche Paddel, doch das Tier wurde nicht trainiert. Trotzdem begann es irgendwann, die richtigen Paddel zu drücken. Die Forscher betrachteten dies als Beweis dafür, daß das Weibchen seinem Partner von der Aufgabe „erzählt" hatte.

In unzähligen Versuchen wurden die geistigen Fähigkeiten der Delphine getestet. Heute sind die meisten Wissenschaftler überzeugt, daß die Meeressäuger nicht intelligenter sind als Menschenaffen.

Ob man aus diesem Experiment tatsächlich so weitreichende Schlüsse ziehen darf, ist fraglich. Der Delphin kann ebenso durch Versuch und Irrtum hinter das Geheimnis der Paddel gekommen sein. Neuere Erfahrungen aus Studien an freilebenden Tieren lassen sogar grundsätzliche Zweifel daran aufkommen, daß diese über eine hochentwickelte Kommunikation verfügen.

Wahrscheinlich stellen die Laute der Delphine akustische, für das soziale Gefüge notwendige „Visitenkarten" dar. Ein Tier, das solche Rufe abgibt, sagt dem Rest der Gruppe vielleicht nur, wo es sich aufhält. Allerdings sprechen manche Untersuchungen auch dafür, daß die Art der Lautäußerung die Stimmung des Individuums widerspiegelt. So haben Forscher beispielsweise beobachtet, daß sich bei Delphinen in Gefangenschaft die Tonhöhe und die Dauer der Rufe in Streßsituationen ändern.

Zeichensprache für Delphine

Seit den 70er Jahren untersuchen Louis Herman und seine Mitarbeiter in Hawaii die sprachlichen Fähigkeiten von Delphinen.

Die Wissenschaftler beschäftigten sich zunächst mit den Sinnesorganen dieser Tiere, insbesondere mit ihrem Seh- und Hörvermögen, sowie mit ihrer Lern- und Merkfähigkeit. Dabei stellten sie fest, daß Delphine über ein exzellentes Tongedächtnis verfügen und lange Folgen von Geräuschen lernen und sich merken können.

Louis Herman wollte wissen, ob die Meeressäuger in der Lage sind, eine Art Sprache anzuwenden. Statt zu fragen, wie sich die Tiere ausdrücken könnten, orientierte sich der Forscher daran, wie die Delphine eine Sprache begreifen könnten. Seinem Unterricht legte er die Methoden von Sprachlehrern zugrunde, deren Schüler Aufgaben lösen müssen. Wie gut die Lernenden die Sprache bereits verstehen, erkennt man an der Qualität dieser Arbeiten.

Zuerst lernte ein Tümmlerweibchen namens Ake, mehrere Armgesten ihrer Lehrer zu unterscheiden, und ein anderes Tier, das Weibchen Phoenix, wurde auf Geräusche trainiert. Diese optischen bzw. akustischen Signale bezeichneten bestimmte Gegenstände, etwa ein Frisbee oder einen Reifen, sowie die auszuführenden Tätigkeiten. Nun mußten die Delphine die Objekte berühren; machten sie es richtig, folgten ein „Ja"-Zeichen und eine Belohnung. Bei einem Fehler sahen bzw. hörten sie ein „Nein"-Signal, und die Belohnung fiel aus.

Nach 7 Monaten Training beherrschten die Tümmler ein Vokabular von 20 Zeichen, so daß die Forscher einfache Wortkombinationen einführen konnten, um zu prüfen, ob die Tiere die Wortstellung beachten. Jeder Delphin lernte einen anderen Satzbau. Die Reihenfolge der Tonsignale, die Phoenix vorgespielt wurden, orientierte sich an dem Schema Subjekt – Prädikat – Objekt. So bedeutete „Frisbee – holen – Korb": „Hole die Scheibe und wirf sie in den Korb." Dasselbe Kommando, in diesem Fall aus Gesten, lautete bei Ake ganz anders, etwa „Korb – Frisbee – holen". In ihren „Sätzen" stand das Verb immer am Schluß.

Die Delphine waren Meisterschüler – sie begriffen nicht nur die optischen bzw. akustischen Signale, sondern schienen auch deren Grammatik zu verstehen. Ihre Aufgaben lösten sie mit Bravour, obwohl die Kommandos aus künstlichen Zeichenfolgen bestanden. Die Tiere wußten sogar, was ihre Trainer von ihnen wollten, wenn die „Worte" mit verschiedenen grammatikalischen Regeln kombiniert wurden. Selbst bei so komplizierten Sätzen wie „Frisbee – holen – Boden – Reifen" („Bring die Scheibe zum Reifen am Boden des Beckens") reagierte Phoenix auf Anhieb korrekt. Sie beachtete einen zweiten Reifen, den die Wissenschaftler an einer anderen Stelle angebracht hatten, überhaupt nicht.

Manchmal wurden die Delphine gebeten, nach einem Gegenstand zu suchen, der nicht da war. Nach einiger Zeit warf man

ALEX – EIN SCHLAUER PAPAGEI

Nicht nur Affen und gelegentlich Delphine wurden zu Sprachversuchen herangezogen. Die amerikanische Verhaltensforscherin Irene Pepperberg wählte ein ganz anderes Tier: Alex, einen Graupapagei. Als sie 1977 mit ihren Experimenten begann, herrschte unter Wissenschaftlern die Ansicht vor, daß Vögel nicht in der Lage seien, komplexe Aufgaben zu lösen. Irene Pepperberg wollte das Gegenteil beweisen.

Daß Papageien die menschliche Sprache nachahmen können, ist bekannt. Sind sie aber auch in der Lage, den Sinn der Sätze zu verstehen? Alex beherrscht mehr als 80 englische Wörter. Mit ihnen bezeichnet er in erster Linie bestimmte Gegenstände und deren Eigenschaften.

In jahrelangem geduldigem Training lernte Alex, Farben und Formen von Objekten zu unterscheiden und richtig zu bezeichnen. Wenn ihm etwa ein blauer Schlüssel gezeigt wird, sagt er in deutlichem Englisch „blauer Schlüssel", ist es dagegen ein gelber, so erklärt er „gelber Schlüssel". Außerdem kann er Materialien wie Holz und Metall unterscheiden und die Anzahl von bis zu sechs Gegenständen erkennen. Alex weiß auch, was „nichts" heißt. Legt man ihm zwei gelbe Farbstifte vor und fragt ihn „Was ist verschieden?", erwidert er „Nichts". Auf die Frage „Welche Farbe?" antwortet er „Gelb", und auf die Frage „Wie viele?" sagt er „Zwei". Präsentiert die Trainerin dagegen einen gelben und einen roten Bleistift und fragt „Was ist verschieden?", meldet sich Alex mit „Farbe".

Bei Papageien, die in großen Gemeinschaften leben und mit ihren Artgenossen Signale austauschen müssen, spielt die Verständigung eine wichtige Rolle. Auch in Gefangenschaft haben die Tiere das Bedürfnis, zu kommunizieren. Aus diesem Grund sind sie ebenso wie Schimpansen und Delphine für Sprachexperimente besonders geeignet. Da er keinen Kontakt zu Artgenossen hat, akzeptiert Alex die Wissenschaftler, die sich mit ihm beschäftigen, als seine Gesprächspartner. Er unterhält sich in einer für ihn unnatürlichen Sprache, in der er auch seine Bedürfnisse ausdrücken muß.

Wenn Alex beachtet werden will, kreischt er „Komm her!", und wenn er sich auf seiner Stange langweilt, schreit er „Will auf Stuhl". Er kann auch ganz entschieden „Nein!" sagen, um zu zeigen, daß er keine Lust mehr hat.

Alex, ein Graupapagei, plappert nicht einfach die Worte seiner Trainerin nach – er versteht, was er sagt.

dieses Objekt zusammen mit einigen anderen Dingen ins Becken. Sofort schwammen die Tümmler auf den richtigen Gegenstand zu. Dieses Verhalten zeigte, daß sie die verschiedenen Objekte problemlos unterscheiden konnten. Außerdem waren sie in der Lage, durch Tastendruck anzugeben, ob etwas da war oder fehlte. Daß sich die Tiere sogar über bekannte Gegenstände äußerten, die sie gerade nicht sahen, läßt darauf schließen, daß sie diese Dinge, ähnlich wie wir, als Symbole in ihrem Gedächtnis speichern. Delphine müssen über ein geistiges Bild von einem fehlenden Gegenstand verfügen, um darüber „reden" zu können.

Ake und Phoenix erzielten in diesen Versuchen ausgezeichnete Ergebnisse; in etwa 85% der Tests führten sie ihre Aufgaben korrekt aus. Offenbar verstanden sie stets den grundlegenden Sinn der Befehle, selbst wenn ihnen deren Ausführung manchmal nicht korrekt gelang. Damit bewiesen die Delphine, daß sie nicht nur die Bedeutung künstlicher Zeichen, sondern auch den Einfluß ihrer Reihenfolge auf den Sinn begriffen. Daß die Tiere Probleme lösen, die unter natürlichen Bedingungen nie vorkommen, zeugt von beträchtlicher Intelligenz, die man als „Verstand" bezeichnen kann.

Grenzen der Intelligenz bei Tieren

Obwohl dieses Thema bereits zahllose Wissenschaftler verschiedenster Disziplinen beschäftigt hat, gibt es bis heute keine klare Vorstellung darüber, wie weit die geistigen Fähigkeiten von Tieren reichen und ob sie sich grundlegend von denen des Menschen unterscheiden. Delphine und Primaten, vor allem Menschenaffen, scheinen intelligenter zu sein als die meisten anderen Tiere; dies betrifft allerdings nur die Art von Intelligenz, die der unseren nahekommt. Andere Fähigkeiten, die wir nicht besitzen, sind schwerer zu untersuchen, da sich die Forscher dabei in ein völlig fremdes Wahrnehmungssystem hineinversetzen müssen. Wer kann sich beispielsweise vorstellen, was im Kopf eines Kraken, der zu den höchstentwickelten Wirbellosen gehört, vorgeht?

Sicherlich besitzt jede Tierart – von der Amöbe bis zum Blauwal – so viel Intelligenz, wie sie zum Überleben benötigt. Je komplexer der Lebensraum und je unberechenbarer die Bedingungen, desto flexibler müssen die Tiere reagieren können. Dies erfordert geistige Fähigkeiten, die wir gemeinhin als „Intelligenz" bezeichnen. Vielfach werden die Arten als besonders schlau betrachtet, bei denen der Anteil angeborener Verhaltensweisen gering und das Lernvermögen hoch entwickelt ist. Intelligenz kann jedoch auch mit Informationsverarbeitung gleichgesetzt werden. In diesem Fall wären Lernfähigkeit und Gedächtnisleistung die wesentlichen Maße für die Intelligenz eines Tieres. Diese könnte man danach einstufen, wie viele Informationen wie lange gespeichert bleiben und inwieweit dieses Wissen zur Lösung komplexer Probleme genutzt werden kann. Als ebenso entscheidend für die Entfaltung von Intelligenz sehen heute zahlreiche Fachleute die Fähigkeit an, nützliche Erfahrungen durch Verhaltenstraditionen weiterzugeben.

Denken, Sprache und Kultur werden vielfach als Eigenschaften betrachtet, die uns eigen sind, doch den Tieren fehlen. Früher glaubte man, allein der Mensch sei zu logi-

Wie gut ein Tier in einem Intelligenztest abschneidet, hängt auch davon ab, wie „Intelligenz" dabei definiert wird. Heute betrachten fast alle Fachleute die Primaten, zu denen auch der hier abgebildete Mantelpavian gehört, als intelligenteste Tierordnung.

Langsam und in kleinen Schritten entwickelten sich in der Evolution die geistigen Fähigkeiten der Primaten. Wie intelligent die scheuen Nasenaffen sind, die in den Regenwäldern Borneos leben, ist noch kaum bekannt.

schem Denken fähig, doch diese Ansicht läßt sich heute nicht mehr halten. Je mehr Versuche und Beobachtungen die Biologen und Psychologen durchführen, desto mehr Gemeinsamkeiten in den geistigen Fähigkeiten von Menschen und Tieren werden enthüllt.

Laborversuche zeigten, daß auch einfache Tiere über verschiedene elementare Mechanismen verfügen, die den Denkprozessen des Menschen zugrunde liegen. Das Verhalten hochentwickelter Tiere, insbesondere von Affen, ist allerdings noch weit komplexer, als Naturforscher früher angenommen hatten. Sie verständigen sich durch ein schwer durchschaubares System von Lauten und Gebärden und unterhalten sehr subtile soziale Beziehungen. Wie Menschen können sie etwa Verschwörungen aushecken, um Macht zu erlangen. Dazu müssen sie die einzelnen Tiere und deren Eigenschaften kennen sowie die Stimmungen der Gruppengenossen wahrnehmen.

Einige Wissenschaftler sprechen Bewußtsein und geistige Erfahrungen nicht einmal den ursprünglichsten Tieren ab, da sich die Intelligenz in der Stammesgeschichte nicht in großen Schritten, sondern durch kontinuierliche kleine Verbesserungen entwickelt hat. Heute fragen die Forscher deshalb nicht mehr, welche Tiere intelligent sind und welche nicht, sondern vielmehr, welche Tiere mit welcher Art von Intelligenz ausgestattet sind und wie ausgeprägt ihre geistigen Fähigkeiten sind.

Unsere nächsten Verwandten

Bei den engsten Verwandten des Menschen, den Schimpansen, beobachteten die Wissenschaftler zahlreiche Verhaltensweisen, die zuvor allein dem Menschen zugeschrieben worden waren. So helfen diese Tiere einander, teilen Nahrung, informieren sich gegenseitig, benutzen verschiedenste Werkzeuge und unterrichten ihre Jungen, aber sie betrügen auch ihre Artgenossen, töten sie und führen sogar regelrechte Kriege gegen andere Gruppen. Zu den interessantesten Ergebnissen der jahrzehntelangen Freilandbeobachtungen gehört die Erkenntnis, daß Schimpansen offenbar häufig sehr ähnlich fühlen wie Menschen.

Jane Goodall, die viele Jahre Schimpansen des Gombe-Reservates in Tansania beobachtete, stellte mehrfach fest, daß Jungtiere, die ihre Mutter verloren, in tiefe Trauer fielen. War die Beziehung zwischen den beiden sehr eng, konnten sogar noch Halbwüchsige, die bereits längst entwöhnt waren, depressiv werden. Ein besonders tragischer Fall war der achtjährige Flint, der den Tod seiner Mutter nicht überwinden konnte. Er mied den Kontakt mit den übrigen Tieren, fraß nicht mehr und saß ständig zusammengekauert mit leeren Augen da, nicht anders als ein trauernder Mensch. Keines der übrigen Gruppenmitglieder kümmerte sich um ihn, und nach einigen Tagen starb Flint. Offensichtlich können Schimpansen trauern, sind jedoch unfähig, dieses Gefühl bei ihren Artgenossen zu erkennen und ihnen Anteilnahme entgegenzubringen. Vielleicht ist auch dies ein Merkmal, das den Menschen vor allen anderen Lebewesen auszeichnet.

Im Unterschied zu den Schimpansen können wir unsere Mitmenschen nach dem Grund für ihren Kummer fragen und ihnen mit Rat und Tat zur Seite stehen. Wir zeigen unseren Kindern wichtige Techniken nicht nur, sondern erklären ihnen auch, wie etwas gemacht wird und wie es funktioniert. Auf diese Weise geben wir Erfahrungen wesentlich effektiver weiter.

Die Wissenschaftler gehen davon aus, daß viele Tiere aus dem Verhalten ihrer Artgenossen schließen, wie diese gerade gestimmt sind, doch Gedanken können sie sich nicht vermitteln. Nach dem heutigen Stand der Forschung sind Menschen die einzigen Lebewesen, die Ideen, Gefühle und Erfahrungen austauschen. Sie entwickeln sogar immer neue Techniken, um Neuigkeiten zu verbreiten, sammeln über viele Generationen Wissen von längst vergangenen Dingen und verwenden dieses Wissen, um Neues zu schaffen und die Zukunft zu planen.

Durch die Sprache, die trotz ihrer zahllosen Ausprägungen einzigartig ist, können Menschen beispielsweise so abstrakte Wissenschaften wie Mathematik und Philosophie betreiben, und durch ihre Kreativität können sie Zeichnungen und Skulpturen schaffen, Musikstücke komponieren oder Geschichten erfinden. Dazu ist kein Papagei, kein Delphin und kein Menschenaffe in der Lage.

Nicht nur Menschen können heftige Gefühle empfinden. Junge Schimpansen, die ihre Mutter verloren haben, werden depressiv und sterben manchmal sogar – nicht an einer Krankheit, sondern vor Kummer.

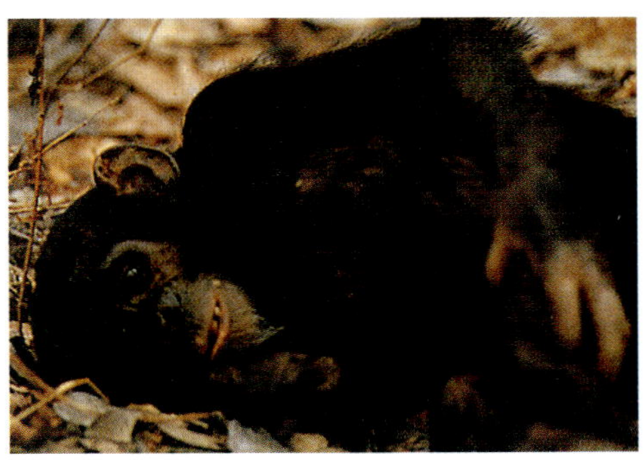

REGISTER

BILDNACHWEIS

o. = oben; u. = unten; l. = links; r. = rechts; M. = Mitte

Illustrationen: Siena Artworks Limited, London

Umschlagvorder- und -rückseite: Lothar Lenz/Silvestris
Umschlagvorderseite: M.l. Alan Root/Okapia; M.r. Peter Davey/Bruce Coleman Ltd; u. Reinhard-Tierfoto
Vor- und Nachsatz: Sycholt/Bavaria
Innenteil: 3 DRK Photo/Lewis Kemper; 6 The Mansell Collection; 7 l. The Bridgeman Art Library; 7 r. Mary Evans Picture Library; 8 Mary Evans Picture Library; 9 l. The Granger Collection; 9 r. Ullstein Bilderdienst; 10/11 NHPA/Stephen Dalton; 12 o. Ardea London Ltd/Yann Arthus-Bertrand; 12 u. Planet Earth Pictures/K. & K. Ammann; 13 o. Ardea London Ltd/Masahiro Iijima; 13 u. Planet Earth Pictures/John Downer; 14 OSF/Frank Schneidermeyer; 15 o. OSF/Norbert Rosing; 15 u. OSF/Stan Osolinski; 16/17 Bruce Coleman Ltd/Dr. Scott Nielsen; 17 OSF/George Bernard; 18 o. Survival Anglia/Annie Price; 18 u. DRK Photo/Stephen J. Krasemann; 19 o. FLPA/John Hawkins; 19 u. FLPA/Phil Ward; 20 o. Jacana/Manfred Danegger; 20 u. NHPA/E. A. Janes; 21 DRK Photo/Doug Perrine; 22 OSF/Martyn Colbeck; 23 Biofotos/Ian Tait; 24 FLPA/T. Whittaker; 25 FLPA/Fritz Pölking; 26 Planet Earth Pictures/Jonathan Scott; 27 Jacana/Sylvain Cordier; 28 o.l. Heather Angel; 28 o.r. Jacana/Jean-Michel Labat; 28 u. NHPA/Stephen Dalton; 29 FLPA/Michael Gore; 30 Ardea London Ltd/François Gohier; 31 Planet Earth Pictures/John Downer; 32 DRK Photo/Marty Cordano; 33 o. Bruce Coleman Ltd/Konrad Wothe; 33 u. FLPA/E. & D. Hosking; 34 NHPA/Stephen Dalton; 35 o. Jacana/Michel Loup; 35 u. Bruce Coleman Ltd/Erwin & Peggy Bauer; 36 l. NHPA/James Carmichael Jr.; 36 r. Planet Earth Pictures/David J. McChesney; 37 Bruce Coleman Ltd/Antonio Manzanares; 38/39 Bruce Coleman Ltd/Fred Bruemmer; 39 o. DRK Photo/Stephen J. Krasemann; 39 u. DRK Photo/Wayne Lynch; 40 Planet Earth Pictures/Jonathan Scott; 41 o. FLPA/Roger Wilmshurst; 41 u. NHPA/Stephen Dalton; 42 o. Bruce Coleman Ltd/Peter A. Hinchcliffe; 42 u. Heather Angel; 43 o. Bruce Coleman Ltd/Frans Lanting; 43 u. Bruce Coleman Inc./Cliff B. Frith; 44 NHPA/Steve Robinson; 45 OSF/Neil Bromhall; 49 Bruce Coleman Ltd/Jeff Foott; 50 o. Planet Earth Pictures/John & Gillian Lythgoe; 50 u. Bruce Coleman Inc./K. & K. Ammann; 51 Bruce Coleman Ltd/Alan Root; 52 Bruce Coleman Ltd/Gerald Cubitt; 53 o.l. Bruce Coleman Inc./Steve Solum; 53 o.M.l. NHPA/Morten Strange; 53 o.M.r. OSF/Tom Leach; 53 o.r. Bruce Coleman Ltd/Peter Davey; 53 u. NHPA/Peter Johnson; 54 Bruce Coleman Inc./Peter Ward; 55 o. OSF/Konrad Wothe; 55 u. Bruce Coleman Ltd/Gerald Cubitt; 56 Nature Photographers/Paul Sterry; 57 o. FLPA/S. Maslowski; 57 u. OSF/Photo Researchers Inc./Dan Guravich; 58 DRK Photo/Michael Fogden; 59 o.l. Bruce Coleman Ltd/Leonard Lee Rue; 59 o.r. DRK Photo/Stephen J. Krasemann; 59 u. FLPA/S. McCutcheon; 60 o. Bruce Coleman Ltd/Leonard Lee Rue; 60 u. OSF/Wendy Shattil & Bob Rozinski; 61 o. DRK Photo/John Gerlach; 61 u. Bruce Coleman Inc./Jen & Des Bartlett; 62 Bruce Coleman Inc./Wendell Metzen; 63 o. FLPA/E. & D. Hosking; 63 u. Nature Photographers/Paul Sterry; 64 o. OSF/Stan Osolinski; 64 u. Nature Photographers/Paul Sterry; 65 o. Bruce Coleman Inc./J. Van Wormer; 65 u. Bruce Coleman Ltd/Konrad Wothe; 66 Bruce Coleman Ltd/Raimund Cramm; 67 o. FLPA/Roger Tidman; 67 u. DRK Photo/Jeff Foott; 68 FLPA/S. McCutcheon; 69 o. DRK Photo/Annie Griffiths Belt; 69 u. Survival Anglia/Jeff Foott; 71 o. OSF/Richard Packwood; 71 u. FLPA/C. Elsey; 72/73 Bios/Roland Seitre; 74 o. Bruce Coleman Ltd/Dieter & Mary Plage; 74 u.l. Planet Earth Pictures/Jonathan Scott; 74 u.r. Survival Anglia/John Pearson; 74/75 OSF/Stan Osolinski; 75 Bruce Coleman Inc./John Hyde; 76 Bruce Coleman Inc./Erwin & Peggy Bauer; 77 o. OSF/Animals Animals/Margot Conte; 77 u. Bruce Coleman Inc./Bill Wood; 78 Bruce Coleman Inc./K. Graham; 79 o. Jacana/Ferrero-Labat; 79 u.l., u.r. DRK Photo/Stephen J. Krasemann; 80 o. OSF/Colin Milkins; 80 u. NHPA/A.N.T.; 81 Ardea London Ltd/M. D. England; 82 Planet Earth Pictures/Jonathan Scott; 83 o. NHPA/John Shaw; 83 u. Bruce Coleman Inc./Dr. Eckart Pott; 84 Nature Photographers/Hugo van Lawick; 85 NHPA/E. A. Janes; 86 FLPA/Philip Perry; 87 Nature Photographers/Hugo van Lawick; 88 o. FLPA/Dembinsky; 88 u. Bruce Coleman Ltd/J. Van Wormer; 90 Bruce Coleman Inc./S. Nielsen; 91 Anthony Bannister Photo Library/Richard Du Toit; 93 o. Planet Earth Pictures/Jonathan Scott; 93 u. Bruce Coleman Inc./E. Degginger; 94 o.l. OSF/George Reszeter; 94 u.l. FLPA/Mike Jones; 94 r. FLPA/J. Watkins; 95 o. OSF/D. H. Thompson; 95 u. Heather Angel; 96 Jacana/D. Parer & E. Parer-Cook; 97 l. DRK Photo/James P. Rowan; 97 r. DRK Photo/John Gerlach; 98 o. Bios/Klein-Hubert; 98 u. NHPA/Robert Erwin; 99 DRK Photo/Doug Perrine; 101 Bruce Coleman Ltd/Marie Read; 102/103 OSF/Martyn Colbeck; 103 FLPA/P. Perry; 104 o. Jacana/François Gohier; 104 u. Tom Stack and Associates/Mike Bacon; 105 IFAW; 106 IFAW; 107 Bios/Albert Visage; 108 DRK Photo/Doug Perrine; 109 Bruce Coleman Ltd/C. B. & D. W. Frith; 110 o. OSF/Kjell B. Sandved; 110 u. Anthony Bannister; 111 o. Tom Stack and Associates/Rod Planck; 111 u. Survival Anglia/Jeff Foott; 112 o. Bruce Coleman Inc./C. B. & D. W. Frith; 112 u. OSF/Michael Fogden; 113 NHPA/Bruce Beehler; 114 o. FLPA/Roger Wilmshurst; 114 u. OSF/Tui De Roy; 115 o. Bruce Coleman Ltd/John Cancalosi; 115 l. Tom Stack and Associates/Larry Lipsky; 115 M.l. Jacana/Jean-Philippe Varin; 115 M.r., r. DRK Photo/John Cancalosi; 116 NHPA/Anthony Bannister; 117 Michael & Patricia Fogden; 118 o. Planet Earth Pictures/David Jesse McChesney; 118 u.l. OSF/Belinda Wright; 118 u.r. Tom Stack and Associates/Joe McDonald; 119 NHPA/A.N.T.; 120 Bios/J.-C. Vincent; 121 o. Nature Photographers/Paul Sterry; 121 M. Planet Earth Pictures/David Maitland; 121 u. Bruce Coleman Ltd/John Visser; 122 o. OSF/Howard Hall; 122 u. OSF/Max Gibbs; 123 o. Survival Anglia/Cindy Buxton; 123 u.l., u.r. OSF/Mark Pidgeon; 124 o. Anthony Bannister; 124 u. Bruce Coleman Inc./Erwin & Peggy Bauer; 125 o. OSF/Michael Leach; 125 u. Bruce Coleman Ltd/George McCarthy; 126 Planet Earth Pictures/John Downer; 127 o.l. Rex Features; 127 o.r. Popperfoto; 127 u. Cape Archives Depot, South Africa (1796); 128 o. Frank Spooner Pictures/L. Marescot; 128 u.l. Frank Spooner Pictures/Fornaciari-Nusca; 128 u.r. Jacana/Michel Viard; 129 o. Sygma/Witness/Pierre Perrin; 129 u. Bruce Coleman Ltd/J. P. Zwaenepoel; 130 Bios/Michel Gunther; 131 M.l., M.r., u. Sue Cunningham Photographic; 132 Planet Earth Pictures/John Downer; 133 o. Bios/J. L. & F. Ziegler; 133 u. Bruce Coleman Inc./Hans Reinhard; 134 o. FLPA/J. Zimmermann; 134 u. Bruce Coleman Ltd/Norman Owen Tomalin; 135 The Ronald Grant Archive; 136 Jacana/Sylvain Cordier; 137 o. l. OSF/Jack Dermid; 137 o.r. Bruce Coleman Ltd/J. Van Wormer; 137 u. Planet Earth Pictures/Geoff Du Feu; 138 Zefa Pictures/J. M. Roberts; 139 OSF/Norbert Rosing; 140 l., r. T. J. Roper; 141 o., M. MSI/Aldus Archive/Yerkes Primate Research Center of Emory University; 141 u. OSF/G. I. Bernard; 142/143 Magnum Photos/Paul Fusco; 145 Magnum Photos/Michael Nichols; 146 o. FLPA/T. Whittaker; 146 u.l. Magnum Photos/Michael Nichols; 146 u.r. Survival Anglia/Jackie Le Fevre; 147 Rex Features/Nils Jorgensen; 148 Magnum Photos/Michael Nichols; 149 Loughborough University; 150 o.l., o.r. Alan Levenson; 150 u. Dolphin Services (Bloom); 151 Rex Features/Gerald David; 152 o., u. Magnum Photos/Michael Nichols; 153 o., u. Magnum Photos/Michael Nichols; 154 Bruce Coleman Inc./Erwin & Peggy Bauer; 155 o. Bruce Coleman Inc./Phil Savoie; 155 u. The Jane Goodall Institute.

In diesem Buch wurde Material aus folgenden Werken verwendet:

The Education of Koko von Francine Patterson und Eugene Linden, 1982, mit freundlicher Genehmigung von André Deutsch

Teaching Language to an Ape von Ann James Premack und David Premack, 1972, mit freundlicher Genehmigung der Scientific American Inc.